新世纪土木工程系列规划教材

PKPM 建筑结构设计
程序的应用

主编　欧新新　张文华
参编　胡威诣　章雪峰　崔淑杰
主审　李家康

机 械 工 业 出 版 社

本书是为介绍如何应用中国建筑科学研究院 PKPM 系列程序（2010 版）而编写的，书中内容均执行最新的国家规范、标准及行业规程。

本书主要内容包括：建筑结构设计与 PKPM 系列程序、平面结构设计与程序 PK、结构楼面设计及其程序 PMCAD、多层及高层建筑设计程序 TAT、建筑结构设计程序 SATWE、墙梁柱施工图绘图程序、楼梯设计程序 LTCAD、建筑基础设计程序 JCCAD。同时还介绍了建筑结构的设计概念、设计与程序的关系。

本书主要作为土木工程专业本科教材，也可供建筑结构设计程序应用初学者及设计人员学习参考。

图书在版编目（CIP）数据

PKPM 建筑结构设计程序的应用/欧新新，张文华主编. —北京：机械工业出版社，2013.3（2021.7 重印）

新世纪土木工程系列规划教材

ISBN 978 - 7 - 111 - 41028 - 7

Ⅰ.①P…　Ⅱ.①欧…②张…　Ⅲ.①建筑结构 - 计算机辅助设计 - 应用软件 - 高等学校 - 教材　Ⅳ.①TU311.41

中国版本图书馆 CIP 数据核字（2013）第 008940 号

机械工业出版社（北京市百万庄大街 22 号　邮政编码 100037）
策划编辑：冷　彬　责任编辑：冷　彬　臧程程
版式设计：张　薇　责任校对：赵　蕊
封面设计：张　静　责任印制：郜　敏
北京富资园科技发展有限公司印刷
2021 年 7 月第 1 版第 5 次印刷
169mm×239mm·18 印张·347 千字
标准书号：ISBN 978 - 7 - 111 - 41028 - 7
定价：45.00 元

电话服务

客服电话：010-88361066
　　　　　010-88379833
　　　　　010-68326294
封底无防伪标均为盗版

网络服务

机　工　官　网：www.cmpbook.com
机　工　官　博：weibo.com/cmp1952
金　书　网：www.golden-book.com
机工教育服务网：www.cmpedu.com

前言

　　PKPM 为中国建筑科学研究院开发的建筑、设备、结构设计等的系列程序，全国大部分建筑设计院应用该系列程序作建筑结构设计。2010 年以来，新版建筑结构设计规范及建筑基础设计规范实施，PKPM 程序（2010 版）按现行规范作了修改。

　　本书以中国建筑科学研究院的 PKPM 系列程序中的建筑结构设计部分为基础，详细地阐述了建筑结构设计与 PKPM 系列程序、平面结构设计与程序 PK、结构楼面设计及其程序 PMCAD、多层及高层建筑设计程序 TAT、建筑结构设计程序 SATWE、墙梁柱施工图绘图程序、楼梯设计程序 LTCAD、建筑基础设计程序 JCCAD，以及建筑结构设计的必要知识。本书按 PKPM 系列程序 2010 版及现行规范编写，采用规范通用符号、计量单位和基本术语。

　　本书以课内 32 学时编写，建议课外上机 32 学时。课堂主要讲解第 1、2、3、4、5、6、8 章程序应用部分，教师可根据课程学时数，第 4 章、第 5 章选一章，增加第 7 章内容。

　　本书由欧新新、张文华主编，第 1 章由张文华、崔淑杰编写，第 2、4、6、8 章由欧新新编写，第 3 章由欧新新、章雪峰编写，第 5 章由欧新新、胡威诣编写，第 7 章由张文华、欧新新编写。本书的编写得到了很多同事和教师的帮助，在此表示感谢。

　　本书由李家康教授主审，在此表示衷心感谢。

　　书中如有不妥或错误之处，恳请批评指正。编者的 E-mail：zhouzh89@163.com。

编　者

目录

第1章 建筑结构设计与 PKPM 系列程序

随着科技的发展，计算机硬件技术和建筑结构分析理论也在不断地发展和完善，计算机辅助设计（CAD）系统在建筑工程设计领域中也得到了广泛的应用。针对建筑结构设计的特点也相应开发了很多建筑结构设计程序。

目前，建筑结构设计程序按使用的目的不同，分为以下几类：

第一类为简单的设计程序（如单个构件设计、特定简单结构设计），主要应用于单体构件在已知设计内力情况下，构件截面的配筋计算；或用于在已知荷载作用条件下，简单结构（连续梁、矩形水池、挡土墙、桩基承台等）构件的内力计算和截面配筋计算、裂缝计算、挠度计算等，有时会包含截面绘图功能。

第二类为依据建筑结构设计规范编制的专用建筑结构设计程序（如整体框架结构、框架-剪力墙结构等），主要用于建筑结构的整体设计，包括结构的整体建模输入、结构的内力分析及组合、结构的整体构造及绘图。

第三类为通用有限元程序（不限制使用的材料、结构等），适用于各种行业（飞机、汽车、土木等）、各种材料及组合材料、材料特性（弹性、塑性、弹塑性等）、各种受力状态（热气压、压力等）的分析。对于建筑结构设计为非专用程序，其建筑结构物建模和数据输入比较复杂，主要用于复杂建筑结构物分析（内力及整体控制信息）的计算复核。

国内计算机和建筑结构设计分析软件应用非常普及，然而各种程序都有其局限性，不可能包罗万象，应在充分理解程序的前提下应用。

1.1 建筑结构设计与程序应用

建筑结构设计是建筑工程设计中非常重要的部分。结构设计必须保证结构物的安全性、使用性和耐久性。建筑结构设计程序为建筑结构设计提供了一种工具，只有充分掌握计算机程序的本质，才能使程序成为建筑结构设计的好帮手。

1.1.1 结构设计

建筑结构设计第一步为概念设计，第二步为计算设计，最后一步为构造设计。

1. 结构概念设计

在建筑方案设计或建筑结构设计过程中，结构选型和结构布置是建筑结构设计的重要环节之一。结构概念设计是在特定的建筑空间中用整体的概念来完成结构总体方案的设计，并相应地处理结构与构件、构件与构件的关系。合理的建筑结构体系和结构布置方案应该是刚柔相济，多道防线，安全可靠，经济性能良好。

结构概念设计从分析建筑的空间组成得到建筑结构具体的整体形式，即把所给定的形式代表一个整体结构，按整个结构分析确定结构的总荷载（作用）和抵抗能力。包括：

1）总荷载作用下的地基承载能力、竖向支承结构的承载能力。

2）结构在水平荷载作用下的抗倾覆能力、抗滑移能力。

3）整体结构的抗侧移刚度沿竖向的变化、平面抗侧移构件布置的规则性。

合理调整结构物的结构布置，控制建筑物自重产生的竖向荷载，控制结构楼层质量引起的地震作用及由建筑形式特性决定的水平风荷载的分布，可使结构设计更加合理。

在结构设计中应选用使结构体系（传力机构）受力明确、传力简捷的结构形式。概念设计一般不经数值计算，尤其是一些难以作出正确的理性分析或在规范中难以量化规定的问题，要依据整体结构体系与分体系之间的力学关系、结构破坏机理、震害、试验现象和工程经验所获得的基本设计原则和设计思想，从整体的角度来确定建筑结构的总体布置和抗震细部措施的宏观控制。运用概念性近似估算方法，在建筑设计的方案阶段迅速、有效地对结构体系进行构思、比较与选择，易于简化计算（甚至可用手算）。所得方案应概念清晰、定性正确。同时，这也是判断计算机内力分析输出数据可靠与否的主要依据。

总体来说，结构的概念设计应通过整体结构的控制达到对结构最有效的设计。概念设计同时还应考虑现行的结构设计理论与计算理论存在许多缺陷或不可计算性等，通过概念设计与结构措施来满足结构设计的目的。在结构设计概念里，要解决的是外力（外荷载）在结构体系内重分配的问题，要确保作用是按照各构件的刚度大小进行分配，避免出现不合理的应力集中，最终达致静态的平衡。结构刚度越大，地震作用效应越大，结构抗地震力就越强；结构刚度越小，结构的抗震作用越小，结构抗地震力越差。结构的刚度很小，对风荷载效应也会变大，对于高层建筑，特别是超高层建筑影响非常明显。

2. 结构的设计计算

结构计算是结构设计的基础。计算结构分析是结构设计的依据，设计中选择合适的计算假定、计算简图、计算方法和计算程序是得到正确计算结果的关键。现在结构设计中大量采用计算机，设计前须对计算程序充分熟悉，设计中必须保证输入信息和数据正确无误，对计算结果进行仔细分析，保证设计结果合理、经济、安全。

（1）结构的计算简图　结构的计算简图包括：实际结构计算模型的简化和实际作用荷载（包括外荷载、地震作用、风荷载、温度效应等）的计算简化。

实际结构计算模型的简化包括：结构空间的计算体系简化；支座条件的简化；构件间连接的节点简化；受力构件的构件特性简化。采用的计算方法不同，所选取的计算简图将有所不同。

（2）结构内力计算　结构内力分析的计算方法，根据结构物材料可采用弹性计算方法、塑性计算方法或弹塑性计算方法。在建筑结构设计中的内力分析一般情况下选用弹性计算方法。

结构内力分析计算根据不同的计算假定，可采用平面计算方法和空间计算方法等。

（3）结构的内力组合　不同的作用对结构的影响也不同，通过按规范设定不同的荷载系数及效应组合系数，反映各项作用的影响。有些特殊的结构物需根据实际结构的试验分析，设定各种系数。

（4）结构构件的计算和验算　由结构内力计算得到结构的内力包络图，按各构件截面的内力计算设计构件，以及验算结构构件的使用性。

3. 建筑结构施工图

任何设计最终以施工图的形式表示。施工图不但要正确表示设计计算的结果，同时必须要加入各种构造措施。

结构构造是结构设计的保证，构造设计必须从概念设计入手，加强构件间连接，保证结构有良好的整体性、足够的强度和适当的刚度。对有抗震要求的结构，更应保证结构的延性。对结构的关键部位和薄弱部位，以及施工操作有一定困难的部位或将来使用上可能有变化的部位，应采取加强构造措施，并在设计中适当留有余地。

1.1.2　建筑结构设计程序

建筑结构设计程序为专用的设计程序。程序作用是进行建筑结构设计分析，并绘制施工图。

1. 建筑结构设计程序的选择

前面已提到建筑结构设计程序按使用的目的不同有不同的选择。对于一般建筑结构设计，通常选择专用建筑结构设计程序。对于上部结构，按结构计算的不同假定，可分为平面结构（平面框架、平面排架、平面刚架、连续梁、桁架等）计算、空间结构计算（三维空间杆件、空间有限元计算等）。根据结构的特点和程序的计算假定及技术条件，合理地选用结构计算程序，以达到结构设计所需要的结果。在运用程序进行计算机辅助设计时，应根据实际情况选择计算程序，调整简化计算模型并设置应用程序中的各项参数，使其最大限度地反映实际工程的情况，尽可能地使按程序模拟计算模型的计算结果与实际结构模型相一致。

2. 程序计算结果正确性的判断

程序由人类开发，不能代替人脑的思维。程序的设置参数过程只是应用程序，而应有更进一步思考。因此必须充分了解软件对各种计算模型的假定条件，使用者才能根据实际情况选用不同的计算模型得到正确的合乎逻辑的结果。故而有些构件和参数的设定需要使用者依据规范从实际受力情况来确定。这样才能使计算机的实用性和便利性在结构设计中充分体现出来。虽然在结构工程实践中计算机是非常有价值的工具，但必须应用结构分析求解的原理、设计的基本原则和计算简化模型，判断计算结果的有效性，识别计算结果中的错误，解决计算中的问题。

在建筑结构的设计计算中，对于特殊结构或结构上特殊作用，计算结果就会出现问题；由于结构计算需要作一些简化，或由概念设计要求，有些计算结果需要作修正和补充；如果结构计算输入数据多，也难免出错。凡此种种都要求在使用程序时，对计算结果进行检查、分析和判断，不能盲目地、不加分析地使用输出数据。例如对于周期和振型，要用经验公式作估算比较，如果有较大差异，可能是计算出错导致结果不正确，也可能是原定的结构刚度不恰当（如柱墙刚度太小等），要修改设计（修改输入数据）。总之，计算只是设计的一部分，在计算机和计算程序相当发达的今天，要防止过分依赖计算机而忽视结果分析、忽视概念设计等倾向。

计算结果的正确性，直接影响建筑结构物的安全性和建筑结构设计的经济性。虽然在设计初步阶段进行了结构的概念设计，但高层建筑结构或空间结构的受力复杂，计算机计算后数据输出量大，必须对计算结果进行分析，判断计算结果的合理性和正确性。从结构的自振周期比、振型曲线、地震作用大小、水平位移比特征、对称性及合理性等主要方面进行分析。

（1）对称外力作用下结构内力和变形的对称性　对称结构在对称外力作用下，对称点的内力与位移必须对称。比较结构内力的数值和位移数据，判断数据输入和结构计算正确性。

（2）竖向内力、位移变化的均匀性　结构抗侧移刚度、竖向刚度逐渐变化的结构，在均匀或逐渐变化的外力作用下，其内力、位移等计算结果自上而下也均匀变化，不应有突变。

（3）结构、构件或节点的内外力平衡　在各种标准荷载（除地震作用）作用下，节点、第 n 层的竖向或水平力满足平衡条件。可检查底层或其他层的内力或内外力平衡条件。

（4）结构物的地震作用　一般情况下，截面尺寸、结构布置都比较合理的结构，其底部剪力大约在以下范围内：

抗震烈度 7 度，Ⅱ类场地土　$F_{Ek} \approx (0.015 \sim 0.03) G$ 　　　　　　(1-1)

抗震烈度 8 度，Ⅱ类场地土　$F_{Ek} \approx (0.03 \sim 0.06) G$ 　　　　　　(1-2)

式中，F_{Ek} 为底部地震剪力标准值；G 为结构总重量。

结构刚度过小时，地震作用偏于较小值；结构刚度过大时，地震作用偏于较大值。当烈度和场地类型为其他时，相应调整此数值。一般当计算的底部剪力小于上述数值时，宜提高结构刚度（如适当加大柱截面），适当增大地震作用；反之，地震作用过大，宜适当降低结构刚度，以达到结构安全及经济的目的。

（5）结构物的自振周期　结构物的自振周期一般在以下范围：

框架结构　　　　　　　　　　$T_1 = (0.12 \sim 0.15) n$ 　　　　　　(1-3)

框架-剪力墙结构和框架-筒体结构　　$T_1 = (0.06 \sim 0.12) n$ 　　　　(1-4)

剪力墙结构和筒中筒结构　　$T_1 = (0.04 \sim 0.06) n$ 　　　　　　(1-5)

式中，n 为结构层数。

第二及第三振型的周期近似　$T_2 = (1/3 \sim 1/5) T_1$ 　　　　　　(1-6)

$$T_3 = (1/5 \sim 1/7) T_1 \qquad (1-7)$$

（6）结构物的振型曲线　在正常的计算下，沿结构物高度抗侧移刚度渐变的结构，振型曲线为连续光滑的曲线（图 1-1），不应有过大的凹凸曲折。

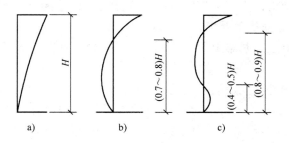

图 1-1　振型曲线

a）第一振型　b）第二振型　c）第三振型

第一振型无零点，第二振型在 (0.7~0.8) H 处有一个零点，第三振型分别在 (0.4~0.5) H 及 (0.8~0.9) H 处有两个零点。在结构刚度变化较大处，有较大的曲线变动。

（7）结构物的水平位移特征　结构的水平位移比满足 JGJ 3—2010《高层建筑混凝土结构技术规程》的要求，是设计必须满足的条件之一。但满足这个条件，结构不一定是合理的设计。

在抗震设计时，地震作用大小与刚度直接相关。在结构设计合理的情况下，结构各层的水平位移关系有一定的规律。将各层位移连成侧移曲线，应具有以下特征：剪力墙结构的位移曲线具有悬臂梁的变形特征，呈外弯形曲线（图1-2a）；框架结构具有剪切梁的变形特点，呈内收形曲线（图1-2b）；框架-剪力墙结构和框架-筒体结构处于两者之间，接近于一斜直线（图1-2c）。在沿结构物高度抗侧移刚度较均匀的情况下，位移曲线应连续光滑，无突然凸凹变化和折点。

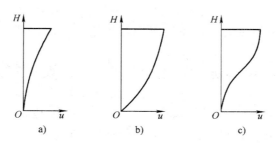

图 1-2　位移特征曲线

a）剪力墙结构　b）框架结构　c）框架-剪力墙结构

（8）判断结构设计合理性　设计较正常的结构，基本上应符合以下规律：

1）结构柱、墙的轴力设计值绝大部分为压力。

2）大部分结构柱为正常配筋范围，部分柱为构造配筋；剪力墙一般受压为构造配筋，符合截面抗剪要求。

3）结构混凝土梁基本上无正截面超筋；可能有少量抗剪不满足要求、抗扭超限截面。

4）结构或构件的变形满足规范要求。

符合以上八项要求，可认定结构设计方案及结构计算结果基本合理，调整结构的部分构件截面超筋（尤其抗扭、抗剪），可应用于工程设计。

有些重要或复杂的建筑结构，建筑结构规范要求应当选用两种（或三种）计算模型，且由不同编制组编制的程序设计计算，可以互相校核、比较。

3. 程序绘制施工图

建筑结构设计的目的是为建筑物施工提供建筑结构施工图。程序绘制施工图按以上计算的结果（已分析判断，以上计算正确）及按设计规范和建筑结构构造绘制施工图。但对于独特的建筑物，有其不同的构造，程序不可能完全代替人脑的思考。

结构计算分析得到的是构件截面配筋量，绘制建筑结构施工图还需要具体配筋和构造。程序绘制建筑结构施工图，必须注意以下问题。

　　1）满足建筑结构计算模式的结构构造措施（如构件间连接等）。

　　2）次要构件或附加件与主构件的连接。

　　3）不通过计算分析的构造（如楼板角边配筋、柱梁箍筋直径和间距）等。

1.2　PKPM 建筑结构设计程序

　　PKPM 系列程序（图 1-3）包含建筑设计（建筑模块）、建筑结构设计（结构模块、钢结构模块、特种结构模块、砌体结构模块）、给水排水设计（设备模块）、建筑设备设计（设备模块）等程序，结构设计部分为混凝土结构设计、砌体结构设计、钢结构及钢-混凝土混合结构设计、预应力结构设计程序，同时还包含各种基础设计程序（结构模块）。对各种结构设计的相应要求，利用系列程序中不同模块的功能，达到设计的目的。

图 1-3　PKPM 系列程序

　　PKPM 程序中建筑结构设计分三步进行：设计数据输入，结构计算和计算结果输出，建筑结构施工图的绘制和编辑。

1.2.1　设计数据输入

1. 设计参数

　　设计参数包含：几何数据、结构楼层荷载和其他信息。

　　1）组成结构的几何数据：每一层的网格线（轴线）定位，构件截面尺寸，构件定位，材料特性以及结构层高等。

　　2）结构楼层荷载：每层楼（屋）面板面上的恒载、活载，梁上荷载，柱间荷载，节点荷载等以及荷载的作用形式。

　　3）计算结构的其他信息：总信息、地震信息、风荷载信息、设计内力调整信息、材料信息及绘图信息等。

2. 结构计算及计算结果输出

　　计算结果包括结构内力、位移及其他有关的数据和结构构件的配筋，以及构件的变形及裂缝宽度验算等。

　　结构计算结果以两种形式输出：

　　1）经过计算机处理后以图形形式给出，在图上标注各种经过简化的相应数据。

　　2）以数据文件的形式输出各项精确的计算结果。

3. 建筑结构施工图的绘制和编辑

　　根据计算结果，绘制结构施工图，同时进行结构或构件的构造配筋或处理。

1.2.2　PKPM 建筑结构程序

　　PKPM 建筑结构设计程序使用中包括五部分：结构模块、特种结构模块、钢结构模块、砌体结构模块、鉴定加固模块。结构模块主要用于混凝土结构的框架结构、框剪结构、剪力墙结构等，钢结构模块主要用于钢结构和钢-混凝土高层混合结构，特种结构模块主要用于预应力结构、箱形基础、筒仓结构等。

　　结构设计的基本计算程序介绍：

1. PMCAD——结构平面楼盖设计程序

　　PMCAD 是整个结构设计系列程序中几何数据（平面轴线、截面尺寸等）输入和荷载输入（恒载和活载）的核心，提供结构设计的基本计算数据，同时也是框架、框架-剪力墙、楼梯、各类基础等各种结构施工图绘制的平面数据库。它是 PKPM 系列程序中建筑建模 CAD 与结构计算数据的主要数据接口。

　　1）通过按设计的结构平面布置绘制结构平面图，输入各层结构平面几何数据。

　　2）利用输入的各层平面几何数据和结构各层楼（屋）面的外加竖向荷载信息，通过组装的方式形成整体结构，并形成整栋建筑结构的荷载数据库。

　　3）按计算力学模式，计算各层现浇楼板的内力和配筋，并绘制楼板配筋图。

　　4）绘制各种结构的结构楼板模板图（或平面布置图）。

2. PK——混凝土平面结构（框架、排架、框排架、连续梁等结构）**设计程序**

　　PK 是结构平面分析程序，以一榀框架或其他平面结构作为分析对象，对结构进行分析设计和整体绘图。

　　1）用于各种平面框架、排架、框排架及连续梁等结构的计算设计。

2）对拱形、内框架、桁架等结构进行分析，并进行各种荷载效应组合分析。

3）对混凝土框架结构，按抗震等级要求构造处理及计算。

4）绘制整榀框架结构配筋图。

3. TAT-8 或 TAT——多高层建筑结构三维分析程序

TAT-8（小于或等于八层）或 TAT 是多高层建筑结构采用薄壁杆件原理的空间分析程序。在三维空间分析时，一般情况下楼板假定为平面刚度为无限大（在水平力作用下不发生平面内变形，而只发生平移和转动）；部分楼板可设置为弹性板。对楼板做平面内假定分为：分块刚性楼板，楼板为弹性板，分块刚性楼板用弹性板带连接。

1）TAT 计算的数据文件，由 PMCAD 程序数据文件转换得到，补充结构整体设计的其他数据。

2）对结构进行各种竖向荷载、风荷载及各种荷载作用下的效应组合分析。对混凝土结构（包括混凝土井字梁楼盖结构）进行设计计算，并配置梁柱截面钢筋。

3）TAT 程序地震作用分析，采用振型分解反应谱法计算水平地震和竖向地震作用。需建筑结构弹性变形分析，可采用弹性动力时程分析法。

4）连接绘制墙梁柱施工图程序进行混凝土剪力墙、梁、柱施工图绘制。

4. SATWE-8 或 SATWE——多高层建筑结构空间有限元分析程序

SATWE-8 为八层及八层以下的建筑结构空间有限元分析程序。剪力墙的计算单元采用基于壳元理论的三维组合单元（墙单元）；计算中假定楼板平面内刚度为无限大。

SATWE 为高层建筑结构空间有限元分析程序。剪力墙的计算单元采用基于壳元理论的三维组合单元（墙单元）；对楼板做平面内假定为：分块刚性楼板，楼板为弹性板，分块刚性楼板用弹性板带连接。

1）从 PMCAD 建立的建筑模型，通过转换得到 SATWE 程序所需的几何信息数据和荷载信息数据，一些特殊的信息数据（如多塔、错层信息等）也在转换过程中自动完成。

2）SATWE 可完成建筑结构在恒载、活载、风荷载、地震作用下的内力分析，并对活荷载不利分布进行内力组合计算；对混凝土结构可完成构件截面配筋计算。

3）SATWE 程序地震作用分析，采用振型分解反应谱法计算水平地震和竖向地震作用。需建筑结构弹性变形分析，可采用弹性动力时程分析法。

4）SATWE 程序完成计算后，连接绘制墙梁柱施工图程序进行混凝土剪力墙、梁、柱施工图绘制。

5）在 SATWE 程序完成结构分析后，还可再用高精度平面有限元程序 FEQ 程序取出剪力墙进行二次分析。

6）对厚板（转换层楼板）及无梁楼盖结构采用设置虚梁的方法进行分析设计。还可对厚板（转换层楼板）采用特种结构菜单中的 SLABCAD 程序进一步分析。

5. 墙梁柱施工图——绘制混凝土结构施工图程序

墙梁柱施工图程序用于绘制混凝土剪力墙、梁、柱结构施工图。剪力墙、柱、梁绘图数据由 PMCAD、TAT 或 SATWE 程序结果得到。

6. EPDA——弹塑性动力时程分析程序

EPDA 用于建筑结构弹塑性动力反应分析。用于计算多高层的混凝土结构、钢结构、钢与混凝土混合结构，在罕遇地震作用下薄弱层（部位）弹塑性变形。程序可按给定的地震作用方向计算结构的弹塑性动力时程响应，得到已设计结构的弹塑性变形。

7. FEQ——框支剪力墙有限元分析

高层建筑结构中的框支剪力墙、剪力墙等，采用 TAT 或 SATWE 程序计算的精度不能够满足设计要求或需对结果进行校核时，可采用 FEQ 程序对其做补充计算。FEQ 程序采用高精度单元（一节点六自由度三角形平面单元）有限元方法，对剪力墙或托梁进行各种作用下的各点应力、内力以及效应组合及配筋计算。

8. LTCAD——楼梯计算设计程序

LTCAD 程序用于楼梯结构设计。适用于单跑、双跑、三跑等形式的梁式或板式楼梯，以及螺旋楼梯、悬挑楼梯等各种楼梯的设计计算。

9. JCCAD——基础 CAD 设计程序

JCCAD 程序用于各种浅基础和桩基础的设计。对复杂基础结构分析采用弹性地基梁单元、四边形中厚板单元、三角形薄板单元和周边支撑弹性板的边界元等方法。

1）程序通过 PMCAD 中的几何数据，上部结构计算荷载数据及地基梁传来的附加荷载等，可完成基础布置。

2）JCCAD 可完成多种基础计算、沉降计算和绘制施工图。

3）还可采用考虑上部结构刚度的共同作用。

其他的结构设计程序还有：GJ——钢筋混凝土基本构件设计计算程序；BOX——箱形基础设计程序；STS——钢结构计算和绘图程序；PREC——预应力混凝土结构设计程序；QIK——砌体结构设计程序；PMSAP——特殊多高层建筑结构分析与设计程序。

1.2.3　PKPM 程序应用

PKPM 程序在应用中，包括程序应用的操作，模型数据输入，计算设计数据的输出以及建筑结构设计施工图输出。PKPM 程序的应用，通过键盘、鼠标（屏幕中的界面）或数据文件编写输入。本书中主要介绍界面的交互操作，对数据文件输入只作一般了解。

1. PKPM 各程序的连接

PKPM 系列中的建筑结构设计程序，各程序的应用中有以结构数据输入为主的，有以结构内力计算和内力组合为主的，有以建筑结构施工图输出为主的。有些程序可独立操作和使用，有些程序之间有比较密切的联系，通过数据库连接。

1）PK 程序数据的输入可采用三种方式：通过屏幕界面交互式输入；通过 PMCAD 程序的数据引入；另外可用编写数据文件。单榀框架（排架、桁架、连续梁）结构，一般采用屏幕界面交互方式输入，这种方式比较直观，使用比较方便；一结构物有多榀框架结构计算设计，可采用 PMCAD 建模，形成框架等结构的数据文件。

2）PMCAD 程序数据的输入有两种方式：通过屏幕界面交互式输入和编写数据文件。通常采用屏幕界面交互式输入。

3）TAT、SATWE 程序的几何数据和荷载数据（竖向荷载），通过 PMCAD 程序的几何数据和荷载数据（竖向荷载）转换得到，结构计算设计的形式、风荷载、地震作用等，可在 TAT 或 SATWE 程序中设定。

4）墙梁柱施工图为绘制混凝土结构施工图的模块，其绘制施工图的数据由 PMCAD（几何数据）和 TAT 或 SATWE（计算配筋或构造配筋数据）得到，形成绘制的数据。

2. 界面环境

屏幕分为四个区域：右侧是菜单区，上侧是下拉菜单区，下侧是命令提示区，中间区域是工作区。下拉菜单区的功能有些与主菜单下的功能相同。

下侧命令提示区可直接输入命令，打开 WORK. ALI 文件可得到所有菜单内容与之相对应的命令。通过修改该文件可自行定义命令。

中间区域是绘图和其他功能的执行区，即工作区。

程序工作中，光标有三种形态：

1）箭头：程序等待输入数据、命令或点取菜单。

2）十字：坐标点入位置状态。

3）方框：靶区捕捉状态。

〈O〉、〈U〉、〈S〉热键在后两种状态使用有效。

3. PKPM 程序中的功能键（仅用于 PKPM 编辑方式）

鼠标键的功能：左键等于〈Enter〉，用于确定；鼠标右键等于〈Esc〉，用于否定、放弃、返回主菜单；鼠标中键等于〈Table〉，在菜单中用于功能转换，在绘图时为输入参考点，在执行命令时为图素选择方式的转换，包括：光标捕捉方式、轴线方式、窗口方式、围栏截取方式。

键盘的键功能：〈F3〉等于屏幕最下方工具条的"点网捕捉开关"；〈F4〉等于屏幕最下方工具条的"角度距离捕捉开关"；〈F5〉等于重新显示当前图、刷新修改结果；〈Ctrl + F5〉等于恢复上次显示；〈F6〉等于屏幕界面充满显示；〈Ctrl + F6〉等于屏幕界面显示全图；〈F7〉等于屏幕界面放大一倍显示；〈F8〉等于屏幕界面缩小 1/2 显示；〈F9〉等于进入节点捕捉、角度捕捉、网格捕捉设置和捕捉靶方框大小和圆弧精度设置。注意：角度捕捉时，控制键〈O〉设置基点为当前点捕捉。

屏幕界面交互输入几何数据绘图时，〈O〉等于使当前光标位置为点网转动基点；〈S〉等于设置捕捉方式；〈U〉等于后退一步操作。

〈Ctrl + A〉等于中断重显过程；〈Ctrl + P〉等于打印当前屏幕上图形。

4. 屏幕界面交互输入方式

1）键盘坐标输入方式。

绝对直角坐标输入：! X，Y。此点的坐标为直角坐标（X，Y）。

相对直角坐标输入：X，Y。相对于前一输入点的坐标，此点为直角坐标（X，Y）。

绝对极坐标输入：! R < A。此点的坐标为极坐标（R，A）。

相对极坐标输入：R < A。相对于前一输入点的坐标，此点为极坐标（R，A）。

2）鼠标光标输入方式。移动鼠标，确定后输入。可用于捕捉。

3）正交轴网（或框架网格）和圆弧轴网。

正交轴网（或框架网格）是通过定义开间和进深形成正交网格（或通过定义跨度和层高形成平面框架结构）。开间是输入横向从左到右连续各跨跨度；进深是输入竖向从下到上各跨跨度。

圆弧轴网是通过定义圆弧展开角和进深形成正交网格。圆弧展开角是轴线展开角度，进深是沿半径方向的跨度。

5. 捕捉工具功能

捕捉工具只在网格输入时使用。捕捉控制功能开关位于屏幕右下方，由节点捕捉、网格捕捉、角度捕捉切换开关控制此功能。

1）节点捕捉。捕捉图形中形成的节点以及一些特定点。如直线的端点，圆弧的端点，折线或多边线的顶点等和直线与直线、直线与圆弧等之间的交点。图素被捕捉靶选中后，判断是否靠近这些节点，如果选中，光标便置于该点之上，选择该点。

2）网格捕捉。捕捉屏幕工作区中网格点。网格点通过【点网设置】设置，可选择合适的点网间距、点网基点坐标和点网基点转动的角度。

3）角度捕捉。捕捉设定的角度，用于某定角的输入。定角通过【角度设置】设置，可选择多个角度。在有角度捕捉时，可用控制键〈O〉设置捕捉基点为当前点。

4）目标捕捉。单击绘图命令后，再单击〈S〉字母键，可选择当前目标捕捉方式，屏幕出现窗口选项：返回、关闭捕捉、自动捕捉、只捕基点、只捕端点、只捕交点、只捕垂足、只捕动交点、只捕中点、只捕近点、只捕圆心、只捕切点、只捕象限点、只捕平行点、只捕顶点、只捕延伸点、过滤模式等。可根据需要选择。

5）参考点捕捉。单击绘图命令后，将光标移至参考点（节点），按下〈Tab〉键，光标捕捉该点（节点），并将该点作为以下输入的参考点。输入与参考点的相对坐标值或控制拖动线的方向和距离，按下〈Enter〉，即为实际输入点。

提示：【点网设置】、【角度设置】为上侧下拉菜单区【状态设置】下的设置功能。

第2章 平面结构设计与程序 PK

框架结构为多层房屋的常用结构形式。按结构分析的方法，框架结构分析可分为平面结构分析和空间结构分析。当将框架结构（平面规则框架）简化为平面结构分析时，即一个方向按平面框架简化，另一方向按连续梁简化或两个方向均按平面框架简化；框架结构（杆件结构）按空间结构分析时，考虑空间受力分析。此外，单层厂房常用排架结构形式，其分析也可简化为排架平面分析。因此平面分析是一种简单而实际的分析方法。

2.1 平面框架结构

当把位于同一平面内的构件组成的结构作为平面结构计算时，只考虑其在平面内的变形和受力即为结构平面分析。分析时假定结构只在其平面内具有刚度和受力，不考虑结构平面外刚度和受力。平面结构分析时，梁柱等构件为二维杆件，每个节点有3个独立的位移（u、w、θ），即3个自由度（图2-1）。

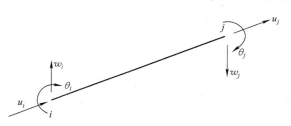

图2-1 二维平面结构杆件

平面框架（排架）结构为由梁、柱以刚接或铰接而构成的承重结构体系。具有下列特点：

1）框架结构梁、柱间的连接大多为刚节点，排架结构梁（屋架）、柱间的连接为铰节点。

2）梁端为部分固端约束（理想状态为固定端或铰接），在大多数情况下梁端均作用有负弯矩。而梁跨中弯矩符合下述规律：

$$\left| M_{跨中} \right| + \left| \frac{M_{左端} + M_{右端}}{2} \right| = \left| M_{跨中,简支梁} \right| \tag{2-1}$$

3）在荷载作用下，梁既受弯曲、剪切，又受压缩（拉伸），分析计算中压缩（拉伸）作用通常不予考虑；柱在荷载作用下既受压缩，又受弯曲和剪切，在计算中必须同时考虑压缩和弯曲，剪切作用通常不予考虑。此外，对于主要承受压力的柱，在设计时要考虑稳定和压弯后的附加偏心距。

提示：PK 程序中，结构分析的梁只能是直梁，且为等截面构件；柱可为变截面构件（如排架柱，需在变截面处加一节点）。

框架结构布置应注意：

1）柱网尽可能有规律地布置，并使各主框架尽量受力均匀。

2）明确框架结构的受力方向和结构的传力途径。当框架的一平面与建筑结构的主要受力为建筑物平面的短向，应增强结构的短向刚度。非框架梁系也应尽量有规律地布置。

3）结构的侧向刚度均匀变化，竖向抗侧力构件的截面尺寸和材料强度自下而上逐渐减小。

平面框架的跨度一般取主梁的常用跨度（6～12m）；框架间的次梁，常用跨度为 4～6m；框架的层高一般取建筑物的常用层高（3～5m）。混凝土框架主梁的截面高度常用 $h = (1/10 \sim 1/20) l$（l 为主梁跨度），截面宽度常用 $b = (1/2 \sim 1/3) h$。在特殊情况下，也可采用扁梁（梁宽大于梁高）。框架柱截面尺寸，可通过估算该柱所承受的最大竖向荷载的设计值，按轴压比的要求确定。一般取：

$$A \geqslant (1.1 \sim 1.2) N_c / f_c \tag{2-2}$$

式中，N_c 为竖向恒载和活载（可考虑活载折减）与地震作用组合下的轴力设计值，可近似取 $N_c = nFq$，其中：n 为结构层数，q 为估算该柱承受荷载从属面积上的均布荷载及其他墙体荷载等设计值，q 可根据实际情况计算确定，也可按表 2-1 选用（包含墙体等荷载），F 为柱承受荷载的从属面积；f_c 为混凝土轴心抗压强度设计值；A 为柱的截面面积，$A = bh$，b、h 分别为柱的截面宽度和高度，当考虑地震作用时，截面需稍放大。

对于 $H_{cn}/h > 4$（H_{cn} 为柱的净高）：柱的截面宜取 $b \geqslant 350\text{mm}$，$h \geqslant 400\text{mm}$；而当 $H_{cn}/h \leqslant 4$ 或Ⅳ类场地土上较高的框架结构，其柱截面应适当放大。

表 2-1　结构单位面积重力荷载估算

结构类型	重力荷载（包括活荷载）/（kN/m²）	
框架	轻质填充墙	10～12
框架-剪力墙	轻质填充墙	12～15
剪力墙、筒体		15～18

2.2　PK 平面结构设计程序

PK 程序是按平面分析方法设计框架或其他平面结构的程序。以一榀框架或其他平面结构作为分析对象，完成结构的内力分析、截面设计和绘制结构施工图。

2.2.1 适用形式及应用范围

1. 适用形式

1）PK 程序适用于平面杆系的框架、排架、框排架（某几跨上或某些层上作用吊车⊖荷载的多层框架）、连续梁、内框架、桁架等结构。

2）结构中的杆件可为混凝土构件或钢构件，杆件连接为刚接或铰接。

2. 应用范围

对平面框架、框排架、排架结构进行各种作用（包括地震作用、吊车荷载等作用）的内力分析和效应组合，并对混凝土梁柱进行截面配筋、梁变形和裂缝宽度计算、结构位移计算及柱下独立基础设计。程序可对连续梁、桁架、空腹桁架等结构进行结构分析和效应组合，对连续梁可进行截面配筋计算。

2.2.2 PK 主菜单及操作过程

1. 主菜单的进入

平面结构设计为结构模块中的程序，结构模块主菜单中的名称为 PK。

1）双击【PKPM】图标，进入 PKPM 系列程序菜单。

2）选择【结构】，进入结构设计计算菜单。出现 PK 等结构程序菜单。

3）选择【PK】，出现 PK 程序主菜单（图2-2），主菜单内容共 10 项。

图 2-2　PK 程序主菜单

⊖ 标准术语应为"起重机"，考虑 PKPM 系列程序仍使用"吊车"一词，为方便读者，暂不修改，下同。

2. PK 操作过程

1）作一榀框架、排架或连续梁的计算和绘图，进行三步操作：平面结构输入、结构计算和绘制结构施工图。

2）操作由 PK 主菜单控制，执行主菜单的【1PK 数据交互输入和计算】，进行结构数据输入和结构计算（框架、排架、连续梁等）；执行主菜单的【2 框架绘图】，绘制梁柱整体施工图；执行主菜单的【5 绘制柱施工图】和【6 绘制梁施工图】，绘制梁柱分开表示施工图；执行主菜单的【7 绘制柱表施工图】和【8 绘制梁表施工图】，绘制按梁柱表形式表示施工图；执行主菜单的【4 连续梁绘图】，绘制单根或多根连续梁施工图；执行主菜单的【3 排架柱绘图】，绘制排架柱施工图。

3）框架的一侧柱通过铰接梁连接排架柱，并有吊车荷载（框排架）作用时，结构计算完成后，需分别进行【2 框架绘图】和【3 排架柱绘图】操作。

2.3　平面结构交互式输入及计算

PK 程序使用中，结构的交互输入和结构的计算在主菜单下的【1PK 数据交互输入和计算】中完成。包括平面结构的数据输入和结构计算的输出。

运行的第一步是平面结构的交互式输入。平面结构输入是以交互方式输入各种桁架、框架、排架等结构的平面结构形式。以图形的方式储存，然后转化成数据文件进行结构计算。

2.3.1　输入前的准备

1. 建立文件夹

对计算的设计工程，建立工程子目录（可用中文名）。在此目录下可保存多榀框架、排架、框排架等结构（注意：只能保存最后一次计算的结构计算内力及图形，保留需另存）。

2. 确定计算简图

确定结构计算简图，包括结构计算尺寸的确定、结构材料（混凝土等级、钢筋等级等）的确定、各种荷载的计算、构件截面尺寸的确定等。

3. 命名编号

对框架、排架、框排架等结构命名编号，不要重复使用同一名称；交互式输入的文件为图形文件，文件名为 $*.JH$（或 $*.jh$）。

2.3.2　图素绘制及编辑功能

用光标在屏幕上侧单击【绘图】或【编辑】，进入图素绘制或编辑下拉菜单。绘制菜单和图素编辑只用于编辑轴线、网格、节点等。

图素绘制和编辑功能使用同 AutoCAD 程序方式，或同 PKPM 的编辑功能方式。PK 程序屏幕界面下拉菜单【设置】下的【选择编辑方式】，可选择 Auto-CAD 或 PKPM 图素编辑方式，或按〈CTRL + F1〉改变编辑方式。

2.3.3 平面结构输入

1. 进入交互式输入

框架、排架、桁架等平面结构，通过以下三步进入交互式输入：

1）单击【PKPM】图标，进入 PKPM 系列程序（图 1-3）。

2）单击【结构】，进入结构设计菜单，出现 PK 等结构程序菜单。

3）单击【PK】，出现 PK 程序主菜单（图 2-2）。

提示： 进入 PK 程序前，单击右下角【改变目录】按钮，进入工程子目录。

2. 建立输入文件

进入交互式输入前，出现 PK 文件菜单（图 2-3），建立或进入输入文件。

1）建立新文件。单击【新建文件】，出现新建文件对话框（图 2-4）。输入任意文件名（如 KJ＊，＊编号），单击【确定】按钮。进入框架（排架、桁架结构等）数据交互式输入。

图 2-3 PK 文件菜单   图 2-4 新建文件对话框

2）编辑已有数据输入交互文件。单击【打开已有交互文件】，打开已有的"＊.JH"图形文件（图 2-5），继续进行交互输入或进行修改。

3）编辑或计算已有数据文件。单击【打开已有数据文件】，打开已有的"＊.SJ"数据文件（图 2-6），将已存在的数据文件转换为图形文件，并进入图形交互输入状态，可进行修改；或对已有结构数据进行计算。

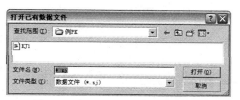

图 2-5 打开"＊.JH"图形文件   图 2-6 打开"＊.SJ"数据文件

提示：不完整数据文件可能引起图形不能打开。

3. 平面结构交互式输入

进入交互式输入后，出现 PK 数据输入和计算主菜单（图 2-7）。在平面结构交互建模菜单中，单击各图标可进入下一级菜单。

【选择数据】进入 PK 文件菜单（图 2-3），选择打开文件，继续输入或修改。

【参数输入】输入结构计算的各项参数及部分绘制结构施工图参数。包括总信息参数、地震计算参数、结构类型、分项及组合系数、补充参数。具体见 2.3.4 节——结构设计参数。

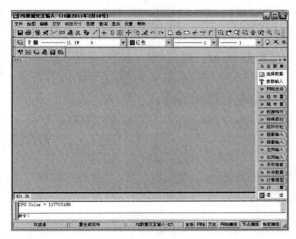

图 2-7　PK 数据输入和计算主菜单

【网格生成】进入用 CAD 交互输入方式绘制结构立面网格线，在网格线的交点形成节点。结构构件只能在网格线上布置，网格线上布置梁的顶面线或布置柱子的中线（程序默认）。CAD 绘制过程见 2.3.5 节——绘制平面结构立面网格线。

【柱布置】进入竖向网格进行柱布置。柱截面形心与竖向网格线重合（程序默认），可设置截面中心与竖向网格线的距离。具体操作见 2.3.6 节——柱布置。

【梁布置】进入水平网格线进行梁布置，梁截面顶面与网格线重合。具体操作见 2.3.7 节——梁布置。

【铰接构件】设置构件间的连接为铰接。程序默认所有输入的构件间连接均为刚接，可通过此功能对任意梁柱一端或两端设置铰接连接。对两端铰接构件只进行内力分析和配筋计算，不绘制施工图。单击【铰接构件】进入铰接连接设置菜单，按提示操作。【删除梁铰】、【删除柱铰】必须在原布置铰的构件处删除。

提示：柱梁节点铰接设置时，设置梁端铰接优先。

【特殊梁柱】定义框架中的任一梁或柱为中柱、角柱（边框架的边柱）、框支柱、底框梁、框支梁、受拉压梁等。对特定的构件，程序将按相应的底框柱、框支梁、受拉压梁、中柱、角柱、框支柱等构件的相应构造要求计算和配筋。程序默认结构支座为刚接，可通过【约束信息】改变支座形式为其他形式（图2-8）。

【改杆件砼○】修改各构件的混凝土强度等级。在2.3.4节中"总信息参数"中输入各梁或柱相同的混凝土强度等级，可采用此功能修改每个梁柱的混凝土强度等级。

【恒载输入】输入结构上作用的恒载标准值。在网格点上输入节点荷载，在柱或梁上输入柱间荷载或梁间荷载。一柱或梁上可输入多个荷载。具体操作见2.3.8节——恒载输入。

图2-8 约束信息设置菜单

提示：在柱上或梁上输入节点荷载，可能引起结构分析错误。

【活载输入】输入结构上作用的活载标准值。同恒载输入可输入节点、梁柱荷载。还可输入多组互斥荷载（即不同时作用于结构的几组荷载），分析某组荷载对结构的构件截面最不利，并进行效应组合。具体操作见2.3.9节——活载输入。

【左风输入】、【右风输入】分别输入结构上作用的左风荷载和右风荷载标准值。风荷载为节点力和柱间荷载，输入方法同恒载输入方法。风荷载水平力以向左为正输入。效应组合时选择其中之一。

【吊车荷载】排架吊车荷载输入。有吊车荷载作用的排架、框排架结构，可进入【吊车荷载】布置吊车荷载。具体操作见2.3.10节——吊车荷载输入。

【补充数据】输入附加重量以及设计柱下独立基础的基础设计参数。在2.3.4节的"总信息参数"对话框中，选择进行"基础计算"，或在"地震计算参数"中输入"附加重量的质点数"大于1，则进行该项操作。具体操作见2.3.11节——补充数据输入。

【计算简图】通过数据检查，显示已建结构计算模型的计算简图。程序对结构计算数据文件内容进行物理意义的检查，若出现不合理数据，程序暂停，屏幕上显示错误内容及所在行，查找和修改错误可重新在交互式输入中进行。通过检查则屏幕显示有关图形2~6幅：框架立面（KLM.T）、恒载简图（D—L.T）、活载简图（L—L.T）、左风简图（L—W.T）、右风简图（R—W.T）、吊车荷载图（C—H.T）。通过图形人为检查输入是否正确。

【计算】程序进行结构计算，并以图形及数据文件形式显示计算结果，具体见2.4节——结构计算输出。

提示：需保存计算结果数据，须另存数据文件。

○ 标准术语应为"混凝土"，考虑PKPM系列程序仍使用"砼"一词，为方便读者，暂不修改，下同。

【退出】完成或暂停，退出程序，系统自动存盘。

提示：若不按步骤退出或未完成输入过程，不能形成完成数据文件（＊.SJ）。

2.3.4 结构设计参数

1. 总信息参数

单击【参数输入】，出现总信息参数对话框（图 2-9），输入结构设计总信息。

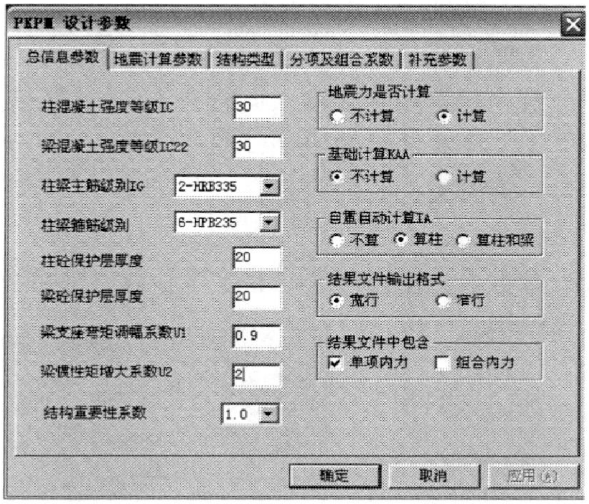

PKPM 设计参数

总信息参数｜地震计算参数｜结构类型｜分项及组合系数｜补充参数

柱混凝土强度等级 IC　　30

梁混凝土强度等级 IC22　　30

柱梁主筋级别 IG　　2-HRB335

柱梁箍筋级别　　6-HPB235

柱砼保护层厚度　　20

梁砼保护层厚度　　20

梁支座弯矩调幅系数 U1　　0.9

梁惯性矩大系数 U2　　2

结构重要性系数　　1.0

地震力是否计算
○ 不计算　　● 计算

基础计算 KAA
● 不计算　　○ 计算

自重自动计算 IA
○ 不算　　● 算柱　　○ 算柱和梁

结果文件输出格式
● 宽行　　○ 窄行

结果文件中包含
☑ 单项内力　　□ 组合内力

确定　　取消　　应用(A)

图 2-9　总信息参数对话框

柱混凝土强度等级 IC：结构柱采用的混凝土强度等级。

梁混凝土强度等级 IC22：结构梁采用的混凝土强度等级。

提示：柱、梁的混凝土强度等级，可在 PK 数据输入和计算主菜单的【改杆件砼】中，修改各柱混凝土强度等级。

柱梁主筋级别 IG：梁柱设计中受力主（纵）筋钢筋强度等级。程序设定梁柱主（纵）筋级别相同。

柱梁箍筋级别：梁柱设计中的箍筋级别。程序设定梁柱箍筋级别相同。

柱主筋混凝土保护层厚、梁主筋混凝土保护层厚：柱、梁纵向钢筋的保护层厚度。根据结构的使用环境类别及混凝土强度等级，确定保护层厚度。

梁支座弯矩调幅系数 U1：输入框架梁端弯矩调幅系数，现浇框架一般为 0.8～0.9。以弹性分析框架结构时，可考虑结构塑性变形引起内力重分布，在竖向荷载作用下对梁端的弯矩进行调幅。

梁惯性矩增大系数 U2：输入梁截面弯曲刚度计算增大系数。现浇梁板框架结构梁翼缘板作用，结构分析时实际惯性矩比矩形截面梁弯曲刚度大。现浇楼盖：中框架计算系数取 2，边框架计算系数取 1.5，当板厚相对梁高较小时

($h_{板}/h_{梁} < 1/20$)，取 1；装配整体式楼盖：中框架计算系数取 1.5，边框架计算系数取 1.2。

结构重要性系数：输入结构的重要性系数。按 GB 50153—2008《工程结构可靠度设计统一标准》附录 A，由建筑物的安全等级确定。或按各建筑结构设计规范确定。

地震力是否计算：选择"计算"，则在结构设计中考虑地震作用。

基础计算 KAA：选择"计算"，则直接应用本程序进行基础设计。补充基础设计条件，程序具有独立基础计算设计功能。

自重自动计算：选择"算柱"或"算柱和梁"，则在设计荷载中程序自动计算结构柱或柱和梁自重。注意相应在输入荷载中，应不包含柱或柱和梁的自重。

结果文件输出格式：计算结果输出文件的格式。

结果文件中包含：输出文件的内容选择。

2. 地震作用

单击【地震计算参数】，出现地震作用计算参数对话框（图 2-10）。在考虑地震设防或计算地震作用时，输入地震作用计算参数。

地震烈度、设计地震分组：根据建筑物所在位置，按 GB 50011—2010《建筑抗震设计规范》附录 A 输入。考虑地震作用时必须输入。

场地土类别：建筑物所在位置场地类别，按地质资料输入。考虑地震作用时必须输入，一般分五个等级。

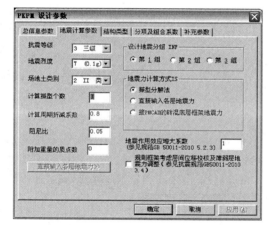

图 2-10　地震作用计算参数对话框

计算振型个数：计算地震作用时取用的振型数。一般取三个振型，且计算的振型数小于或等于振动质点数（是指框架合并后的振动质点），及计算的振型数不大于结构的层数。采用振型分解法计算地震作用时必须输入。

计算周期折减系数（CC）：结构自振周期计算折减系数。与框架梁柱相连的填充墙、与排架柱相连的排架厂房两端的山墙及纵墙，结构的刚度增加，相应地震作用放大。纯框架结构无填充墙 CC 取 1.0；有填充墙的框架应视填充墙的数量，一般取 CC = 0.5~0.8。

阻尼比：结构的阻尼比。混凝土结构一般取 0.05。

附加重量的质点数：需计算结构地震作用的附加重量。程序分析结构地震作用，未计入结构恒载和活载地震分析时的附加重量，在计算各振动质点重量时将该附加重量计入。

地震力计算方式 IS：根据地震作用计算方式选择。选择"振型分解法"，程序采用振型分解法自动完成；选择"直接输入各层地震力"，程序要求直接输入水平地震作用，输入以其他方法计算得到的水平地震作用；选择"接 PMCAD 的砖混底层框架地震力"，接 PMCAD 的上部砌体底层框架的地震作用，输入地震作用或由 PMCAD 导入。

地震作用效应增大系数：将计算的地震作用效应放大。该系数按 GB 50011—2010《建筑抗震设计规范》取值。

规范框架考虑层间位移校核及薄弱层地震力调整：框架结构层间位移校核，并自动调整薄弱层地震力。程序该项按《建筑抗震设计规范》第 3.4.2、3.4.3、3.4.4 条规定调整。

3. 结构类型

单击【结构类型】，出现结构类型对话框（图 2-11），选择结构类型，按相应的结构类型进行设计。

框架：用于框架结构的设计，梁可为直梁和斜梁。框架结构包括有梁与柱连接为铰接的结构。

框排架：用于带有吊车的框架结构的设计。

连梁：用于连梁结构的设计。包括单跨简支梁的设计。

排架：用于单跨或多跨排架结构的设计。

底框：用于由 PMCAD 程序形成的结构计算数据的底部框架结构设计。

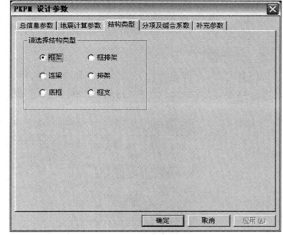

图 2-11　结构类型对话框

框支：用于由 PMCAD 程序形成的结构计算数据的框架支承剪力墙的框架结构设计。

提示：选择所计算的结构类型，将影响结果或使结果出错。

4. 分项及组合系数

单击【分项及组合系数】，出现分项及组合系数对话框（图 2-12），输入荷载分项系数和组合系数。

程序按 GB 50009—2012《建筑结构荷载规范》屏幕显示默认系数，可修改。

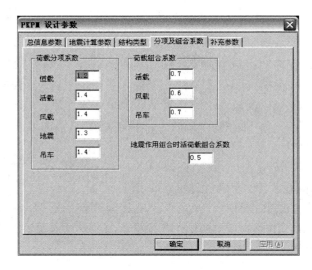

图 2-12 分项及组合系数对话框

提示：各系数程序按规范屏幕显示常用荷载分项系数及组合系数，组合系数为可变荷载控制；永久荷载控制组合或其他组合，程序自动验算。如特殊情况下按规范要求取值。

5. 补充参数

单击【补充参数】，出现补充参数对话框（图 2-13），输入剪力墙分布钢筋配筋率和多台吊车作用时吊车的荷载折减系数。

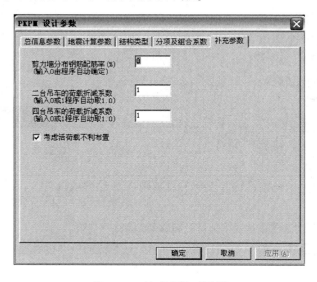

图 2-13 补充参数对话框

剪力墙分布钢筋配筋率：由剪力墙的抗震等级构造要求确定剪力墙分布钢筋配筋率。程序根据剪力墙抗震等级自动确定，也可人为直接输入。非剪力墙结构可不填。

二台吊车的荷载折减系数、四台吊车的荷载折减系数：两台以上吊车作用时，考虑多台吊车的荷载折减系数。多台吊车的荷载折减系数应按《建筑结构荷载规范》第 6.2.2 条规定考虑。

2.3.5 绘制平面结构立面网格线

单击【网格生成】，出现 PK 网格建模菜单（图 2-14），进入绘制平面结构立面网格线。

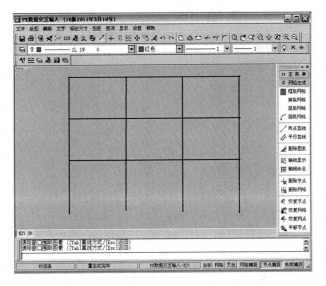

图 2-14 PK 网格建模菜单

【框架网格】通过框架网格输入导向，建立框架网格。单击【框架网格】进入框架网格输入对话框（图 2-15）。选择"跨度"或"层高"，并相应在"数据输入"处选取或键盘输入跨度或层高，单击【增加】，形成框架网格。对已输入的数据可通过单击【修改】或【删除】进行变更。定义跨度是输入从左到右连续各跨跨度；定义层高是输入竖向从下到上各层层高。单击【确定】按钮后，框架左下角点自动位于坐标（0，0）。

提示：图面上多余的节点或网格线的存在，将影响结构的数据文件，一般删除多余的节点和网格线。

【排架网格】通过刚架网格输入导向，建立排架、门式刚架网格。

【屋架网格】通过桁架网格输入导向，建立桁架网格。

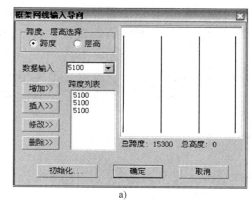
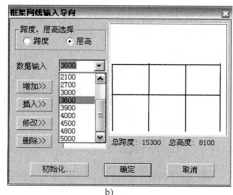

a)   b)

图 2-15　框架网格输入对话框
a）跨度输入　b）层高输入

【圆弧网格】进入拱形弧线网格输入。

【两点直线】绘制一条直线。一般以键盘坐标输入方式，可采用 1.2.3 节的多种方式和工具绘制。

【平行直线】绘制一组平行的直线。先绘制第一条直线，以这条直线为基准线，在下侧提示区输入复制间距和次数，提示区自动累计复制的总间距，并可按不同的间距连续复制。复制间距以向上和向右复制为正。

【删除图素】删除已绘制的网格线，及其他布置的构件。

提示：单击【删除图素】不能删除节点。

【轴线显示】轴线显示开关。用来切换显示已定义的轴线号。

【轴线命名】对有轴线编号的轴线命名。轴线号信息传至绘制施工图。单击【轴线命名】进入轴线命名操作。单轴线命名可通过光标点取需命名的轴线网格线，随后输入轴线名（图 2-16）；成批轴线命名可按〈Table〉键进入轴线成批命名，光标点取起始命名轴线、终止命名轴线、其中不命名轴线，按鼠标右键或键盘〈Esc〉键退出，输入第一条轴线名。

【删除节点】、【删除网格】删除节点、网格线。完成构件及荷载布置后，应删除多余节点；删除节点或网格时，该节点或网格上已布置的梁柱及荷载将会丢失。删除节点将同时丢失所有周边网格线及网格线上的构件和荷载。

【恢复节点】、【恢复网格】、【恢复网点】编辑修改已有网格线和节点时，可一次恢复节点、网格或网点。

【平移节点】根据提示移动节点位置，与该节点相接的所有网格线及网格线上的构件和荷载同时随之改变。按提示操作。

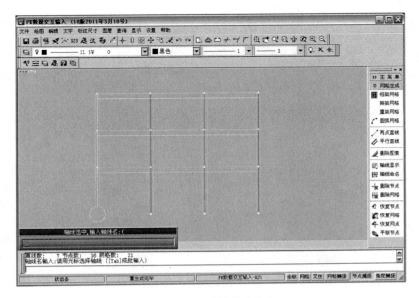

图 2-16 单轴线命名

【例 2-1】 建立三跨（5100mm × 5100mm × 5100mm）三层（4500mm × 3600mm × 3600mm）的框架网格。

操作：由 PK 网格建模菜单建立框架网格。

1）单击【框架网格】，进入框架网格建立。

2）选择"跨度"，在"数据输入"文本框中输入 5100，单击【增加】。重复三次，建立三跨数据。

3）选择"层高"，在"数据输入"文本框中输入 4500（或选择数据 4500），单击【增加】。输入 3600，重复两次，建立三层数据。

4）单击【确定】，屏幕显示 3×3 框架网格（图 2-14），左下角为（0，0）点。

2.3.6 柱布置

单击【柱布置】，出现柱布置菜单（图 2-17），可进入柱截面定义、布置等。

【截面定义】定义柱的截面形式（有相应的截面类型号）及截面尺寸。单击【截面定义】进入柱定义菜单（图 2-18）。单击【增加】进入柱截面定义对话框（图 2-19），通过选择截面类型和与截面类型相对应的截面参数，单击【确认】，定义一柱截面。

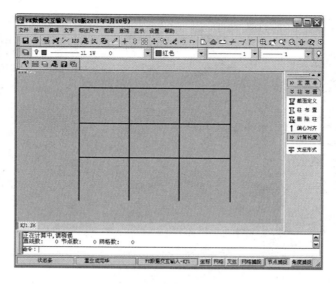

图 2-17　柱布置菜单

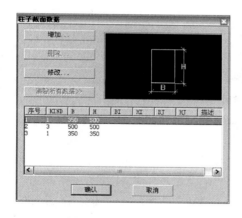

图 2-18　柱定义菜单

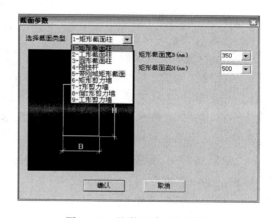

图 2-19　柱截面定义对话框

　　【柱布置】选择已定义的柱，用光标点网格线布置柱。柱截面形心与网格线重叠（默认）；当柱截面形心与网格线不重叠时，可设置使柱子形心偏移网格线，按提示输入截面形心与网格线的偏差值。

　　【删除柱】对不需要的柱可进行删除。对需重新布置的柱可不进行删除，程序自动覆盖。

　　【偏心对齐】对各层柱截面不同的柱，使各层柱的截面形心或截面边缘对齐。通过提示区的"柱左端对齐/中心对齐/右端对齐（–1/0/1）"，可选择偏心对齐功能，按提示操作。

　　【计算长度】修改柱计算长度。对程序已按规范设定的计算长度，此功能可修改柱平面内（框架方向）和平面外计算长度（垂直框架方向）。当一柱中间有节点时，注意柱计算长度取值。单击菜单，按提示操作（图 2-20）。

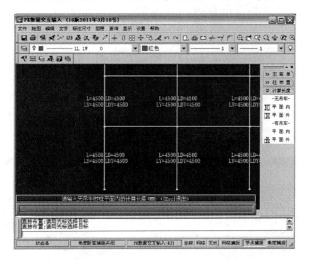

图 2-20 计算长度值修改

【支座形式】改变节点支承形式。程序自动默认结构的节点连接为刚接。可通过【支座形式】中相应操作改变中间节点为柱、梁或墙支承，在以连续梁绘制施工图时，将作相应表示。

2.3.7 梁布置

单击【梁布置】，出现梁布置菜单（图 2-21），进入梁的截面定义、布置等。

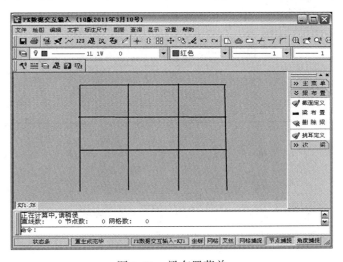

图 2-21 梁布置菜单

【截面定义】定义梁的截面形式（有相应的截面类型号）及尺寸，操作同柱的【截面定义】。

【梁布置】选择已定义的梁进行梁布置。用光标点网格线布置梁，梁截面顶与网格线重叠。

【删除梁】对不需要的梁可进行删除。需重新布置的梁可不进行删除，程序自动覆盖。

【挑耳定义】定义并布置梁翼缘（计算为矩形截面的梁可有两侧翼缘或花篮形等），用于绘制施工图。通过【新增截面】定义翼缘截面形状（图 2-22），用光标布置于梁。

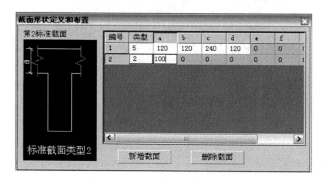

图 2-22　截面形状定义

【次梁】输入作用于主梁的次梁。主梁上有次梁时，可输入次梁信息，用于主梁吊筋和附加箍筋计算及绘图。单击【次梁】进入下一级菜单，屏幕显示次梁信息菜单（图 2-23）。

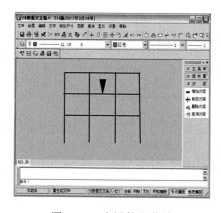

图 2-23　次梁信息菜单

1)【增加次梁】设置次梁。屏幕弹出次梁数据对话框（图 2-24），输入次梁的信息（注意该处输入的集中力只用于计算吊筋和附加箍筋），单击【OK】，用光标选择需布置次梁的主梁。布置次梁后，主梁上有一箭头示意次梁位置（图 2-23）。

图 2-24　次梁数据对话框

2)【查询次梁】查看已布置次梁的主梁上的信息，并可修改。

次梁作用于主梁的荷载，需在【恒载输入】和【活载输入】中输入。

2.3.8　恒载输入

单击【恒载输入】，出现恒载输入菜单（图 2-25），进入恒载输入。

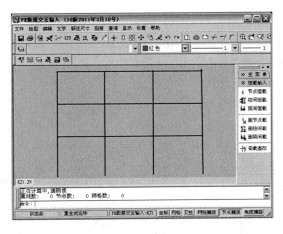

图 2-25　恒载输入菜单

【节点恒载】输入作用于节点（包括构件端头）的恒载。单击【节点恒载】，进入节点恒载输入对话框，可输入一组作用于节点的弯矩、竖向集中力和水平力。弯矩以顺时针为正，竖向集中力以向下为正，水平力以向右为正。

【柱间恒载】输入作用于柱间的恒荷载。柱间恒载为柱上下节点间的恒荷载标准值，每一柱间能施加多组柱间荷载。单击【柱间恒载】，选择荷载类型（图2-26），输入荷载标准值和相应参数，再将荷载作用于柱间。当点取一种类型荷载时，荷载类型号显示于柱间荷载对话框右上角。

提示：柱上弯矩可采用两次输入荷载类型为 **KL=5** 的形式的荷载。

【梁间恒载】输入作用于梁间的恒荷载。梁间恒载为梁左右节点间的恒荷载标准值，可逐次加多个荷载。在梁间荷载对话框中，先选择荷载类型及荷载标准值大小（操作同柱间荷载），再将荷载作用于梁间。当点取一种类型荷载时，荷载类型号显示于梁间荷载对话框右上角。

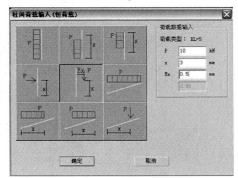

图2-26 柱间荷载对话框

【删节点载】、【删柱间载】、【删梁间载】删除相应的荷载。删除某一荷载时，必须在输入该荷载的构件上删除。

【荷载查改】对已作用荷载的节点、梁和柱可进行荷载查看、删除和修改。

2.3.9 活载输入

单击【活载输入】，出现活荷载输入菜单，进入活荷载输入。节点、梁、柱活荷载输入同恒载输入（详见2.3.8节——恒载输入）。

【互斥活载】输入互斥活荷载。互斥活荷载为多组不同时参与效应组合的活荷载。单击【互斥活载】，进入互斥活载输入菜单（图2-27）。

1）【设定组数】输入互斥活荷载的组数。

2）【当前组号】指定输入活荷载的组号。

3）【节点活载】、【柱间活载】、【梁间活载】荷载直接用光标布置于节点、梁和

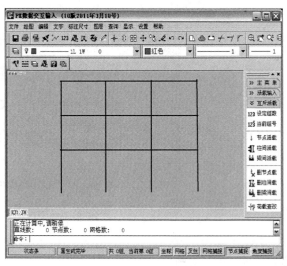

图2-27 互斥活载输入菜单

柱。节点、梁、柱活荷载输入同恒载输入（详见 2.3.8 节——恒载输入）。

4)【删节点载】、【删柱间载】、【删梁间载】、【荷载查改】删除或修改荷载。

2.3.10　吊车荷载输入

对有吊车的排架或框排架结构，单击【吊车荷载】，出现吊车荷载输入菜单（图 2-28），可进入吊车荷载输入。

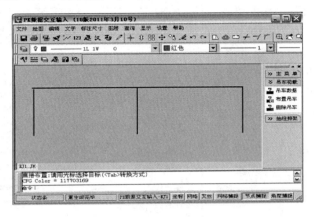

图 2-28　吊车荷载输入菜单

【吊车数据】进入吊车数据输入菜单，可输入多组不同的吊车荷载数据。通过单击【增加】出现吊车数据输入对话框（图 2-29）。

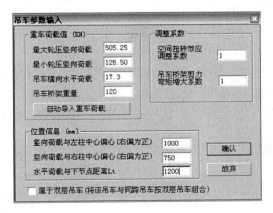

图 2-29　吊车数据输入对话框

1. 重车荷载值（kN）

最大轮压竖向荷载：作用在排架上最大轮压产生的吊车竖向荷载标准值

D_{kmax}（kN）。

最小轮压竖向荷载：作用在排架上最小轮压产生的吊车竖向荷载标准值 D_{kmin}（kN）。

吊车横向水平荷载：作用在排架上的吊车横向水平荷载标准值 T_{kmax}（kN）。

吊车桥架重量：吊车桥架的自重（kN），该重量将在地震分析时计入。

【自动导入重车荷载】程序自动计算吊车荷载值。进入程序自动计算吊车荷载（图2-30）。按对话框输入吊车梁跨度、相邻吊车梁跨度、吊车台数及吊车的机械性能数据（由吊车序号处进入，有吊车性能数据库），通过【计算】得到吊车荷载，通过【直接导入】导入吊车荷载值。

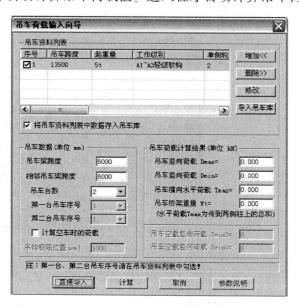

图2-30 吊车荷载计算对话框

2. 调整系数

空间扭矩效应调整系数：考虑排架结构的空间工作和扭转影响的效应调整。按《建筑抗震设计规范》附录 J 取值。

吊车桥架剪力弯矩增大系数：吊车桥架引起的地震剪力和弯矩增加系数。按《建筑抗震设计规范》附录 J 取值。

3. 位置信息

竖向荷载与左柱中心偏心、竖向荷载与右柱中心偏心：吊车轮压作用点距吊车布置左、右排架下柱中心偏心距离（mm），以右为正。

水平荷载与下节点距离 L_t：水平荷载与下节点吊车布置节点的垂直距离（mm）。

属于双层吊车：选择该项，则该吊车的荷载与同跨吊车荷载按双层吊车计算组合。

【布置吊车】选择已输入的吊车数据，在排架结构的左右节点位置布置吊车。

【删除吊车】在原吊车输入节点删除已布置的吊车。

【抽柱排架】进行抽柱排架结构分析。进入抽柱排架结构设计。

2.3.11　补充数据输入

对于进行结构柱独立浅基础设计，或有附加质量输入，单击【补充数据】
进入补充数据输入菜单（图
2-31），可进入基础数据和
附加质量数据输入。

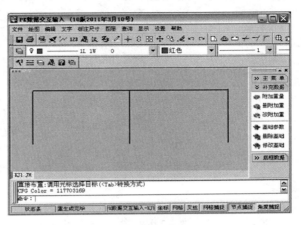

【附加重量】附加重量
数据输入。当在 2.3.4 节的
"地震计算参数"中输入附
加重量质点数大于或等于 1
时，则进行附加重量输入。
附加重量只能加于节点，并
且此数据只用于计算地震
作用。

图 2-31　补充数据输入菜单

【删附加重】删除已输
入的附加重量。

【改附加重】修改已输入的附加重量数据。

【基础参数】基础计算参数输入。当在 2.3.4 节的"总信息参数"中选择
"基础计算"时，需输入基础计算参数。通过单击【基础参数】进入基础参数对
话框（图 2-32），写入各种数据后单击【确定】，直接用光标在柱支座处布置基
础，基础计算结果在输出结果文件中给出。也可在程序 JCCAD 中，读取 PK 的
计算数据，绘制基础施工图。

附加墙重量：基础梁作用于基础的重力（kN）。如底层墙体重力通过基础梁
传至基础等荷载。

附加墙与柱中心距离：附加墙重力合力作用点与基础形心距离（m）。

距离：柱边至第一阶梯边的距离（m）。

基础埋深：室外地面或室内地面至基础底的距离（m）。

基础高度：基础顶面至基础底面的距离（m）。

天然地面至基底距离：室外天然地面至基础底面距离（m）。用于确定地基
承载力的深度修正系数。

地基承载力特征值：未修正的天然地基承载力特征值（kN/m^2）。由地基载
荷试验等确定。

基础混凝土强度等级：基础混凝土的强度等级。

宽度修正系数、深度修正系数：地基承载力修正系数。按 GB 50007—2011
《建筑地基基础设计规范》确定。

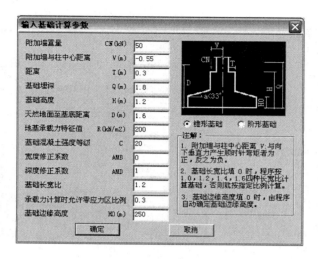

图 2-32　基础参数对话框

基础长宽比：按对话框中右侧说明输入。

承载力计算时允许零应力区比例：按地基基础设计要求，输入基础允许零应力区比例。有吊车结构的基础设计，有地基与基础接触长度与基础长度比例要求。

基础边缘高度：输入基础边缘高度。一般不宜小于 300mm。

【删除基础】删除已布置的基础。

【修改基础】修改已布置基础的基础参数。

【底框数据】当为底框砌体结构时，进入【底框数据】，补充输入地震作用和梁轴向力。

提示：地震作用和梁轴向力可由 PMCAD 的底框结构分析得到。

2.4　结构计算输出

2.4.1　结构计算结果

执行【计算】，出现输入计算结果文件名对话框（图 2-33），一般以原文件名.OUT 作为计算结果文件名。单击【OK】进入显示计算结果菜单（图 2-34），进入结构计算分析图。

【文件结果】输出计算结果数据文件。详见 2.4.2 节——结构计算结果数据

图 2-33　输入计算结果文件名对话框

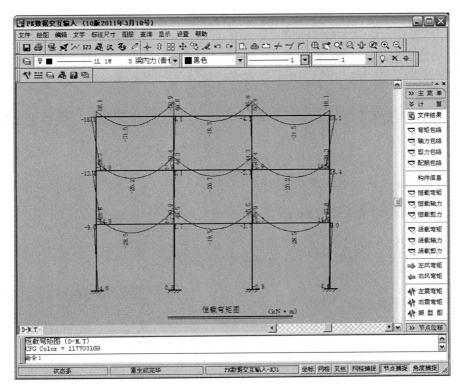

图 2-34　显示计算结果菜单

文件。

【弯矩包络】显示梁柱的弯矩设计值包络图。在弯矩包络图中分析梁柱构件的抗弯不利截面。

【轴力包络】显示梁柱的轴力设计值包络图。柱轴力右侧标注轴压比，轴压比超过规范要求时，以红色显示。当不满足时，加大构件截面或提高混凝土等级等。

【剪力包络】显示梁柱的剪力设计值包络图。在剪力包络图中分析梁柱构件的抗剪不利截面。

【配筋包络】显示根据内力包络图计算的梁柱截面纵向配筋图。当受弯钢筋超筋时，程序自动配置受压钢筋。但当受压钢筋过大时，说明构件截面不合理。

【构件信息】以文件数据的形式，输出指定构件（梁柱）的信息。信息包括几何信息、内力数据、截面配筋等。

【恒载弯矩】、【恒载剪力】、【恒载轴力】显示恒载作用下的弯矩、轴力、剪力标准值内力图形。通过节点弯矩、构件等内外力平衡可分析结构计算方法合理性。

提示：显示的弯矩已考虑梁端弯矩调幅系数的影响。

【活载弯矩】、【活载剪力】、【活载轴力】显示活载最不利荷载布置弯矩、轴力、剪力标准值包络图。

【左风弯矩】、【右风弯矩】分别显示左风载和右风载作用下的弯矩标准值图形。

【左震弯矩】、【右震弯矩】分别显示左地震作用和右地震作用的弯矩标准值图形。

【振型图】显示各振型下的动态图。

【节点位移】显示各种工况下的节点位移。

2.4.2　结构计算结果数据文件

1. 计算结果输出

进入【计算结果】，出现计算结果文件输出选择框（图2-35）。

【记事本打开计算结果】以写字板方式打开计算结果数据文件。用于打印。

【浏览器打开计算结果】以浏览器打开计算结果数据文件。以指针方式指向数据，便于浏览。

【基础计算文件输出】以文本方式输出基础计算文件。

【计算长度信息】以文本方式输出构件的计算长度信息。

【超限信息输出】以文本方式输出超限信息。

2. 计算结果数据文件

根据总信息中打印"输出格式信息"的输出要求，输出分为四部分：

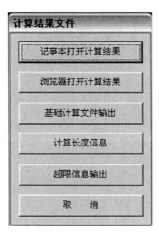

图2-35　计算结果文件
输出选择框

1) 输出已输入的各种信息。

2) 输出各柱、梁控制组合内力与配筋。

3) 输出恒、活、风荷载及地震作用各单项荷载下的内力。

4) 输出柱梁截面各种内力组合。

以下为框架结构计算的输出内容：

（1）结构输入信息。

1) 总信息：结构重要性系数、节点总数、柱数、梁数、支座约束数、标准截面类型总数、活荷载计算信息、风荷载计算信息、柱梁自重计算信息、恒载作用下柱的轴向变形、抗震等级、梁柱自重计算增大系数、基础计算信息、梁刚度（截面惯性矩）增大系数、柱混凝土保护层厚度、梁混凝土保护层厚度、混凝土梁支座负弯矩调幅系数。

2）节点坐标。

3）柱关联号。

4）梁关联号。

5）柱上下节点偏心值。

6）标准截面类型。

7）柱布置截面号、铰接信息、截面布置角度。

8）梁布置截面号、铰接信息、截面布置角度。

9）标准截面特性。

（2）输入的荷载及结构分析数据。

1）恒载的输入数据，恒载内力及位移。

2）活载的输入数据（包括互斥活载），输出活载内力及位移。

3）左、右风荷载的输入数据，输出左、右风内力及位移。

4）吊车荷载的输入数据，输出结构内力及位移。

（3）地震作用结构分析数据。

1）地震计算信息，附加重量节点信息和附加荷载重。

2）左、右地震方向计算：各振动周期 T 及相应的位移、内力。

（4）荷载效应组合及强度、稳定、配筋计算。

1）柱的组合内力和配筋输出及基础计算输出。按柱序号输出各柱的编号，柱的 56 组组合内力设计值（或有吊车荷载时 164 组组合设计值），输出配筋计算结果。

2）梁的组合内力和截面配筋输出。按梁序号输出各梁的编号，梁的 56 组弯矩、轴力、剪力内力组合设计值（或有吊车荷载时 92 组组合设计值），输出梁下部截面、梁上部截面、箍筋配筋计算等。

说明：A_s（1）为第一排钢筋面积，A_s（2）为第二排钢筋面积 [A_s（2）= 0.0 说明只需一排钢筋]，当计算的相对受压区高度 $\xi = x/h_0 > \xi_b$ 时，A_{sc} 按双筋计算，A_{sc} 为计算的受压钢筋；一排钢筋时：$h_0 = h - $ 保护层厚 $- 22.5\text{mm}$；两排钢筋时：$h_0 = h - $ 保护层厚 $- 47.5\text{mm}$；当计算的配筋率小于 1% 时，程序作一排配筋输出 A_s（1），而 A_s（2）= 0.0。超筋时给出 A_s（或 A_{sv}）= 10000 超筋提示。

3. 基础计算输出文件

1）按基础节点号输出基础计算数据。

2）有柱下基础设计，输出柱下的基础反力。按基础节点号（基础相连柱号）输出标准组合和基本组合的内力值。

3）柱下基础设计数据。

4）基础各截面处配筋计算结果。

4. 计算长度信息

文本输出：用户输入的柱的计算长度系数；根据 GB 50017 线刚度比计算柱的计算长度系数；稳定计算实际采用柱计算长度系数。

5. 超限信息输出

文本输出：柱构件计算超限信息，梁构件计算超限信息，柱顶位移超限信息。

2.5 绘制结构施工图

绘制结构施工图前，程序需设定绘图的参数用于绘制施工图。这些参数以交互方式输入，形成绘图数据文件。

2.5.1 框架结构绘图

单击 PK 主菜单的【2 框架绘图】，屏幕显示绘图参数输入菜单（图 2-36），进入框架结构绘图参数交互输入。

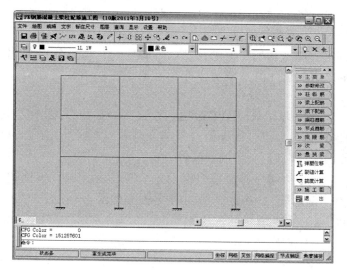

图 2-36　绘图参数输入菜单

【参数修改】输入或修改绘图参数。包括归并放大系数、绘图参数、钢筋信息、补充输入等。具体操作见 2.5.2 节——框架结构绘图参数。

【柱纵筋】屏幕显示柱一侧的程序选择的配筋（施工图中配筋），可采用柱纵筋修改菜单修改纵筋。按提示操作。

【梁上配筋】、【梁下配筋】屏幕显示程序选择的梁下或上部配筋，可按提示修改。

【梁柱箍筋】、【节点箍筋】屏幕显示程序选择的梁柱或节点箍筋，可按提示修改。

【梁腰筋】屏幕显示程序选择的梁腰筋，可按提示修改。

提示：修改后的配筋量须大于原计算配筋。

【次梁】屏幕显示次梁位置及信息，可按提示修改。

【悬挑梁】屏幕显示下一级菜单。

1）【修改挑梁】可进行已布置梁数据的修改。

2）【挑梁支座】可修改图中的悬挑梁支座形式。

3）【改成挑梁】可将框架中位于左端跨或右端跨的支承梁改为悬挑梁。

提示：修改后悬挑梁的形式，可能影响结构的受力。

【弹塑位移】框架结构按弹性方法计算的位移。用于判断和复核框架结构的弹性薄弱层。位移计算中不考虑截面的开裂因素。

【裂缝计算】按梁上部和下部的实际配筋，作梁裂缝宽度计算。屏幕显示梁上部支承端和梁跨中的裂缝宽度（图2-37）。当计算裂缝宽度大于或等于0.3mm（此值可以设定）时，该裂缝宽度以红色显示。

【挠度计算】按混凝土梁挠度计算方法，计算实际配筋梁的挠度，且考虑现浇板翼缘对截面刚度的影响。屏幕显示梁的跨中最大变形（图2-38）。

提示：当计算的梁裂缝宽度或挠度不满足要求时，可通过修改梁截面钢筋重新计算，使其满足要求。当重新进入绘图【参数修改】菜单中的任一项做修改时，弹塑位移、裂缝宽度或挠度计算的内容需重新计算或复核。

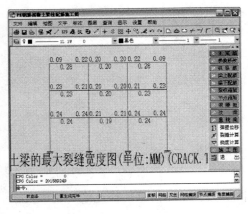

图2-37 梁裂缝宽度

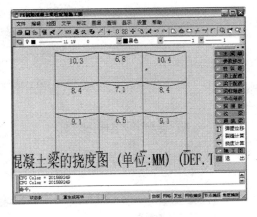

图2-38 梁的跨中最大变形

【施工图】绘制框架结构整体施工图。由绘制整体框架施工图对话框（图

2-39)，通过【画施工图】进入绘制框架结构整体表示施工图。屏幕出现框架名输入对话框（图2-40）。输入框架图（整体框架立面图）图名，单击【OK】进入整体框架施工图。生成的框架整体绘图施工图，图名为绘图数据文件名 .T，可在 PK 主菜单【A 图形编辑、打印及转换】进行图形编辑、打印或转换为ACAD 文件，使用 ACAD 修改。

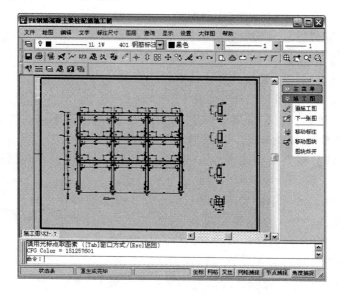

图 2-39　绘制整体框架施工图对话框

图 2-40　框架名输入对话框

2.5.2　框架结构绘图参数

单击【参数修改】，屏幕进入下一级菜单，进入参数修改对话框（图2-41），可输入或修改参数。

【参数输入】进入归并放大系数、绘图参数、钢筋信息、补充输入菜单。

1. 归并放大系数

选择【归并放大等】，设置配筋放大系数，屏幕显示归并放大系数对话框（图2-42）。

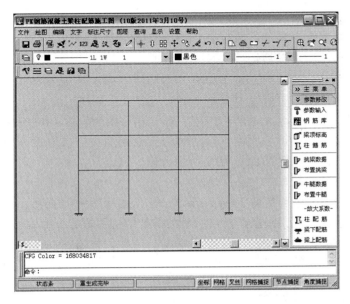

图 2-41 参数修改对话框

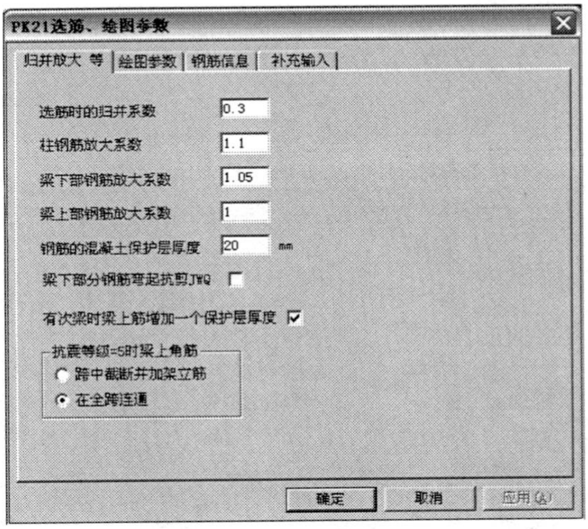

图 2-42 归并放大系数对话框

选筋时的归并系数：程序自动配筋时，将按一定系数来确定配筋面积相对差值选取配筋，该系数即为归并系数。梁柱配筋在选择钢筋时，归并系数越大则相对梁柱配筋剖面种类越少。

柱钢筋放大系数：对按分析内力计算的柱纵筋面积放大。一般框架柱取 1.1~1.2，角柱按规范取大一些。为了使框架结构"强柱弱梁"，此值应不小于梁纵向钢筋放大系数。

梁下部钢筋放大系数：对按分析内力计算的梁下部纵筋面积放大。一般框架梁下部钢筋（跨中受拉钢筋）放大系数取 1.0~1.1。

梁上部钢筋放大系数：对按分析内力计算的梁上部配筋量放大。为了保证梁端的塑性变形，一般框架梁上部（端部负弯矩）钢筋不放大。

提示：若需各个构件钢筋放大系数不同，可在【补充数据】菜单中进行各构件修改。

钢筋的混凝土保护层厚度：绘图时的梁柱钢筋保护层厚度。屏幕对话框显示结构计算数据中的钢筋保护层度为隐含值。修改后的数据只对以后的裂缝宽度等计算及绘图有效。

梁下部分钢筋弯起抗剪 JWQ：选择，设置梁弯起钢筋抗剪。因梁弯起下部钢筋对结构抗震不利，一般作抗震设计的框架结构不弯起下部钢筋。

有次梁时梁上筋增加一个保护层厚度：选择，另增加一个保护层厚度。绘图时，次梁上部钢筋位于框架梁纵向受力钢筋上部，框架梁纵向钢筋下移。

跨中截断并加架立筋：选择，切断受力上部纵筋，设置架立筋。

在全跨连通：选择，梁上部角纵筋全跨连通。

提示：最后两项，只对梁上角筋，在结构不作抗震（抗震等级等于5）构造时出现。

2. 绘图参数

选择【绘图参数】，设置绘图参数，屏幕显示框架绘图参数对话框（图2-43）。

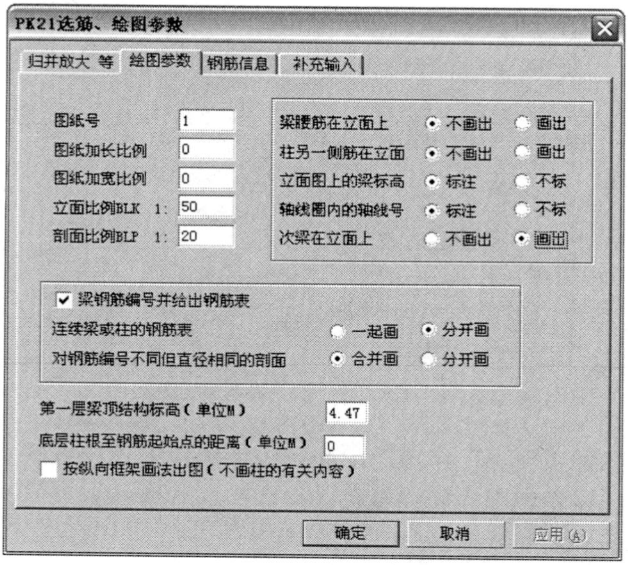

图 2-43 框架绘图参数对话框

图纸号：设置绘图图纸号。

图纸加长比例、图纸加宽比例：设置图纸加长或加宽比例。需要加长或加宽时可填入需要值（如图纸加长比例设为 0.25，则图纸加长 25%）。

立面比例：设置绘制整体框架图比例。一般设为 30、40、50。

剖面比例：设置绘制梁、柱配筋截面比例。一般设为 15、20、25。

第一层梁顶结构标高：设置整体框架结构的第二层梁面结构标高。结构标高为建筑标高减去楼面面层。

底层柱根至钢筋起点的距离：设置底层柱根部至柱钢筋起点的距离。一般基础该值为 0，只有当基础埋深较大时，可取大于 0 的值。

按纵向框架画法出图（不画柱的有关内容）：选择，绘制纵向框架图时不绘制柱。

梁腰筋在立面上：选择"画出"，图中绘制梁侧腰筋或抗扭钢筋。一般绘图施工图时选择"不画出"。

柱另一侧筋在立面：选择"画出"，图中绘制框架柱另一侧钢筋。一般绘图施工图选择"不画出"，可采用文字说明。

立面图上的梁标高：选择"标注"，标注框架立面图上的梁顶标高。一般需标注。

轴线圈内的轴线号：选择"标注"，标注框架柱的轴线编号。一般需标注。

次梁在立面上：选择"画出"，框架梁上绘制次梁位置及截面。一般需绘制。

梁钢筋编号并给出钢筋表：选择，施工图中标示钢筋编号并给出钢筋表。不选择，则施工图中标注每根钢筋的根数和直径。

提示：有钢筋表时，相应剖面图上标注每种钢筋编号，且标注根数和直径；列出钢筋表，表中标注每种钢筋详细尺寸，且有数量统计。无钢筋表时，剖面图上不标钢筋编号，标注每种钢筋根数和直径。

连续梁或柱的钢筋表：选择"一起画"，在钢筋表中梁、柱的钢筋一起编号。选择"分开画"，梁、柱的钢筋分开编号。

对钢筋编号不同但直径相同的剖面：选择"合并画"，将长度不同，但钢筋直径、根数相同的剖面，用同一剖面表示。

3. 钢筋信息

选择【钢筋信息】，设置绘图时的构造钢筋信息，屏幕显示钢筋信息对话框（图 2-44）。

框架梁柱纵向钢筋最小直径：设定框架梁和柱中纵向受力钢筋的最小直径。一般按构件的截面确定。

梁腰筋直径：设定梁两侧沿高度的构造钢筋直径。

挑梁下架立钢筋直径：设定悬挑梁下部架立钢筋直径。

箍筋强度设计值：设定梁柱箍筋的钢筋强度设计值。

纵向钢筋弯钩长度归并：选择，不同直径受力纵筋端部弯钩长度归并。

框架顶角处配筋方式：可选择其中之一。"柱筋伸入梁"施工较方便。

柱钢筋搭接或连接方式：可按 GB 50010—2010《混凝土结构设计规范》第8.4 条规定选择。

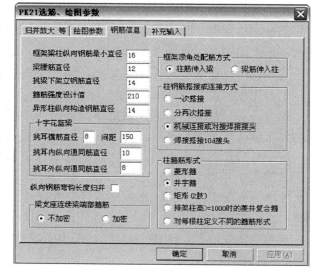

图 2-44　钢筋信息对话框

柱箍筋形式：按《混凝土结构设计规范》第 9.3.2 条规定，选用矩形箍或复合箍筋；在一般情况下用矩形箍，在地震区时宜用井字箍。

4. 补充输入

选择【补充输入】，设置裂缝宽度计算方式等，屏幕显示补充输入对话框（图 2-45）。

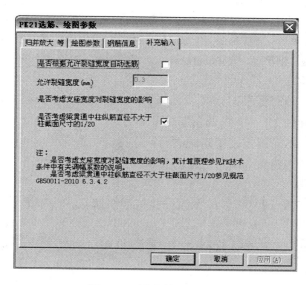

图 2-45　补充输入对话框

是否根据允许裂缝宽度自动选筋：选择此项，则程序设置对不满足裂缝宽度（下一项"允许裂缝宽度"设定）要求的构件截面进行配筋调整。否则，在检查梁裂缝宽度时，对不满足裂缝要求的截面，需人为进行配筋调整。

允许裂缝宽度：设置上一项"自动选筋梁"的裂缝宽度限制要求。按《混凝土结构设计规范》第3.4.5条规定要求设置，一般为0.3mm。

是否考虑支座宽度对裂缝宽度的影响：选择此项，则在计算梁裂缝宽度时考虑支座柱宽度的影响，即计算裂缝宽度的弯矩为柱边弯矩。

是否考虑梁贯通中柱纵筋直径不大于柱截面尺寸的1/20：选择此项，按GB 50011—2010《建筑抗震设计规范》第6.3.4-2条规定设置构造。对于一、二级抗震等级的框架结构选择此项。

完成以上各项参数输入，单击【确定】，完成绘制施工图参数选择。

【钢筋库】选择框架梁柱中所采用的纵向受力钢筋直径（图2-46）。选定纵向受力钢筋的直径库，可使构件配置的纵向受力钢筋直径合理。常用梁柱钢筋直径为16～25mm。

【梁顶标高】显示各梁对于所在层的相对标高，对各梁的相对标高可进行修改（根据提示操作）。程序参照绘图参数中的"第一层梁顶结构标高"及层高，确定其他各层梁的标高。若各梁标高有变化，可输入各梁的标高相对值，以上移为正（图2-47）。

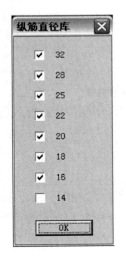

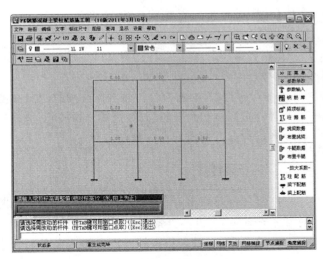

图2-46 选择钢筋直径　　　　　　　图2-47 梁标高修改

【柱箍筋】显示已选择的柱箍筋形式，可修改。

【挑梁数据】按各种类（长度、截面、弯矩等）悬挑梁，进行悬挑梁定义。

显示悬挑梁数据输入对话框（图 2-48），输入悬挑梁定义数据。

挑梁上皮与相邻梁高差：悬挑梁与相邻框架梁标高差（以高于框架梁为正）。

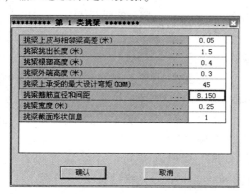

图 2-48　挑梁类型对话框

挑梁上承受的最大设计弯矩：只用于计算悬挑梁上部受力纵筋。此悬挑梁引起的荷载应在"恒载、活载输入"中输入（注意：在平面结构交互式输入中布置的悬挑梁，其荷载计算已在结构计算中完成）。

挑梁箍筋直径和间距：直接输入根据悬挑梁剪力计算的箍筋。"."前为箍筋直径，"."后为箍筋间距。

挑梁宽度：一般与相邻梁等宽。

挑梁截面形状信息：梁的截面形状信息编号。

单击【确认】后，形成第一类悬挑梁数据。

提示：可同样输入第二、三种类悬挑梁数据。

【布置挑梁】按提示将已定义的悬挑梁布置于柱上端。悬挑梁只能布置于柱无梁的一侧，并且每一柱子的一侧只能布置一根。

【牛腿数据】按种类（长度、截面、内力等）进行牛腿定义。显示牛腿数据输入对话框，输入牛腿定义数据。

【布置牛腿】按提示将已定义的牛腿，布置于柱上端。牛腿只能布置于柱无梁的一侧，并且每一柱子的一侧只能布置一个。

提示：悬挑梁和牛腿不能同时布置。当挑出长度大于高度时为悬挑梁。

【柱配筋】、【梁下配筋】、【梁上配筋】进入后屏幕显示绘图参数输入的配筋放大系数，可对每一构件修改。

2.5.3　排架绘图

排架（框排架等）结构设计，程序只能进行排架柱的绘图。执行 PK 主菜单的【3 排架柱绘图】，屏幕弹出排架绘图对话框，给定其文件名（一般为排架柱配筋图的图名），进入排架柱绘图。进入菜单后，程序读取最后一次计算的"结构计算结果"，进入交互式输入绘图数据菜单（图 2-49）。

【吊装验算】作排架柱吊装验算。按需要选择吊装柱，根据提示输入吊装时的混凝土强度等级，指定吊点位置（用光标点取），程序进行排架柱作翻身单点起吊的吊装验算；柱配筋按排架计算与吊装计算，取较大值。

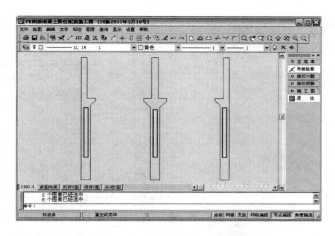

图 2-49　交互式输入绘图数据菜单

【修改牛腿】牛腿设计。屏幕显示牛腿信息菜单（图 2-50），输入或修改牛腿设计的各种信息。

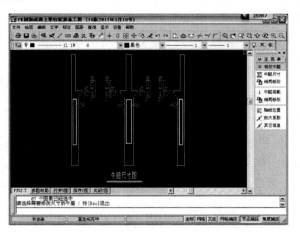

图 2-50　牛腿信息菜单

1）【牛腿尺寸】、【牛腿荷载】修改牛腿尺寸、荷载数据。屏幕显示牛腿信息对话框（图 2-51），输入或修改牛腿信息。

顶面与节点的高差：牛腿顶面与吊车布置节点（下柱的上节点）的高差，向上为正。

伸出的长度：牛腿从下柱边挑出长度。按构造要求确定。

根部截面高度：牛腿截面高度。按构造要求确定。

外端截面高度：牛腿端部高度。按构造要求确定。

竖向设计荷载：作用于牛腿顶部的竖向荷载设计值。

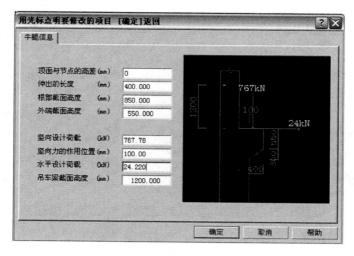

图 2-51　牛腿信息对话框

竖向力的作用位置：牛腿顶面竖向力离上柱边的距离。

水平设计荷载：作用于牛腿顶部的水平力设计值。

吊车梁截面高度：一般为牛腿上吊车梁高（特殊情况下由吊车梁与上柱的连接确定）。

2）【轴线位置】设定轴线位置。可根据提示，输入轴线与柱左边的关系。

3）【放大系数】设置柱纵向受力钢筋面积放大系数。光标选取需作柱配筋放大的柱段，按提示操作。

4）【其它信息】设置柱混凝土保护厚度（只用于绘图）、柱子插入长度、柱根标高及图纸号。插入长度是指排架柱插入基础部分的长度，当设为 0 或不填，则程序自动设为 $0.9H$（H 为下柱截面高）。柱根标高是指结构计算时柱底的实际标高值。

【修改钢筋】修改柱纵向钢筋及牛腿钢筋。屏幕显示排架柱两侧配筋，用光标选择需作修改配筋的柱侧，按提示操作。

【施工图】绘制排架柱施工图。

1）【绘图参数】进入排架绘图参数对话框（图 2-52），输入各参数，参数含义见同 2.5.2 节——框架结构绘图参数。

2）【选择柱】用光标选择需绘制施工图的柱。屏幕显示指定排架柱的施工图（图 2-53），图名为绘图数据文件

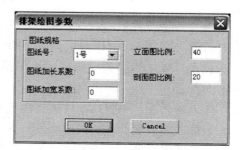

图 2-52　排架绘图参数对话框

名．T,可通过 PK 主菜单的【A 图形编辑、打印及转换】进行图形编辑、打印或转换为 ACAD 文件，使用 ACAD 修改。

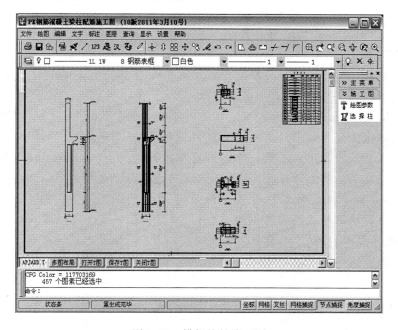

图 2-53　排架柱的施工图

2.5.4　连续梁绘图

执行 PK 主菜单的【4 连续梁绘图】，进行连续梁绘图。给出绘图数据文件名，程序进入菜单后，读取最后一次计算的"结构计算结果"，进入交互式输入绘图数据。同框架整体绘图，进行交互输入。程序提示选择连续梁组，选择后进入连续梁绘图。

生成连续梁的施工图，可通过 PK 主菜单【A 图形编辑、打印及转换】进行图形编辑、打印或转换为 ACAD 文件，使用 ACAD 修改。

【例 2-2】　三层三跨框架结构设计。

1. 框架结构设计的输入和计算

由 PK 主菜单的【1PK 数据交互输入和计算】，进入操作。

1）建立框架网格。建立三层三跨框架网格，网格见【例 2-1】。

操作：以【网格生成】进入【框架网格】，建立三层三跨框架网格。

2）框架结构设计资料。框架结构有框架填充墙（周期折减系数取 0.8）。梁柱混凝土强度等级为 C30，梁柱受力钢筋为热轧钢筋 HRB335，箍筋为热轧钢筋 HPB235。结构抗震设防烈度为 7 度（0.1g），第一组；框架结构抗震等级为三级，场地类别为Ⅱ类。梁截面惯性矩增大系数取 2.0，考虑梁支座负弯矩调幅系数 0.9。计算中需程序自动计算梁柱自重。不计算基础。

操作：以【参数输入】进入结构设计参数，选择"总信息参数"、"地震计算参数"、"结构类型"、"分项及组合系数"、"补充参数"，在对话框中输入或选择数据。

3）框架结构构件尺寸。布置框架的梁（截面 250mm×500mm）、柱（截面 350mm×400mm）。轴线位于柱截面形心。

操作：以【柱布置】进入下级菜单【截面定义】、【柱布置】，布置柱。以【梁布置】进入下级菜单【截面定义】、【梁布置】，布置梁。

4）结构上的作用。恒载：梁上为均布 20kN/m，柱上无荷载；活载：梁上为均布 15kN/m，柱上无荷载；风荷载：均为左右柱上均布 2kN/m。

操作：以【恒载输入】进入下级菜单【梁间恒载】，布置梁上恒载。以【活载输入】进入下级菜单【梁间活载】，布置梁上活载。以【左风输入】进入下级菜单【柱间左风】，布置柱上左风荷载；右风荷载输入同左风荷载输入。

5）检查结构输入。

操作：以【计算简图】进入下级菜单。检查输入的框架几何数据、荷载作用数据。

6）计算框架结构，并检查结构分析结果。

操作：以【计算】进入下级菜单。检查各种作用下的内力（如节点平衡、构件平衡等），检查荷载组合项及组合下的内力。

2. 绘制框架整体配筋施工图

由 PK 主菜单的【2 框架绘图】，进入操作。

框架用 A2 图纸绘制，钢筋计算结果按 25% 归并，将柱筋、梁下筋计算结果分别放大 10%、5% 选筋，柱箍筋形式为矩形箍。柱子在 ±0.000 标高下的深度为 500mm。

1）绘制施工图的参数。

操作：以【参数修改】，进入【参数输入】，选择【归并放大等】、【绘图参数】、【钢筋信息】、【补充输入】。

2）施工图中的纵向钢筋直径，建议直径 16mm、20mm、25mm。

操作：以【参数修改】，进入【钢筋库】，选择纵向钢筋直径。

3）设计框架结构的验算，验算结构的裂缝宽度、挠度。

操作：以【裂缝计算】、【挠度计算】，按满足规范要求。如裂缝宽度不满足，可修改该处的钢筋直径（钢筋面积不能小于计算面积）或加大钢筋面积；如挠度不满足，可加大截面等，重新设计框架结构。

4）绘制施工图。

操作：以【施工图】，进入【画施工图】。进行【移动标注】、【移动图块】等。

3. 施工图编辑

操作：由 PK 主菜单的【A 图形编辑、打印及转换】，进入施工图修改。

第3章 结构楼面设计及其程序 PMCAD

楼（屋）盖结构为常用建筑结构的水平体系。楼（屋）盖结构一般由板、板梁、桁（网）架组成，如板-梁体系和桁（网）架体系。其作用为：在竖向，承受楼面或屋面上的竖向荷载，并把它传给竖向体系；在水平方向，起隔板和支撑、稳定竖向构件的作用，传递和分配水平力（地震作用和风荷载），并协调各抗侧力构件的共同作用。

3.1 楼盖结构

3.1.1 建筑结构中的楼盖结构

楼盖结构是建筑结构的主要水平传力体系。合理的楼盖结构体系将决定作用于建筑物各种作用力的传递，从而影响建筑物的竖向承重体系。楼盖的厚度（即板面至梁底的高度）直接影响建筑物的层高和总高度；楼盖结构形式将影响房间顶棚的处理；楼盖结构布置也应考虑到室内设备和管道布置。因此合理地选择楼盖结构可使建筑物的设计和施工技术先进，同时达到经济效益。

板-梁-柱（墙）结构传力体系是在建筑物楼盖设计中常用的。其结构体系的确定是下列诸因素综合分析比较的结果：

1）建筑物的使用功能要求（如层高、净高要求）。

2）结构水平分体系和竖向分体系的选择，结构材料的合理使用。

3）通风、供暖、给水排水、电、气管道等的敷设方案。

4）建筑物的经济技术分析指标。

5）施工技术及施工方案。

3.1.2 楼盖的分类

工程中应用的楼盖结构有：单、双向板肋形楼盖（图 3-1a）、密肋楼盖（图 3-1a）、无梁（即板-柱）楼盖（图 3-1b）、交叉梁楼盖（图 3-1c）、曲梁楼盖等。

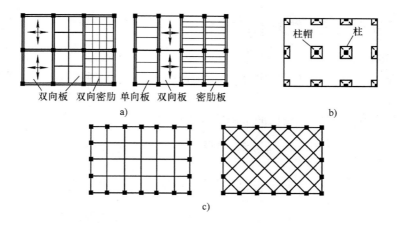

图 3-1 楼盖结构体系分类

a）主次梁体系 b）无梁体系 c）交叉梁体系

3.1.3 楼盖常用材料

楼盖结构的主要材料为钢筋和混凝土。在钢结构中也常用钢-混凝土组合楼盖。

普通混凝土楼盖常用的钢筋为热轧光圆钢筋 HPB300 级、HPB 235 级（少用），普通热轧带肋钢筋 HRB335 级、HRB400 级和 RRB400 级（少用）。

预应力混凝土楼盖常用的钢筋为钢绞线、钢丝、热处理钢筋。

对于普通混凝土结构楼盖，常用的混凝土强度等级为 C20～C40；预应力混凝土楼盖，常用的混凝土强度等级为 C30～C60。

采用较高级别的材料，可带来更高的技术、经济以及社会效益，但对施工技术要求更高。

提示：JGJ 3—2010《高层建筑混凝土结构技术规程》第 3.2.2 条规定，楼板混凝土强度等级不宜大于 C40。

3.1.4 楼盖上的荷载

楼盖上的竖向荷载有永久荷载和可变荷载。永久荷载为楼板上的恒荷载，可变荷载为楼面和屋面活荷载。

民用建筑楼面均布活荷载的标准值按 GB 50009—2012《建筑结构荷载规范》取用。

对于楼面均布活荷载，当考虑的楼面面积越大，楼面均布活荷载达到最大值的概率就越小。因此，在设计楼面梁、墙、柱及基础时，可按《建筑结构荷载规范》考虑楼面活荷载的折减。

3.1.5 肋形楼盖构件的主要参数

1. 常用跨度

对于一般的建筑物，在常用跨度范围内，通常能做到技术可行、经济合理。常用跨度范围以外的跨度，建筑物使用功能、观瞻要求等需要也是可实现的。混凝土肋形楼（屋）盖构件的常用跨度见表 3-1。

表 3-1　混凝土肋形楼（屋）盖构件的常用跨度

项　目		板梁体系/m	
		板	梁
肋形楼盖	主次梁楼盖	2~3	4~6（次），5~8（主）
	交叉梁楼盖	2~4	10~35
	单向密肋楼盖	0.7~1.3	3~6
	双向密肋楼盖	1~1.5	4~10
	无梁楼盖	4~7	
	扁梁楼盖	4~6	6~15

2. 初定构件截面尺寸

1）混凝土板板厚及最小厚度 h。

简支单向板：$h \geqslant l/35$；两端连续（或固定）单向板：$h \geqslant l/40$。l 为单向板跨度，且民用建筑 $h \geqslant 70\text{mm}$、工业建筑 $h \geqslant 80\text{mm}$。

四边简支双向板：$h \geqslant l/40$；四边连续双向板：$h \geqslant l/45$。l 为双向板短跨跨度，且 $h \geqslant 80\text{mm}$。

密肋板：当密肋板的跨度为 0.7m 左右时，$h \geqslant 50\text{mm}$，其他情况可取 $h = 60\text{mm}$ 或 70mm。

无梁楼盖板：有柱帽时 $h \geqslant l/35$，无柱帽时 $h \geqslant l/30$。l 为板的长边，$h \geqslant 150\text{mm}$。

悬臂板：$h \geqslant l/12$，且板的根部 $h \geqslant 80\text{mm}$。

2）混凝土梁截面高 h 取值及梁的截面宽度 b。混凝土梁的截面不仅与梁跨有关，还同梁所受的荷载有关，当梁上荷载较大时可考虑取更大的截面高度。一般情况下可按以下方式初取梁截面高。

单跨简支梁：$h = l/12 \sim l/10$。l 为简支梁跨度。

多跨连续次梁：$h = l/18 \sim l/12$。l 为梁跨度。

多跨连续主梁及承台连系梁：$h = l/15 \sim l/10$。l 为基础或承台梁跨度。

交叉梁：$h = l/20 \sim l/16$。l 为交叉梁楼屋盖平面的短边长度。

悬臂梁：$h = l/6 \sim l/5$。

单跨密肋梁：$h \geqslant l/20$，$b = 60 \sim 150mm$，且 $h \geqslant 200mm$。

多跨密肋梁：$h \geqslant l/25$，$b = 60 \sim 150mm$，且 $h \geqslant 200mm$。

混凝土梁的截面宽度与截面高度有关，不能过宽或太窄。一般梁宽为 1/2 ~ 1/3 梁高，且大于或等于 150mm 和小于或等于 350mm。梁过宽不合理，但在确实需要时梁宽可大于 350mm，甚至可采用扁梁（宽度大于高度的梁）。

在抗震地区，梁柱截面还应考虑"强柱弱梁"的要求，避免梁的刚度大于柱的刚度。

提示：设计时，可通过调整柱内力来达到强柱弱梁。

3.2　PMCAD 程序的功能

PMCAD 程序是 PKPM 系列程序中各程序的数据接口，为其他程序提供几何数据、荷载数据等计算数据以及绘图数据。PMCAD 程序的输入方式为空间整体结构建模，而其计算功能仅有平面楼盖结构设计。

PMCAD 程序的空间整体结构输入，是按建筑结构布置各层平面和各层楼面信息，再输入层高就建立起一套建筑物整体结构数据。再补充部分楼层信息及一些特殊的处理，形成完整的结构几何数据。

程序通过结构作用荷载以及结构自重荷载计算，并按结构竖向荷载的传力方式计算荷载的功能，建立完整的竖向荷载数据。

3.2.1　功能

1）交互建立全楼结构模型。在屏幕界面上绘制网格线及节点（轴线及构件的布置线等），直接布置柱、梁、墙、支撑等结构构件及在墙上布置（开）洞口，建立全楼的结构构架，并可在各种状态下返回修改。

2）建立恒载、活载荷载库。对于输入的楼面恒载（楼面装修荷载）和活荷载，程序按设定的方式（单向传递、双向传递或周边传递）进行楼板到周边梁（墙）、梁到柱传导荷载。在梁与梁相交结构的荷载分析中，程序设定按平面交叉梁结构分析。

3）为 PK、TAT 或 SATWE 等结构计算提供数据文件。可指定任一轴线形成 PK 平面杆系结构或连续梁结构；为三维空间杆系薄壁柱程序 TAT 和空间有限元计算程序 SATWE 程序提供数据文件，也为其他 PKPM 系列程序的结构计算提供数据文件。

4）结构平面施工图辅助设计及现浇混凝土楼板设计。绘制结构平面布置图（楼板模板图）及各种楼板（单向、双向和非矩形楼板）的设计。

5）砌体结构和底层框架上部砌体结构的抗震作用计算，砌体构件的受压、高厚比、局部承压计算设计。

6）统计结构工程量。

3.2.2 PMCAD 中的一般规定

1）在 PMCAD 程序主菜单的【1 建筑模型与荷载输入】中，以主梁方式输入的为**主梁**。

2）程序中出现的**墙体**是指结构承重墙或抗侧力墙。包括混凝土剪力墙、承重砖墙等。外围护墙、填充墙、隔墙等均不能作为程序中的**墙体**。

3）程序将由墙体或主梁围成的平面闭合体构成的空间设定为**房间**，即形成一单格板。**房间**是输入楼面上的次梁、预制板、洞口和传导荷载、画图的基本单元。程序自动给出结构平面上的房间编号。当无实际主梁不构成房间时，可设置虚梁（100mm×100mm）构成房间（一般用于板柱结构）。

4）程序中出现的名称**次梁**，为在房间内输入的梁。**次梁**不能为弧梁。

注：本书中以后出现的"**房间**"，指由墙体或主梁围成的平面闭合体构成的单格板；"**次梁**"为在**房间**内输入的梁。

3.2.3 PMCAD 程序说明

1. 主菜单的进入

1）单击【PKPM】图标，进入 PKPM 系列程序菜单。

2）选择【结构】，进入结构设计计算菜单。出现 PMCAD 等结构程序菜单。

3）选择【PMCAD】，出现 PMCAD 程序主菜单（图3-2），主菜单内容共 7 项。

图3-2　PMCAD 程序主菜单

2. PMCAD 程序说明

1）操作由 PMCAD 程序主菜单控制。建筑结构整体模型输入，程序执行主菜单的【1 建筑模型与荷载输入】，进行结构的主要整体结构几何数据建立，进行结构荷载（作用于杆件的上）和楼面荷载输入。

2）完成主菜单的第一项后，才能进行主菜单以后几项的运行。执行主菜单的【3 画结构平面图】，可根据需要绘制结构楼板模板图（或平面布置图）和楼板配筋图等。执行主菜单的【4 形成 PK 文件】，形成 PK 程序结构平面计算设计数据，可对已输入结构的任一轴形成一榀框架数据文件，并可对任何梁形成连续梁结构数据文件。需对输入荷载校核执行主菜单的【2 平面荷载显示校核】，对已输入和程序自动传递的荷载进行人为校核。

3.3　结构设计与建模输入

建筑施工图及其他辅助配套图样，是结构设计的基础。结构设计依据建筑设计图及工艺设备和使用性质等，进行结构布置、荷载计算。在建筑结构设计中一般上部结构与地下结构分开，而在建模输入中可包括地下室部分（当地下室为结构的一部分时）。

3.3.1　结构建模的基本概念

为了便于建立模型，PMCAD 程序有下列应用于建模的概念。

1. 结构标准层

在 PMCAD 程序建模中，楼层的输入以结构标准层为基础建立。其意义与结构施工图中的结构层有所不同。

PMCAD 程序建模中的结构标准层：含有结构布置所需网格，有梁、柱、斜杆等构件和承重墙体以及承重墙体的洞口，并且包含结构楼层所需材料信息。此外，还有作用于楼层梁、承重墙、节点（梁柱交点）上和柱间（支承该楼面梁的柱）的恒活荷载，只能有一层荷载标准层。

在 PMCAD 程序建模过程中，一结构标准层可作为楼层整体组装建模中的其中一层结构层；也可作为相邻具有相同结构标准层，且有相同的楼板开洞、各间楼板厚度等布置的若干结构层。也即一结构物，至少有一个结构标准层，也可为多个结构标准层。

2. 荷载标准层

结构物的竖向荷载，除在结构标准层对应于杆件及节点输入的荷载，还有作用于各楼层的恒活荷载。对结构标准层，程序以楼层中**各房间**（由主梁或承重墙围成的空间）的楼（屋）面荷载方式输入，以及结构标准层中对应于杆件及节点输入的荷载。

在输入中建立楼面荷载层，结构物中各**房间**的楼（屋）面荷载以荷载标准层形式输入。荷载标准层为楼层上各**房间**的楼（屋）面恒载和活载计算信息。按该层的大多数**房间**的荷载输入，可修改各**房间**的荷载。

房间的楼（屋）面恒载为楼（屋）板面构造层和结构自重（可选择程序自动计算）等恒载标准值，活载为楼（屋）面活荷载值。

3. 平面输入中的次梁与结构设计中的主次梁

平面输入中的**次梁**与结构设计中的主次梁有不同的概念。结构设计中的主次梁是传力的关系，次梁的力传给主梁。平面楼板建模的梁均可按主梁输入，而**次梁**为在**房间**内输入的梁，以两端为铰接的形式传力至其支承梁，不参加结构整体刚度的分析，但其支座力作为外荷载作用于主梁。**次梁**一般在某一结构标准层中的梁数过密时使用，或有时单跨简支梁时也可使用。

提示：圆弧梁和房间外围梁均不能作为次梁输入，只能作为主梁输入。

交叉楼盖的梁按主梁建模，程序对按主梁输入的交叉梁程序按交叉梁结构分析，操作时需确认梁与梁之间的关系（交叉梁之间、交叉梁与支承梁的关系），以保证结构的受力正确。程序绘制平面整体梁施工图时，按 11G101-1《混凝土结构施工图平面整体表示方法制图规则和构造详图（现浇混凝土框架、剪力墙、梁、板)》作结构构造。

4. 结构施工图中的楼层与 PMCAD 建模中的楼层

建筑结构施工图中，分上部结构和下部结构。上部结构为 ±0.000 以上的建筑结构，±0.000 以下为地下结构。PMCAD 建模的楼层建立，无地下室时，PMCAD 中的第一结构层为从基础顶面至二层结构面（实际），PMCAD 中第一结构层的梁板即为结构施工图中的第二层结构梁板，其余依次类推。当有一层地下室时，PMCAD 中的第一结构层为从与上部结构一起计算的地下层起至地下室顶板及梁结构层。有多层地下室时，依次类推。

提示：有些建筑物，其室外地面很低（如标高为 −3.000m）或半地下室，实际建筑结构从外地面开始或地基顶面开始为上部结构。

5. 楼层组合与整体结构

在 PMCAD 程序建模中，以结构标准层加上各层的结构层高，形成整体结构。当在组合中出现某一结构标准层连续使用，则这几层不仅需结构标准层（包括次梁、洞口等）完全相同，而且还需其每个**房间**楼（屋）面恒活荷载及杆件荷载完全相同，即荷载标准层相同。

第一结构层为基础顶（无地下室）至二层结构面（现浇楼板为板面、预制楼板为梁面），包括柱及承重墙。第二结构层为二层结构面至三层结构面，其余依次类推。当有地下室时，楼层整体组装包括地下层结构。**第一结构层**应从地下室开始计算。

6. 楼梯荷载

楼梯与结构层相连，楼梯上的荷载及楼梯自重作用于结构层的楼梯洞口（边梁）处。楼梯处可设置为洞口，根据传力形式的不同，对结构层的荷载作用也有所不同。在楼梯洞口的四周一般应设置主梁，楼梯荷载简化为梁上荷载。当楼梯设在剪力墙边时，简化为剪力墙上荷载。楼梯处也可设置成板厚为 0，其上可布置荷载，荷载可按指定方向传递至主梁。不可传递的荷载，直接输入。

7. 承重墙上洞口的底部标高

在结构标准层中布置剪力墙或承重砖墙洞口时，其洞口的底部标高是与该结构层标高的相对高度。布置窗洞口时，需考虑窗洞口离楼（地）面的高度；门洞口与结构层标高相同，为 0。第一结构标准层由于底层从基础顶算起，注意需考虑基础顶至地面的距离，洞口的底部标高应从基础顶至洞口底部。

3.3.2　PMCAD 建模

1. PMCAD 程序建模准备

根据建筑图对各层进行结构布置，明确传力途径。初步确定梁、柱、墙（承重墙）及其上的洞口、斜杆的截面尺寸。计算各层的楼（屋）面荷载及其他荷载，为结构输入作必要的数据准备。确定结构标准层和荷载标准层的设置。

提示：**程序有计算结构自重**（包括：楼板、梁、柱、墙及支撑）**的功能。**

2. PMCAD 建模的步骤

（1）执行主菜单的【1 建筑模型与荷载输入】。

1）轴线输入和网格生成：绘制各层平面的网格（直线、弧线等）或单节点，形成平面节点，进行轴线命名。

2）楼层定义：定义柱、主（次）梁、墙（承重墙）及其上洞口、斜杆支撑等杆件的截面形状及截面数据，并布置；输入杆件上的相应荷载。生成楼板上的洞口信息，各房间[楼（屋）面]预制板布置，修改调整各房间楼板厚度，设现浇悬挑楼板等。给定各结构标准层主要设计参数，如楼板厚度、混凝土强度等级等。

3）确定荷载标准层及各荷载标准层上的楼面恒、活荷载。并修改楼（屋）面（各房间）恒活荷载标准值。设定楼（屋）面荷载传导方向。

4）建立新标准层，重复 2）、3），建立多个结构标准层。

5）给定设计参数。

6）楼层整体组装。确定总层数、组装结构标准层数和层高。

执行后生成图形数据文件、荷载数据文件以及各种其他信息文件。同时对所建模型进行数据检查，发现错误出现提示信息。根据上下层结构布置状况作上下层构件连接。

（2）执行主菜单的【2 平面荷载显示校核】 可通过执行 PMCAD 主菜单的【2 平面荷载显示校核】，进行结构总自重和全楼所有恒活载传至基础的荷载传导计算。显示各类荷载，进行人为校核；并可打印输出整体结构的输入荷载及程序自动传导荷载，可作为结构计算书的一部分。

3.4 PMCAD 建模和荷载输入

PMCAD 程序执行的第一步：执行【1 建筑模型与荷载输入】，即交互式输入各层平面几何数据和荷载数据，并建立空间模型。交互式输入各层平面数据，是以交互输入的方式建立一楼层的结构平面，包括轴线、构件布置等，并以图形形式储存。将各结构层根据每一结构层的高度组装成整体结构，并以数据文件的形式保存，即完成 PMCAD 建模输入。

3.4.1 输入前准备

1）建立工作文件夹。每一项工程需建立一单独的工作文件夹，建议用工程名称（可用中文名）。在此目录下只能保存一个工程的文件。

　　提示：多个工程存放于同一文件夹，将引起数据混乱，计算结果出错。

2）根据建筑图对各层进行结构布置，初步确定梁、柱、承重墙及斜杆的截面尺寸，计算各层的板面荷载及其他荷载，为输入作必要的数据准备。

3）初步确定结构标准层和计算层高。

4）退出主菜单的【1 建筑模型与荷载输入】，程序自动形成结构整体模型的数据文件，并检查形成的数据文件格式是否正确，检查后显示网格图，可人为检查网格及结构布置输入是否正确。为结构计算和绘制施工图提供数据文件。

3.4.2 上侧下拉菜单

用光标在图形区点取进入下拉菜单。上侧下拉菜单包含了大量功能命令，与右侧菜单相同部分的功能命令，在右侧菜单中说明。

1. 文件系统

【计算器】调用计算器功能。

【点点距离】、【点线距离】、【线段长度】查询屏幕上已有网格线、节点等图素的长度、距离、角度等数据。

【打印绘图】即时打印或绘图仪输出当前的屏幕图形。

2. 图素编辑

图素编辑菜单用于编辑轴线、网格、节点和各种构件的输入，以及图形编辑。

　　PMCAD 程序建模时，屏幕界面下拉菜单的【图素编辑】最后一项【编辑方式】，可选择 AutoCAD 或 PKPM 图素编辑方式。以下为 PKPM 图素编辑方式部分命令说明：

　　【恢复】可以退回一步绘图操作。它只能在绘图中的光标出现时使用，在布置构件时无效。

　　【平移】先输入一基准点和方向，命令窗口提问"平移间距"，给出"平移间距"后确定，选取平移图素；如果放弃回答则按输入的基准点和方向线长度"平移"。用数据指示平移方向和距离。

　　【旋转】、【旋转复制】要求输入一基准点和角度，如果放弃输入角度，程序提示从基点画出两条直线，用其夹角作为旋转角度。基准点为旋转的原点。

　　【镜像】、【镜像复制】要求输入一条基准线，镜像以该直线为对称轴进行。

　　【比例】、【缩放复制】要求输入一基准点，图素以基准点按缩放比例进行缩放或缩放复制。

　　【拖点复制】选择图素节点，可任意给定新的位置，复制该节点，与该节点相连的图素也作相应改变。用窗口方式拖动时，两节点均在窗口内的图素被整体移动；一端节点在窗口内，另一端在窗口外的图素只一端点拖动。

　　【延伸】延伸一图素。先点取延伸边界，再选取需延伸的图素。

　　【修剪】修剪一图素。先点取截取边界，再选取需修剪的图素。

　　【打断】对一线段，截取其某一段。根据提示输入第一点和第二点，确定去除两点之间线段。

　　三种图素选择方式以〈Tab〉键转换：

　　1）目标捕捉方式。

　　2）窗口方式。

　　3）直线截取方式。

　　3. 状态开关

　　【点网捕捉】、【节点捕捉】、【角度捕捉】功能同右下角【网格捕捉】、【节点捕捉】、【角度捕捉】捕捉开关。

　　【确认开关】打开或关闭"确认开关"。打开则选中的图素需增加"确认"的步骤。

　　【状态显示】在屏幕的右下角显示打开的文件数、图层号、局部坐标等信息。

　　【坐标显示】、【点网显示】、【叉丝显示】显示光标位置坐标、屏幕点网、光标为十字叉丝。功能同右下角【坐标】、【网格】、【叉丝】。

4. 状态设置

【网点设置】点网间距和点网转角设置，或修改。功能同键盘 < F9 >。

【角度设置】角度和距离设置，或修改。功能同键盘 < Ctrl + F9 >。

【靶区设置】设置捕捉靶方框大小。

【圆弧精度】屏幕上的圆弧是用圆的内接多边形显示的，圆弧精度是指内接多边形的边数，程序隐含为48。

【背景颜色】改变屏幕背景、菜单区、命令区等的颜色。

【定时存盘】设定程序自动存盘时间。

5. 显示变换

屏幕图形显示的放大、缩小等功能。

6. 视窗变换

多重视窗的设置。

7. 网点编辑

功能与右主菜单【形成网点】下的【网点编辑】相同。

3.4.3 PMCAD 建模输入

1）执行【PKPM】图标，进入 PKPM 系列程序菜单。

2）选择【结构】，进入结构设计计算菜单。出现 PMCAD 等结构设计程序菜单。

3）执行【PMCAD】，进入 PMCAD 主菜单（图3-2）。执行 PMCAD 主菜单前，单击右下角的【改变目录】功能键，进入工程子目录。

提示：屏幕左下角有【转网络版】或【转单机版】。当为单机版时，该处显示【转网络版】；当为网络版时，该处显示【转单机版】。

4）鼠标移至【1 建筑建模与荷载输入】，单击【应用】或双击【1 建筑模型与荷载输入】，程序进入整体建模文件建立或打开已建立的文件，屏幕显示如图3-3所示。

输入新文件名并单击【确定】，建立新的 PMCAD 建模文件；单击【查找】可打开已存在的 PMCAD 文件。进入建筑模型与荷载输入菜单。

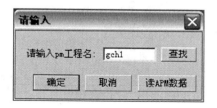

图3-3　PMCAD 文件建立

对于新建 PMCAD 建模文件，出现建筑模型与荷载输入菜单（图3-4），进入对第一结构标准层的输入。

提示：其后的结构标准层可在第一层或其他各层的基础上复制，然后进行修改和编辑。

【轴线输入】进入建模平面网格输入，用 CAD 交互方式输入绘制线条或点

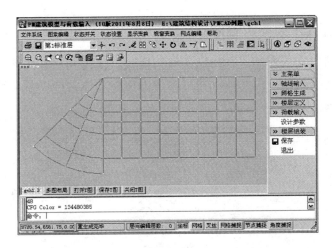

图 3-4　建筑模型与荷载输入菜单

等图素。通过"形成网点"将线条等生成网格线，网格线是整体结构构件的定位线。任何构件只能布置于网格线或节点上。具体操作见 3.4.4 节——PMCAD建模平面网格输入。

【网格生成】进入网点形成及编辑，并可进行轴线命名。程序自动将线条的交点及端点和输入的单点形成节点，并生成网格线，在节点或网格线才能布置构件。网格形成后方可进行轴线命名。具体操作见 3.4.5 节——网点形成和轴线命名。

【楼层定义】进入该结构标准层进行构件输入。对该结构标准层进行构件（柱、梁、墙、洞口、斜杆）的布置及输入该层的信息。具体操作见 3.4.6节——结构标准层。

【荷载输入】进入杆件荷载输入和楼板荷载输入。杆件荷载包括梁荷载、墙荷载、柱荷载以及节点荷载。楼板荷载以荷载标准层输入楼面恒载标准值和楼面活载标准值，同时须考虑楼层上的各**房间**荷载是否相同。具体操作见 3.4.7节——荷载输入。

【设计参数】输入结构计算和绘制结构施工图中的各项设计参数。具体操作见 3.4.8 节——结构计算设计参数。

【楼层组装】进行各结构标准和荷载标准层的楼层整体组装。结构楼层整体组装后，可显示整体空间结构。具体操作见 3.4.9 节——楼层整体组装。

【保存】输入过程中随时保存输入的数据。

【退出】完成交互式输入或暂停输入。系统自动存盘并对输入的数据进行检查，对检查错误提示出错信息。具体操作见 3.4.10 节——建模完成。

3.4.4 PMCAD 建模平面网格输入

单击【轴线输入】进入 PMCAD 网格输入，出现网格输入菜单（图 3-5），利用作图工具绘制各种线条或点等。构件的定位均由这些图素形成的网格线或节点位置决定。程序自动形成网格线和节点，并编号。

图 3-5　网格输入菜单

注：图中（0，0）为编者注写的原点。

【节点】绘制独立的一单点。用于直接布置于节点的构件或作图素时的圆心，如周边无梁的独立柱、圆心等。

【两点直线】绘制一条直线。可采用多种方式和工具绘制，如直角坐标输入、极坐标输入等。

【例 3-1】　绘制一水平直线，线长 15000mm（左端坐标为 0，0）。

操作：1）单击【两点直线】，命令栏显示"输入第一点"。

2）输入（！0，0），按〈Enter〉或鼠标左键，命令栏显示"输入第二点"。

3）输入（15000，0），按〈Enter〉或鼠标左键，完成一条水平直线输入（图 3-5）。

按〈Esc〉或鼠标右键退出。

提示：绘图以 PKPM 编辑完成。以下例题同。

【平行直线】绘制一组平行直线。先以与【两点直线】同样的方式绘制第一条直线，以第一条直线为基准线输入复制间距和次数，可按不同的间距连续复制，提示区自动累计复制的总间距。复制间距以向上、向右复制为正。

【例 3-2】　绘制三条平行直线：线长 15000mm（第一条线左端坐标为 0，10000），其他平行线向上间距 5000mm。

操作：1）单击【平行直线】，命令栏显示"输入第一点"。

2）输入（！0，10000），命令栏显示"输入第二点"。

3）输入（15000，0），完成一条直线输入。

4）在弹出框中输入（5000，2），完成三条平行线输入（图 3-5）。

按〈Esc〉或鼠标右键退出。

【折线】绘制连续首尾相接的直线或弧线。绘制一直线后，马上按鼠标右键，出现一组菜单，可选择输入另一条折线或切换为切向圆弧。

【矩形】绘制一个闭合矩形线。

【辐射线】绘制一组辐射状直线。首先沿指定的旋转中心绘制第一条直线，输入复制角度和次数，分别按不同角度连续复制，提示区自动累计复制的总角度。设定以逆时针为正。

【例 3-3】　如图 3-5 所示，绘制以距圆心［圆心坐标（30000，0）］5000mm 为起点，线长 15000mm 的四条辐射线，夹角为 30°。

操作：1）单击【辐射线】，命令栏显示"输入旋转中心"。

2）输入（！30000，0），命令栏显示"输入直线第一点"。

3）输入（5000，0），命令栏显示"输入直线第二点"。

4）输入（20000，0），命令栏显示"输入复制角度，次数"。

5）输入（30，3），完成辐射线输入。

按〈Esc〉或鼠标右键退出。

【圆环】绘制一组闭合同心圆环。在确定圆心和半径后可绘制第一个圆，输入复制间距和次数可绘制一组同心圆，可以按不同间距连续复制，提示区自动累计半径增减总和（半径增加方向为正）。

【例 3-4】　如图 3-5 所示，以坐标（7500，30000）为圆心，绘制直径为 8000mm 和 15000mm 的同心圆。

操作：1）单击【圆环】，命令栏显示"输入圆心"。

2）输入（！7500，35000）或捕捉，命令栏显示"输入半径"。

3）输入（4000）或捕捉，命令栏提示"复制间距，次数"。

4）输入（3500，1），完成绘制。

按〈Esc〉或鼠标右键退出。

【圆弧】绘制一组同心圆弧网格线。按圆心、起始角、终止角的顺序绘出第一条弧线，输入复制间距和次数，可以按不同间距连续复制，提示区自动累计半径增减总和（半径增加方向为正）。

【例 3-5】　如图 3-5 所示，绘制圆心坐标为（30000，30000），半径为

7500mm 和 15000mm 的圆弧。

操作：1）单击【圆弧】，命令栏显示"输入圆弧圆心"。

2）输入（！30000，30000）或捕捉，命令栏显示"输入圆弧半径，起始角"。

3）输入（7500，0）或捕捉，命令栏提示"输入终止角"。

4）输入一种方式（A）（可选择提示的一种方式输入），并输入（90）或直接捕捉，命令栏提示"输入复制间距，次数"。

5）输入（7500，1），完成绘制。

按〈Esc〉或鼠标右键退出。

【三点圆弧】绘制一组同心圆弧线。按第一点、第二点、中间点的顺序输入第一个圆弧线，输入复制间距和次数，可以按不同间距连续复制，提示区自动累计半径增减总和（半径增加方向为正）。

【正交轴网】绘制直线正交网格线。对于主要承重构件（梁柱等）以正交网格布置的结构，可采用正交轴网输入。开间是输入横向从左到右网格线间距；进深是输入竖向从下到上网格线间距。

单击【正交轴网】，出现正交轴网输入对话框（图 3-6）。

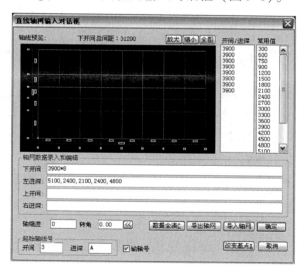

图 3-6　正交轴网输入对话框

1）上开间、下开间、左进深、右进深：分别给出上开间、下开间和左进深、右进深（各开间或进深数据用逗号分开），形成正交轴网（开间或进深数据可用光标从对话框已有的常见数据中选用或键盘输入）。

2）轴缩进：分别为下开间和左进深方向，或上开间和右进深方向伸出网格的长度。

3）转角：给定一网格旋转角，正交网格以左下角为基点，转动一角度（逆时针为正）。

4）【改变基点】选择基点作为插入整体网格图的插入点。单击【改变基点】，图 3-6 中左下角基点标记（×）移至右下角；再一次单击【改变基点】，基点标记（×）移至右上角。依次逆时针移动基点标记（×）的位置。

5）起始轴线号：命名已输入正交网格线轴线号。

6）单击【确定】后，给出插入点（可输入坐标或捕捉），该图形以基点插入整体网格线图形。

提示：以【正交轴网】形成的网格，过多的节点可能引起布置的梁成为多段梁，应删除梁中的节点。

【圆弧轴网】绘制圆弧和直线正交网格线。对于主要承重构件（梁柱等）以扇形布置的结构，可采用"圆弧轴线"输入。圆弧开展角是网格展开逆时针的角度，进深是从圆心向外沿半径方向的跨度。

单击【圆弧轴网】，出现圆弧轴网对话框（图 3-7）。

1）圆弧开间角：选择该项，进行网格线圆弧展开角输入。在"跨数 * 跨度"中输入展开角连续相同数及展开角，单击【添加】形成径向网格线。如连续 3 个 30°角，则跨数为 3、跨度为 30。

2）进深：选择该项，输入进深，进深沿径向由圆心向外输入。在"跨数 * 跨度"中输入进深连续相同数及进深，单击【添加】形成弧向轴线。如连续 3 个 6000mm 进深，则跨数为 3、跨度为 6000。

提示：跨数和跨度数据，可用光标从对话框已有的常见数据中挑选。

3）跨度表：显示已输入的全部圆弧开间角或进深信息。

4）内半径：可给出最内圈圆弧的半径。

5）旋转角：可确定右侧第一条半径线的角度，以逆时针为正。

6）【修改】选取需修改的数据，单击【修改】，可修改已输入网格线数据。

7）【插入】在某圆弧开间角或进深前插入新的开间角或进深。在"跨度表"中选取被插入的数据（即新插入开间角或进深后的数据），单击【插入】，可插入开间角或进深。

8）【删除】在"跨度表"中选取需删除数据，单击【删除】，可删除已存在的数据。

9）【初始化】可回复到初始状态。

10）【确定】单击【确定】后出现圆弧网格附加信息对话框（图 3-8）。可输入径向和环向延伸值，选择"生成定位网格和节点"即直接生成网格，选择"单轴轴网"即生成的网格只有单侧（终止径向）网格。最后网格以圆心为基点插入整体网格线图形。

图 3-7　圆弧轴网对话框　　　　　　图 3-8　圆弧网格附加信息对话框

【梁板交点】确定梁板交点。用于楼板精确计算板边缘的位置定位。

3.4.5　网点形成和轴线命名

单击【网格生成】进入网点形成和轴线命名菜单（图 3-9）。

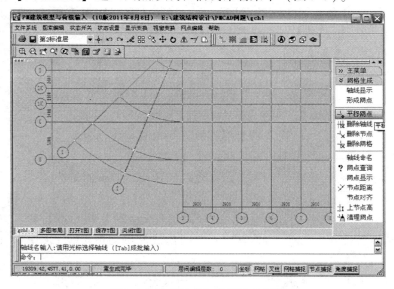

图 3-9　网点形成和轴线命名菜单

【轴线显示】为开关命令。显示已命名的轴线及各跨跨度或网格线间的距离。在轴线命名前，仅显示各跨跨度或网格线间的距离。

【形成网点】将输入的网格几何线条转变成楼层构件布置需要的白色节点和红色网格线。并显示网格线与网点的总数。一般情况下，程序自动形成节点和网格线。

【平移网点】可移动节点位置，同时与该节点相接的所有网格线及网格线上的构件和荷载随节点改变。

【删除轴线】删除已命名轴线的轴线号。

【删除节点】、【删除网格】在形成网点图后对网格线或节点进行删除。删除单节点将导致与之相连的网格线也被删除；删除两连续网格线上的节点，则只删除节点。

【轴线命名】按建筑图所标注的轴线编号给网格线进行轴线命名，输入的轴线号将在施工图中使用。在轴线命名功能中，凡在同一条直线上的线段不论其是否贯通均命名为同一轴线编号。

提示：网点生成后，才能进行"轴线命名"。

单击【轴线命名】，进入轴线命名。可以两种方式输入：

1）逐一命名。点取需命名的网格线，按提示输入轴线名称（图3-9）。

2）成批输入轴线。按〈Tab〉转为成批输入轴线编号。按提示点取需命名的第一网格轴线，取消其中不命名的轴，输入第一轴线名。程序自动命名与第一条网格线平行的所有网格线，依次以从左至右（自下至上）命名。

提示：在施工图中出现的同一轴线编号取决于模型最高标准层的轴线名称。需修改轴线编号时，应重新命名最高标准层的轴线。

【网点查询】显示光标点取网格的编号及坐标。

【网点显示】可选择网格长度或节点坐标数字显示方式，图面显示形成网点后的网格线编号和长度（图3-10a）或节点编号和坐标（图3-10b）。在网格线输入完成后，检查输入的网格数据是否正确。

a)

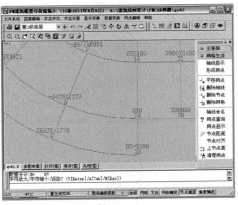

b)

图3-10　网点数字显示

a）网格显示　b）节点显示

【节点距离】设置最小节点间距。一般为 50mm（程序默认 50mm）。为了避免产生意外网格，程序要求输入一个归并节点间距。当两节点距离小于"节点距离"时，合并为一个节点。

【节点对齐】将各层标准层的节点与第一层相近节点对齐，用于纠正各层节点网格输入的精度。

【上节点高】设定上节点高。上节点高即本层在层高处的节点高度。程序隐含为楼层的层高（0）。改变上节点高，也将改变该节点处的柱高、墙高和与之相连的梁端高度位置。该功能可用于斜梁、不同柱高等输入。

【清理网点】去除未进行构件布置的网格线及相应的节点。

3.4.6　结构标准层

执行【楼层定义】，进入结构标准层平面布置菜单（图 3-11）。屏幕显示输入全楼柱、梁（包括次梁）、墙及墙上洞口、斜柱支撑的截面尺寸及材料信息。构件材料仅有混凝土构件（钢构件、钢-混凝土组合构件等在钢结构程序 STS 中使用）。

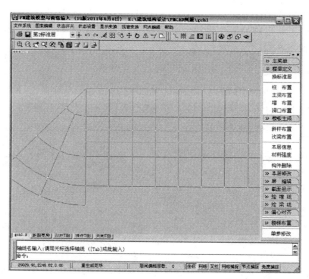

图 3-11　结构标准层平面布置菜单

1. 结构标准层建立

【换标准层】进入选择标准层或添加标准层。进入已建的结构标准层（屏幕显示该结构标准层）或创建一个新的结构标准层。添加标准层：完成一个结构标准层平面布置后，如需更多的结构标准层，可在已建结构标准层基础上输入。新建标准层一般可在已有标准层基础上修改，这样可避免上下层柱、墙等构件的位置误差。

提示：第一次进入建模输入时，即进入第一结构标准层的网格线输入。第一次进入楼层定义，即第一结构标准层的构件输入。选择【换标准层】即添加标准层，才进入下一结构标准层的输入。

单击【换标准层】，进入新建标准层对话框（图 3-12）。

1）【标准层 1】、【标准层 2】、【…】进入已建的结构标准层，屏幕显示该结构标准层。当有多个结构标准层时，可选择。右侧显示标准层数、屏幕显示的标准层号。

提示：屏幕上方左侧显示已建标准层号，也可选择进入已建的结构标准层。

2）【添加新标准层】建立一个新的结构标准层。在该操作前，选择"新增标准层方式"。

3）新增标准层方式：【添加新标准层】新建标准层，由屏幕原标准层中选择，在屏幕显示标准层。

全部复制：选择该项，屏幕显示标准层的网格及所有构件等将被复制到新的标准层。

局部复制：选择该项，选择部分的网格线及构件等将被复制到新的标准层。建立新标准层时，屏幕提示复制图素选择（图 3-13），以光标、轴线、窗口等方式选择图素（选择方式以〈Table〉键转换）。对新建结构标准层进行修改。

只复制网格：只将所有网格线复制到新的标准层。

图 3-12　新建标准层对话框

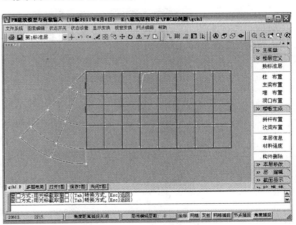

图 3-13　复制图素选择

2. 主要构件布置

结构标准层的节点、网格线上布置柱、梁、墙及墙上洞口。

（1）【柱布置】　在节点处布置柱。

单击【柱布置】，进入柱类型列表对话框（图 3-14），定义柱列于表中。

【新建】定义新的柱截面，进入柱类型定义对话框（图3-15）。选择柱截面的类型、截面尺寸、材料，定义一个柱截面，建立柱类型列表。

图3-14　柱类型列表对话框

图3-15　柱类型定义对话框

1）截面类型：程序提供多种截面类型（图3-16）。每一种类型有相对应的截面类型号，在数据文件中截面类型以截面类型号描述。截面类型有混凝土、钢及型钢-混凝土结构相应的截面形式。

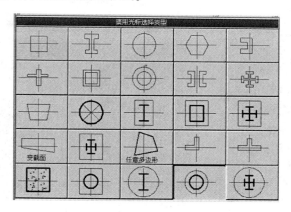

图3-16　柱截面类型

2）截面数据：根据截面类型的不同，截面数据出现的对话框也不同（图3-15）。根据提示输入相应的截面数据。

3）材料类别：可选择构件所用材料。混凝土结构选用混凝土。

梁、墙、洞口、斜杆构件可采用相同的方法定义。

提示：梁定义中包含次梁的截面定义；墙为承重墙，墙高一般可取0；定义的构件用于

全楼各层的构件布置。

【修改】选择已定义的柱，对该柱类型定义时的信息进行修改；同时结构标准层中的该柱也被修改。

【删除】选择已定义的柱，删除该柱，同时结构标准层中的该柱也被删除。

【布置】选择已定义的柱，单击【布置】，弹出柱定位设置框（图 3-17）。

1）沿轴偏心：柱截面形心点相对节点在坐标 X 轴方向偏离节点的距离（以往右为正）。

2）偏轴偏心：柱截面形心点相对节点在坐标 Y 轴方向偏离节点的距离（以往上为正）。

3）轴转角：当所布置的柱截面需转动一定角度时，输入轴转角。柱以截面形心为中心转动（逆时针为正）。

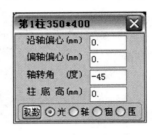

图 3-17　柱定位设置框

4）柱底高：布置柱的相对于该层起始点的高度。

5）【取数】：选择用光标、轴线、窗口等方式布置柱（也可用〈Table〉键转换布置方式）。

【清理】从列表中删除在结构标准层中未使用的定义柱。

（2）【主梁布置】　在网格线上布置主梁构件。一层柱间可布置多根不同标高的梁（如层间梁）。

单击【主梁布置】，进入梁类型列表对话框（图 3-18），定义梁列于表中。

图 3-18　梁类型列表对话框

【新建】定义新的梁截面。选择梁截面的类型、截面尺寸、材料，定义一个梁类型，建立于梁类型列表。

【修改】、【删除】、【清理】操作同【柱布置】（见本节）。

【布置】在梁类型列表中，选择已定义的梁，单击【布置】，弹出梁定位设置框（图 3-19）。

1）偏轴距离：梁截面中心线与网格线的距离。偏轴方向为布置时光标点取方向。

2）梁顶标高 1、梁顶标高 2：梁左端或右端离相对结构标准层面的标高。

以上移为正。当该值为 0 时，梁顶面与结构楼面平。

3）轴转角：布置梁截面中轴相对平面的转角。

（3）【墙布置】 在网格线上布置承重墙。混凝土结构承重墙为混凝土材料。两节点之间的一段网格线上仅能布置一片墙体，墙体长度为两节点间的距离，墙高程序自动取层高（定义墙高为 0 时）。布置墙时出现墙定位设置框（图 3-20）。

1）偏轴距离：墙截面中心线与网格线的距离。偏轴方向为布置时光标点取方向。

2）墙底高：布置墙相对于该层的起始点的高度。

3）墙标 1、墙标 2：墙左端或右端离相对结构标准层面的标高。以上移为正。当该值为 0 时，墙顶面与结构楼面平。用于出屋面的墙的布置。

图 3-19　梁定位设置框　　　　　　图 3-20　墙定位设置框

（4）【洞口布置】 在网格线上布置洞口。在一段网格线上只能布置一个洞口。将已建立洞口列表的洞口布置在混凝土墙上。布置洞口时出现洞口定位设置框（图 3-21）。

提示：承重墙上的洞口仅限于矩形。

图 3-21　洞口定位设置框

1）定位距离：确定洞口在网格线上的位置。洞口在网格线上靠左（下）节点、居中、靠右（上）节点布置时，直接点取；离左（下）节点一定距离输正值，离右（上）节点一定距离输负值。

2）底部标高：洞口相对该结构标准层起始位置的标高。

以上在梁、柱、墙等的布置中，可采用四种方式布置。在【拾取数据】中根据需要选用或按〈Tab〉转换，屏幕提示按某种方式输入：

1）直接布置方式。用光标直接捕捉套住节点或网格线布置构件。若该处已有构件，原构件将被当前构件替换，可随时用〈F5〉键刷新屏幕。

2）沿轴线布置方式。用光标捕捉套住轴线（连续通长网格线），此线上所有节点或网格线布置该构件。

3）按窗口布置方式。用光标在图中截取一窗口，窗口内的所有节点或网格线上布置该构件。

4）按围栏布置方式。用光标点取多个点围成一个任意形状的围栏，围栏内所有节点与网格线上布置该构件。

3. 楼板布置

楼板建立于楼层的高度位置，程序通过【楼层组装】的层高决定楼板的标高。楼板布置包含各**房间**楼板厚度、楼板上的洞口、预制板布置、设悬挑板、楼板错层等。注意：在"楼板布置"前，对【本层信息】进行设置，有利于修改楼板板厚等。

单击【楼板生成】，进入楼层布置菜单（图 3-22），进行楼板布置。

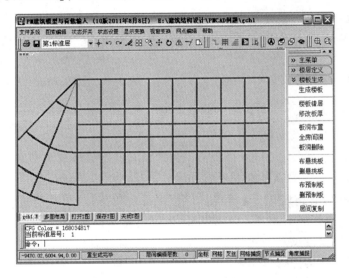

图 3-22　楼层布置菜单

（1）【生成楼板】　程序形成楼板并为房间编号，以单格板（**房间**）作单元在楼板上布置其他信息。由 PMCAD 主菜单的【3 画结构平面图】下的"楼板计算"，以【房间编号】使屏幕显示各房间编号。

本菜单的操作以楼层建模时定义的**房间**为单元进行。**房间**的划分和编号由程序自动完成，程序将由墙（承重墙）或主梁围成的平面闭合体作为一个**房间**，并默认为现浇混凝土楼板。在有编号的**房间**才能进行预制板、洞口等布置。而不封闭的区域不能形成**房间**，也不能进行洞口等布置。

按楼层建模输入时**房间**有矩形**房间**和非矩形**房间**。非矩形**房间**不能进行楼板开洞等功能的输入。

（2）【楼板错层】 设置楼板的楼层标高及标高差。当有的楼板（**房间**）的楼层标高不同于该楼层标高（主菜单楼层组装时的标高）时，如卫生间、内檐沟等，需设置楼板错层。只对楼板支座筋作错层处理，不对楼板周边的梁作错层处理。单击【楼板错层】，出现错层值输入对话框（图 3-23），输入错层值（**房间**楼板标高低于该楼层标高时为正），确定后，用光标点取需错层的**房间**。屏幕显示楼板下沉数据。

（3）【修改板厚】 修改各**房间**的楼板厚度。在上级菜单的【本层信息】中，现浇楼板厚度相同，屏幕显示各房间的板厚。单击【修改板厚】，出现修改现浇板厚度对话框（图 3-24），输入板厚，然后点取需修改的房间。

图 3-23　错层值输入对话框　　　　图 3-24　修改现浇板厚度对话框

（4）【板洞布置】 对楼板进行开洞操作。楼板能开矩形、圆形及任意多边形洞。洞口上的荷载为 0。

单击【板洞布置】，进入板洞类型列表菜单，定义板洞类型列于表中。

1）【新建】定义新的板洞形状和尺寸。建立洞口类型列表。

2）【修改】、【删除】、【清理】操作同【柱布置】（见本节）。

3）【布置】在板洞类型列表中，选择已定义的板洞类型，单击【布置】，弹出板洞定位设置窗口。矩形洞口以左下角定位，圆形洞口以原点定位。洞口不能进入梁柱墙构件的截面等。

（5）【全房间洞】 当全**房间**楼板开洞（如电梯间）时，可选择"全房开洞"。此时在该**房间**不能作用荷载。当**房间**布置楼梯时，可选择"全房开洞"，将楼梯传来的荷载作用于楼梯周边梁或柱。

（6）【板洞删除】 删除**房间**中布置的洞口。

提示：在现浇混凝土板中，当楼板洞口（矩形和圆形）尺寸小于 **800mm**（长边或直径）时，可不设置洞口边梁，直接在楼板开洞（洞边构造处理）。

（7）【布悬挑板】 在平面外围的梁或墙上设置现浇悬挑板。可设定挑板长度和高度位置。

【新建】定义新的悬挑板形状和尺寸。建立悬挑板类型列表。

【修改】、【删除】、【清理】操作同"柱布置"（见本节）。

【布置】在悬挑板类型列表中，选择已定义的悬挑板类型，单击【布置】，弹出挑梁定位设置框（图3-25）。

1）定位距离：悬挑板的左（下）端离网格线左（下）角的距离。

2）顶部标高：悬挑板高度位置，与梁顶面平为0，以向下为正。

（8）【布预制板】　当楼板中采用预制板时，进行预制楼板的布置。同一房间内不能布置部分预制板和部分现浇楼板。按菜单操作。

（9）【层间复制】　可将前一层已完成输入标准层的楼板错层、修改板厚、板洞布置、布悬挑板、布预制板复制到本层。单击【层间复制】，屏幕显示复制内容选择框（图3-26），选择需复制项，单击【确定】。完成复制，可再作修改。

图3-25　挑梁定位设置框

图3-26　复制内容选择框

4. 斜杆、次梁布置

【斜杆布置】在柱间布置斜杆（如支撑）。斜杆可通过斜杆端头高度、位置及旋转角定位，在两节点上的柱上布置多个不同高度的斜杆。

【次梁布置】布置于**房间**的**次梁**，位于楼板上的任意位置。按主梁布置方式操作。

提示：布置次梁不需要网格线。

5. 本层板厚及材料信息

（1）【本层信息】　进入本层信息对话框（图3-27）。对每一结构标准层必须输入"本层信息"。

提示：在"添加新标准层"中建立的结构标准层，复制中包含"本层信息"。

板厚：本层结构标准层的板厚。当板厚不一样时，选择多数房间的板厚度。在上一级菜单的【楼板生成】中，可以**房间**为单位修改板厚。

板混凝土强度等级、柱混凝土强度等级、梁混凝土强度等级、剪力墙混凝土强度等级：分别输入板、梁、柱、墙的混凝土强度等级。在上一级菜单的

【材料强度】中，可对个别构件设置混凝土强度等级。

板钢筋保护层厚度：按规范规定取值。一般为15mm。

梁、柱钢筋类别：选择梁、柱纵向受力筋的钢筋类别。

本标准层层高：设该层高。层高只用于工具条中的"视窗变换"作本层三维透视图。实际分析计算时的各层层高，按【楼层组装】菜单中输入的数据。

（2）【材料强度】 修改单个构件的混凝土等级。在本菜单的本层信息中，已输入整楼柱、梁、墙的混凝土强度等级，但

图3-27　本层信息对话框

同一结构标准层中同类构件（如梁），其混凝土等级相同，在此可逐个修改。

单击【材料强度】，屏幕显示修改构件材料设置框，选择需修改的构件类型（柱、梁、墙等），设置该构件混凝土强度等级或钢筋强度标准值。平面图上显示构件的混凝土强度等级或钢筋强度标准值，用光标等拾取需修改的构件。

6. 本层修改

（1）【构件删除】 删除任何构件。

提示：删除构件时应选择构件布置的节点或网格线。

（2）【本层修改】 修改构件布置，进入本层修改菜单（图3-28）。

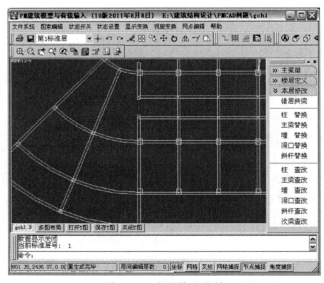

图3-28　本层修改菜单

1）【错层斜梁】对已布置的梁作梁端高度调整。用于一直线上多跨梁按同一坡度倾斜的设置。

2）【柱替换】、【主梁替换】、【墙替换】、【洞口替换】、【斜杆替换】把该层上某一类型截面的构件用另一类型截面的构件替换。

3）【柱查改】点取已布置的构件，出现该构件信息对话框（图3-29），可在该对话框修改构件信息。

（3）【层编辑】　在各结构标准层之间考虑相互的关系，进行编辑。单击【层编辑】进入层编辑菜单（图3-30）。

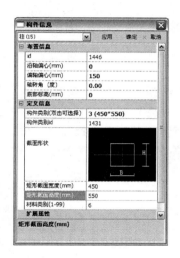

图3-29　构件信息对话框　　　　　图3-30　层编辑菜单

1）【删标准层】删除整体组装中不需要的结构标准层。单击【删标准层】，弹出标准层列表窗口，点取要删除的标准层，单击【确定】删除。

2）【插标准层】在某结构标准层前插入一新的结构标准层。单击【插标准层】，弹出标准层列表窗口，选择插入层层号（在列表选择），插入层位于选择层前。此后操作同新建标准层。

3）【层间编辑】在多个结构标准层或全部结构标准层上，同时进行结构标准层修改。如需在第1～10层标准层上同一位置加一根柱，可先将层间编辑菜单定义编辑1～10层，则只需在一层布置柱，其他层的加柱自动完成。单击【层间编辑】，屏幕弹出层间编辑设置框（图3-31），"添加"要同时编辑的层，选择后所有的操作均可在这几层同时进行，进行完一层后自动切换到下一层，屏幕弹出下一层层编辑过程菜单，按需要选择。在层编辑过程菜单中，选择【5 清除层间编辑】，即可取消层间编辑功能；或在层间编辑设置框，"删除"编辑标准层，回到当前编辑状态。

提示：必须清除层间编辑功能，才能回到当前编辑状态。

4）【层间复制】把当前标准层上的部分内容复制到其他标准层上。

5）【单层拼装】、【工程拼装】在结构层布置时，可利用已有的工程，把它们拼装在一起成为新的结构标准层或新的工程。

图 3-31　层间编辑设置框

（4）【截面显示】　显示各种构件、构件截面尺寸及其他信息（图 3-32）。进入构件截面显示选择框（图 3-33），对各种构件可选择"构件显示"和"数据显示"。"数据显示"可选择"显示截面尺寸"或"显示偏心标高"。

提示：对已输入在平面上的内容可随时用光标点指，显示构件的截面尺寸、偏心、位置等数据。对光标所停留处的构件按鼠标右键，可随时对该构件的布置等信息编辑修改。

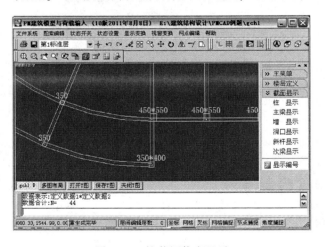

图 3-32　柱截面信息显示

图 3-33　构件截面显示选择框

（5）【绘墙线】、【绘梁线】　把墙或梁的布置连同它相应的网格线一起输入。单击【绘墙线】或【绘梁线】，绘制各种形式的墙或梁，屏幕显示墙或梁类型列表，从类型列表中选择墙或柱，绘制需布置墙或梁的网格线，此时墙或柱随同网格线一起布置。

（6）【偏心对齐】　利用梁柱墙的相互关系，通过对齐的方法设置柱偏心、梁偏心或墙偏心。

单击【偏心对齐】，进入梁柱墙偏心对齐菜单（图 3-34）。此功能用于构件输入中的构件偏心设置。

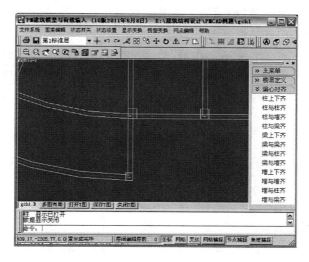

图 3-34　梁柱墙偏心对齐菜单

【柱上下齐】、【梁上下齐】、【墙上下齐】使编辑的柱、梁或墙构件与第一结构标准层的相应构件对齐。

【**例 3-6**】　第三结构标准层柱（400mm×500mm）与第一结构标准层柱（500mm×600mm）边对齐。

操作：1）在第三结构标准层，单击【柱上下齐】，提示"柱边对齐/中对齐/退出？（Y〈Enter〉/A〈Tab〉/N〈Esc〉)"，按〈Enter〉或 Y（柱边对齐）。

2）提示"用光标选择目标"，选择点取需编辑的柱（400mm×500mm）（多柱时，可用〈Tab〉转换成轴线、窗口等方式）。

3）提示"请用光标点取参考轴线"，点取横向或纵向轴线（确定柱与柱是横向或纵向对齐）。

4）提示"用光标指出对齐边"，用光标点取与横轴或纵轴平行的柱边。

【柱与柱齐】、【梁与梁齐】、【墙与墙齐】同一结构标准层中，在同一轴线的同类构件对齐。用于同一轴有相同偏心的构件（柱、梁或墙）的输入。可先输入其中一个构件的偏心，其余用此功能对齐。

【柱与墙齐】、【柱与梁齐】、【梁与柱齐】、【梁与墙齐】、【墙与柱齐】、【墙与梁齐】同一结构标准层中，一类构件与另一类构件对齐。用于构件间边缘对齐，如柱边与梁边平，可用此功能。

【**例 3-7**】　在一结构标准层，柱（400mm×500mm）与梁（250mm×600mm）边对齐。

操作：1）在结构标准层，单击【柱与梁齐】，提示"柱边对齐/中对齐/退出？（Y〈Enter〉/A〈Tab〉/N〈Esc〉)"，按〈Enter〉或 Y（柱边对齐）。

2）提示"用光标选择目标"，选择点取需编辑的柱（400mm×500mm）（多柱时，可用〈Tab〉转换成轴线、窗口等方式）。

3）提示"请用光标点取参考梁"，点取一主梁（与柱发生关系的梁）。

4）提示"用光标指出对齐边方向"，用光标点取参考梁的柱将其与一边平。

提示：以上偏心对齐，按提示操作。选择构件时可选用光标、轴线、窗口、围栏四种方法。柱与任何构件对齐有"边对齐"和"中对齐"可选。

（7）【楼梯布置】 在无楼板的房间，布置板式楼梯。

提示：其他形式的楼梯不能布置。

（8）【单参修改】 任何构件通过表格修改参数。

3.4.7 荷载输入

在各结构标准层中，梁、墙等杆件和节点（梁与柱交点）上作用荷载，直接在各杆件或节点上布置。楼板竖向荷载作用于板面，程序传递楼板荷载（恒载、活载）至周边梁或墙。

单击【荷载输入】，进入杆件荷载输入对话框（图3-35），包括楼板荷载、梁上荷载、墙（承重墙）上荷载、柱上荷载以及节点（梁与柱交点）荷载等。

1. 层间荷载复制

【层间复制】复制已存在荷载标准层的杆件荷载和楼层荷载。单击【层间复制】出现荷载层间复制选择框（图3-36）。荷载输入对应于已布置杆件的网格线和节点。

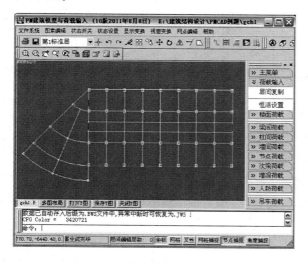

图3-35　杆件荷载输入对话框

图3-36　荷载层间复制选择框

拷贝前清除当前层的荷载：对于已存在荷载的层，进行这项层间荷载复制，可选择。若不选择，则荷载重叠。

拷贝的标准层号：点下拉箭头，列出已输入荷载的层，选择被复制的荷载标准层。

拷贝的荷载类型：选择需复制的荷载。单击【全选】复制全部荷载。

单击【确定】，完成该层荷载复制。

2. 楼面荷载

结构的楼（屋）面上作用荷载，有恒载和活载。荷载以楼层输入，整层的楼面恒载或活载相同。程序将楼面荷载按设定方式传导至周边梁或墙（即板面荷载不需在梁上输入）。

（1）【恒活设置】 设置楼面恒活。单击【恒活设置】进入楼层荷载定义设置框（图3-37）。

1）自动计算现浇楼板自重：选择该项，此时在楼层荷载中的恒载不包括板自重荷载，程序自动计算板自重加入板面恒载。不选择该项，则在楼层荷载中的恒载应包括板自重。

2）考虑活荷载折减：选择该项，在梁设计中考虑楼面活荷载折减。折减按以下的"设置折减参数"计算。

3）【设置折减参数】设置折减参数。梁楼面活荷载折减选项，按《建筑结构荷载规范》第5.1.2条选用。此项折减只对周边梁有效，而对周边墙无效。屏幕显示梁楼面活荷载折减选择框（图3-38）。

图3-37 楼层荷载定义设置框

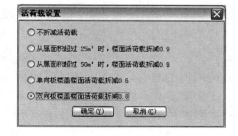

图3-38 梁楼面活荷载折减选择框

4）【恒载】输入恒载标准值。恒载包括结构板（楼或屋）面结构自重（"自动计算现浇楼板自重"时不计）、面层、吊顶等恒载等。常用材料和构件的自重按《建筑结构荷载规范》附录A取用。

5）【活载】输入楼面活载标准值。按《建筑结构荷载规范》第5.1.1条或附录C选用。

（2）【楼面荷载】 当板面材料、厚度、装饰等不同时，引起恒载标准值不同，或楼面活载标准值不相同时，修改每间**房间**板面恒载标准值或活载标准值。并设置矩形**房间**荷载的传递。

单击【楼面荷载】，进入楼面恒活载修改和导荷设置菜单（图3-39）。

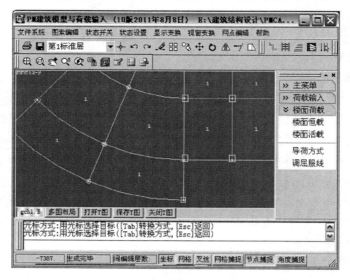

图3-39　楼面恒活载修改和导荷设置菜单

1）【楼面恒载】、【楼面活载】屏幕显示各**房间**的楼面均布恒载标准值、均布活载标准值（kN/m²），可按提示进行修改。各**房间**楼面做法不一样时，恒载标准值可能不同；各房间使用功能不同时，活载标准值可能不同。

2）【导荷方式】修改楼板导荷方式。屏幕显示程序自动设定的楼面为导荷方式。一般四边支承板采用梯形、三角形方式；单向板、预制板采用对边传导方式；其他多边支承板或不规则支承板（非矩形房间）采用沿周边布置方式，将房间内的总荷载沿房间周长均匀布置。矩形板可修改为任何一种方式。

提示：采用多边支承板或不规则支承板的荷载周长均匀传递至梁，对梁的受力分析不利。

3）【调屈服线】调整任一**房间**的屈服线角度（图3-40）。调整角度将改变板面荷载传递到周边梁的荷载值。

提示：屈服线角度主要由板的长宽比及支承条件确定。

3. 梁柱墙等荷载

（1）【梁间荷载】　输入除楼面荷载以外的梁上恒载标准值或活载标准值（如梁上填充墙体荷载）。单击【梁间荷载】，

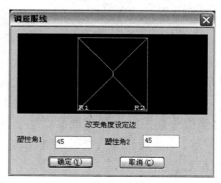

图3-40　调整屈服线角度

出现梁间荷载输入菜单（图3-41）。

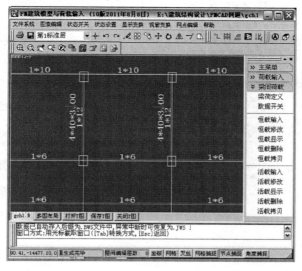

图 3-41 梁间荷载输入菜单

1)【梁荷定义】确定作用于梁上的荷载形式和大小。梁荷定义的荷载用于布置主梁、次梁和墙。

单击【梁荷定义】，屏幕显示梁荷定义菜单（图 3-42）。菜单列出已定义荷载。

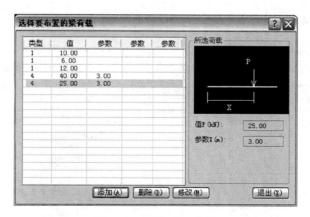

图 3-42 梁荷定义菜单

【添加】在列表中添加定义荷载。单击【添加】进入荷载类型选择框（图3-43），用鼠标单击选择荷载类型，屏幕弹出所选择形式的荷载参数输入对话框（图3-44），输入相应参数（荷载值向下为正、荷载参数向右为正；扭矩方向以右手螺旋法则：水平梁向右为正，垂直梁以向上为正），单击【确定】，完成一种梁荷载形式的定义。"无截面设计"输入的水平荷载（屏幕平面图示为正方向，另一方向以负值表示），传递两端节点，对该梁设计无影响。

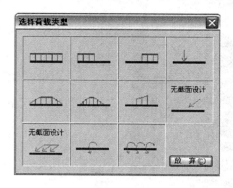

图 3-43　荷载类型选择框

图 3-44　荷载参数输入对话框

提示：也可不执行【梁荷定义】，直接进入恒载输入。在【恒载输入】中也可进行【添加】等操作。

【删除】在列表中删除选中的定义荷载。

【修改】在列表中对已选中的定义荷载值或荷载类型及荷载值等进行修改。

2）【数据开关】显示梁上已输入荷载值开关。

提示：若一梁上显示多个荷载值，表示该梁上有多个荷载，作用荷载为其和。

3）【恒载输入】将已定义的梁荷布置于主梁上。

单击【恒载输入】，屏幕弹出荷载类型列表菜单（图 3-45），在列表中选择（用光标点取）一种已定义的荷载；单击【布置】，屏幕弹出结构标准层平面，用光标、轴线、窗口等方式（用〈Taber〉键转换）布置梁上恒载（图 3-41）。【添加】可定义梁上荷载形式。一梁上可布置多个相同或不同荷载形式的荷载。

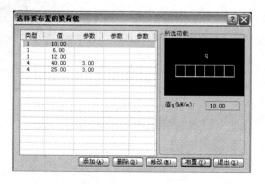

图 3-45　荷载类型列表菜单

4）【恒载修改】修改已布置梁上的荷载。

单击【恒载修改】，屏幕显示恒荷布置图，用光标点取需修改的梁，弹出需修改梁的全部修改恒载信息对话框（图 3-46），可直接在对话框中修改。

【添加】在该梁上增加一荷载（类型、荷载值等）。

【修改】选择一梁已存在的荷载作修改。

【删除】选择已存在的荷载，删除该荷载。

5）【恒载删除】删除该梁上全部荷载。

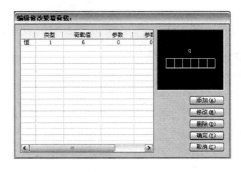

图 3-46　修改恒载信息对话框

6）【恒载拷贝】在梁间复制荷载。单击【恒载拷贝】，首先点取被复制恒载的梁，而后选择需复制梁。

（2）【柱间荷载】　输入柱上作用的恒载标准值或活载标准值（如柱上牛腿荷载等）。

提示：在此项输入的荷载不包括柱上下端点的荷载。柱上下端点荷载按节点荷载输入。

单击【柱间荷载】，出现柱间荷载输入菜单（图 3-47）。具有 12 项功能，操作方法与【梁间荷载】输入基本相同。

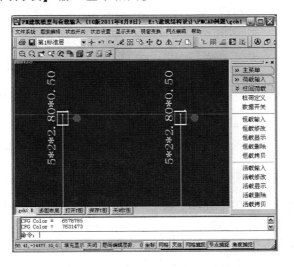

图 3-47　柱间荷载输入菜单

柱间荷载分为柱 x 向荷载和 y 向荷载。柱上 x 方向荷载为纵向荷载，以从左向右为正；柱上 y 方向荷载为横向荷载，以从下向上为正。单击【恒载输入】或【活载输入】，屏幕弹出柱间荷载布置菜单（图 3-48），可将荷载布置为"x 向作用"或"y 向作用"。

（3）【墙间荷载】 输入墙体上部荷载（不包括自重）。只能输入竖向力。

单击【墙间荷载】，进入墙间荷载输入菜单。具有 12 项功能，操作方法与【梁间荷载】输入相同。墙间荷载形式同梁间荷载形式相同。

（4）【节点荷载】 输入除梁柱杆件外的节点荷载。此节点必须布置有构件，可为柱端、梁端等。

单击【节点荷载】，出现节点荷载输入下拉菜单。具有 12 项功能，操作方法与【梁间荷载】输入相同。每一节点可布置多个节点荷载。

节点荷载定义，通过节点荷载对话框（图 3-49）输入。节点荷载有六个分量：竖向力 P（向下为正），x 向弯矩 M_x 和 y 向弯矩 M_y（依据右手螺旋法则，指向 x 或 y 向为正），x 向水平力 P_x（指向 x 向为正），y 向水平力 P_y（指向 y 向为正），xy 平面扭矩 T_{xy}（依据右手螺旋法则，指向 z 向为正）。

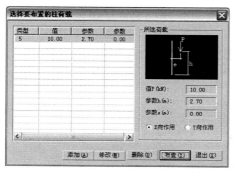
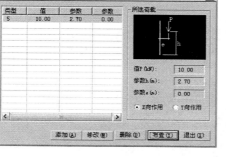

图 3-48　柱间荷载布置菜单　　　　　图 3-49　节点荷载对话框

（5）【次梁荷载】 同【主梁荷载】布置。

（6）【墙洞荷载】 输入墙洞门窗荷载。只能布置均布荷载。

3.4.8　结构计算设计参数

结构计算设计参数包括总信息参数、地震计算参数、结构类型、分项及组合参数、补充参数，可逐项输入。单击【设计参数】，进入设计参数输入。

1. 总信息参数

单击【总信息】，出现总信息参数对话框（图 3-50），输入结构设计总信息。

1）结构体系：选择该设计结构所对应的结构体系。程序根据所选的结构体系，相应采用不同的信息输入、设计规范、计算方法和构造措施。

2）结构主材：选择主要结构所使用的材料。程序根据所选用的材料，要求输入材料信息，并采用相应的计算方法和构造措施。混凝土结构采用结构主材：钢筋混凝土；钢结构（型钢结构）或组合结构采用结构主材：钢和混凝土。

3）结构重要性系数：根据设计建筑物性质选择结构的重要性系数。按 GB 50153—2008《工程结构可靠度设计统一标准》附录 A，由建筑物的安全等级确定。或按各建筑结构设计规范确定，如 GB 50010—2010《混凝土结构设计规范》第 3.2.3 条。

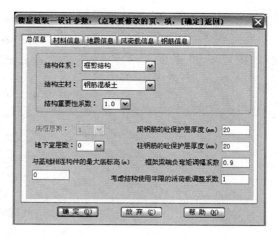

图 3-50　总信息参数对话框

4）底框层数：选择底部框架砌体结构的框架层数。当结构体系为"底框砌体结构"时，底框层数不多于 3 层。底框结构的上部结构为砌体结构，通过 PMCAD 主菜单"砌体结构抗震及其计算"，得到底框结构的地震作用。

5）地下室层数：结构的地下层数。当地下结构作为整体结构设计计算时，地下室作为整体结构一起输入。地下室层数对风荷载、地震作用、地下人防等计算有影响，在 TAT、SATWE 程序中可调整。

6）与基础相连构件的最大底标高（m）：底层或其他层的柱、墙与基础相连的最大距离。当结构基础需要（由于地势变化或其他原因）除第一层柱与基础相连外，第二层柱，甚至第三层柱，与基础连接。对该距离之内的自由节点（柱、墙、支撑）进行嵌固约束，即在该距离以下的柱墙有基础。这些层的悬空柱或墙在形成平面框架结构的 PK 文件或空间计算的 TAT、SATWE 数据时程序自动取为固定端。

7）梁钢筋的砼保护层厚度、柱钢筋的砼保护层厚度：输入梁、柱钢筋的保护层厚度。按 GB 50010—2010《混凝土结构设计规范》第 8.2.1 条确定。

8）框架梁端负弯矩调幅系数：输入框架梁端弯矩调幅系数，现浇框架一般为 0.8~0.9。以弹性分析框架结构时，考虑结构塑性变形引起内力重分布，在竖向荷载作用下对梁端的弯矩进行调幅。

9）考虑结构使用年限的活荷载调整系数：输入结构设计时的考虑使用年限的调整系数。按 JGJ 3—2010《高层建筑混凝土结构技术规程》第 5.6.1 条确定。

2. 结构材料信息

单击【材料信息】，出现材料信息对话框（图 3-51），输入结构设计材料信息。

1）混凝土容重○：钢筋混凝土材料重度，一般为 25kN/m³。当考虑构件粉刷时，可适当提高（可为 26～27kN/m³）。

2）钢材容重：在钢结构、钢混组合结构设计时输入。

3）轻骨料混凝土容重：轻骨料混凝土材料重度取《建筑结构荷载规范》规定值。

4）轻骨料混凝土密度

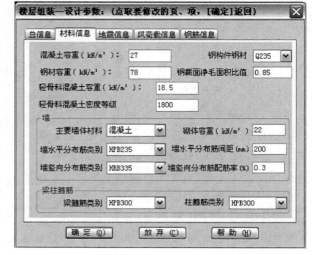

图 3-51　材料信息对话框

等级：输入轻骨料混凝土密度等级。按规范轻骨料混凝土密度等级分为十四级。

5）墙水平分布筋间距、墙竖向分布筋配筋率：当有混凝土墙体时输入，且满足规范的要求。墙水平分布筋最大间距为 300mm，墙竖向分布筋的最小配筋率为 0.2%（《混凝土结构设计规范》第 9.4.4 条），抗震设计时应按抗震要求设置。

其余按相应的材料要求输入。

3. 地震信息

单击【地震信息】，出现地震信息对话框（图 3-52），输入结构设计地震信息。

1）地震烈度：所设计结构的设防烈度。根据建筑物所建造的区域，按 GB 50011—2010《建筑抗震设计规范》附录取值。

2）设计地震分组：按设防烈度所取的设计地震分组。根据建筑物所建造的区域，按《建筑抗震设计规范》附录取值，程序根据不同的地震分组，计算特征周期。

3）场地类别：按地质资料输入。程序根据不同的场地类别，计算特征周期。按《建筑抗震设计规范》第 4.1.6 条确定。

4）砼框架抗震等级、钢框架抗震等级、剪力墙抗震等级：结构构造设防的等级。用于结构抗震构造和调整抗震内力的验算。按结构类型、设防烈度、结

○ "容重"为已废用术语，应为"重度"，下同。考虑 PKPM 系列程序仍使用"容重"一词，为方便读者，本书未作修改。

构高度等因素确定结构构造设防等级。

5）计算振型个数：一般取三个振型，且计算的振型数小于或等于振动质点数（是指结构合并后的振动质点），及计算的振型数不大于结构的层数。但当考虑扭转耦联计算时，振型数不应小于 9。

6）周期折减系数：填充墙与框架相连，降低结构的自振周期。纯框架结构 CC 填 1.0；有填充墙，根据填充墙的数量一般为 CC = 0.5 ~ 0.8。

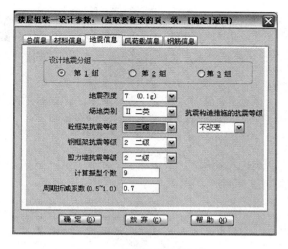

图 3-52　地震信息对话框

提示：以上地震参数设置在 TAT 或 SATWE 程序的地震参数修改中有详细解释，并可在各自的程序中修改参数。

4. 风荷载信息

单击【风荷载信息】，出现风荷载信息对话框（图 3-53），输入结构设计风荷载信息。

1）修正后的基本风压：一般结构为基本风压。可根据《建筑结构荷载规范》附图 E 6.3 取值，单位 kN/m²。地形条件的修正及高层或高耸结构按相应规定取值。

2）地面粗糙度类别：在风荷载计算时，地面粗糙度分为 A、B、C、D 四类，根据建筑物所在位置的地形，按《建筑结构荷载规范》第 8.2.1 条确定。

3）沿高度体型分段数：沿建筑物高度平面体型不同，需分别根据各自体型系数计算。结构

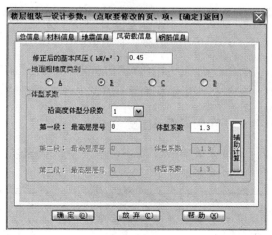

图 3-53　风荷载信息对话框

物立面变化较大时，不同的区段内的体型系数可不一样，如下方上圆、下圆上多边形等，这就在不同段产生不同的体型系数。程序限定体型系数最多可分三

段取值。

4）最高层层号：每一段的最高层号。按实际层号填写，若体型分段数只有一段，则第二段、第三段的信息不填。依次类推。

5）体型系数：默认矩形体型系数为 1.3。

单击【辅助计算】，进入常见风荷载体型系数取值框，可根据工程实际情况按《建筑结构荷载规范》第 8.3 条采用。

5. 钢筋信息

单击【钢筋信息】，出现钢筋信息参数对话框（图 3-54），修改钢筋强度设计值。

图 3-54　钢筋信息参数对话框

根据《混凝土结构设计规范》第 4.2.3 条规定，钢筋强度设计值有时不同，因此在钢筋信息参数对话框中，可修改各种钢筋的强度设计值。

3.4.9　楼层整体组装

单击【楼层组装】，出现楼层整体组装菜单（图 3-55）。包含楼层组成和组装后的整体显示菜单。

【楼层组装】根据实际的整体结构对 PM 交互式输入的结构标准层空间进行竖向布置，进行结构楼层整体组装。在组装时，利用结构标准层以及结构层高，组成一层的结构。反复多次组成多层或高层建筑物整体结构。单击【楼层组装】，屏幕显示楼层整体组装对话框（图 3-56）。注意：必须执行。

1. 整体组装项目和操作

1）复制层数：结构标准层连续相同层数。

2）标准层：已输入的结构标准层。

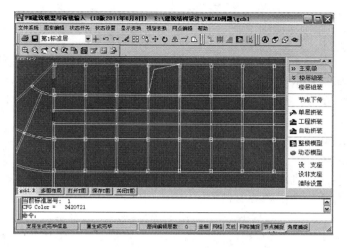

图 3-55　楼层整体组装菜单

图 3-56　楼层整体组装对话框

3）层高：输入结构的计算层高。当无地下室时，一层层高从基础顶开始计算。

4）自动计算底标高：选择，输入一层底标高，程序计算各层的底标高。

5）【增加】将已选择组装的复制层数、标准层和层高，添加入"组装结果"列表。

6）【修改】在"组装结果"列表中，选择某一层对结构标准层及层高进行修改。

7）【插入】将选择新的复制层数、标准层和层高，"插入"在"组装结果"列表中选择的某组装层前。

8）【删除】在"组装结果"列表中，选择某一层删除。

9）【全删】删除"组装结果"列表中的所有层。

10）【查看标准层】在组装时，选择结构标准层后，单击【查看标准层】屏幕显示该结构标准层。

提示：对于多塔、连体结构，采用广义层的概念，通过楼层组装进行多塔、连体结构的建模。

2. 组装结果

组装结果列表，显示建模的整体结构数据，包括层号、层面、结构标准层、层高、底标高。此列表中的层号视结构的不同与实际结构层的关系也不同（见本书 3.3.1 节结构建模的基本概念）。

提示：在以后结构计算或出图中出现的层号即为结构整体组装建模中的层号。

1）【单层拼装】在结构标准层输入中，选择本模型或其他模型中的其中一层或局部，拼装至在建模型的标准层中（操作略）。

2）【工程拼装】在结构建模中，将其他工程的整体结构模型拼装至在建的整体模型（操作略）。

3）【整楼模型】显示已完成组装的整体模型。整体模型组装方案如图 3-57 所示。

重新组装：当修改楼层组装后，显示修改后的结果，则选择该项。

分层组装：只显示选择连续几层的组装模型。

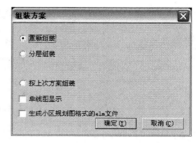

图 3-57　整体模型组装方案

按上次方案组装：修改楼层组装后，显示未修改的模型，选择该项。

3.4.10　建模完成

1. 退出程序

单击【退出】，选择【存盘退出】，屏幕显示后续操作选择框（图 3-58）。

提示：选择【不存盘退出】，将失去所有输入内容，除非在输入过程中保存。

楼梯自动转换为梁：建模时的板式楼梯转换为结构计算分析时的斜梁，斜梁参加整体刚度分析。

生成梁托柱、墙托柱的节点：建模时梁支承柱、墙支承柱的节点转换为结构分析的梁托、墙托柱的节点。

清理无用的网格、节点：程序删除无构件布置的网格和节点。

生成遗漏的楼板：程序生成建模中未建立的楼板。

检查模型数据：程序进行数据检查。检查到不合理的数据，显示出错信息，提示错误位置及错误内容，并在模型错误检查 . txt 文件中给出错误信息。

　　楼面荷载倒算：楼板荷载按导荷方式传至周边梁或墙体。

　　竖向导荷：同楼板荷载传至梁、墙，梁荷载传至柱或墙，柱和墙将竖向荷载传至基础。

2. 荷载计算特点

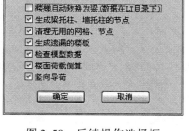

图 3-58　后续操作选择框

　　程序在传导和荷载计算中，按以下方法进行处理：

　　1）楼板荷载按导荷方式传至周边梁或墙体。

　　2）板厚为 0 的**房间**楼板，板面上荷载同样可按设定导荷方式传递。

　　3）**房间**为全**房间**洞口，则该**房间**不能布置荷载；**房间**楼板为部分洞口，在计算程序自动扣除洞口部分荷载。

　　4）在主菜单 1 中输入的悬挑板，在传力过程中没有考虑悬挑板对支承梁或墙产生的扭矩作用。绘制施工图需加强设有悬挑板梁的抗扭配筋。

　　5）梁或墙上荷载的传递，已考虑梁或墙的偏心引起的作用。

3. 4. 11　本章主菜单操作常见问题

1. 建模过程中的错误

　　1）节点过密。如在建立各结构标准层时，输入网格中的节点过密；上下层网格节点不对齐，形成总节点网格后的节点过密。使用偏心布置构件，可避免网格节点的过近过密。

　　2）在布置柱或墙时，其下层的对应部位必须有梁或墙。下层无支承构件，程序出错。

　　3）墙体上洞口不能跨越墙的两个节点和上下层之外，对跨越节点的洞口应作为两洞口输入。

2. 导荷出错原因

　　在程序进行荷载传导中，由于荷载输入或其他原因，会发生荷载导荷出错。常见原因有：

　　1）建立结构标准层中，有四周不闭合的房间。

　　2）主菜单 1 中输入的洞口等的类别总数超出规定范围或一**房间**的洞口数量超出规定量。

　　3）在结构标准层已布置的梁中，有截面为 0 的梁（或很小），程序无法识别。

3.5　平面荷载校核

执行 PMCAD 主菜单的【1 建筑模型与荷载输入】后，形成整体结构的数据输入完成。对于结构输入的荷载数据，通过主菜单的【2 平面荷载显示校核】，校核各层输入及程序形成的荷载，应仔细分析各项荷载。

提示：风荷载可在各自的结构计算程序中重算。

3.5.1　荷载校核

程序设有平面荷载人为校核过程，检查交互输入和自动导算的荷载是否准确。执行主菜单的【2 平面荷载显示校核】，出现平面荷载校核菜单（图 3-59），根据菜单选择图中可显示柱梁墙上所有（输入、楼板传来等）恒载标准值和活载标准值（括号内）。

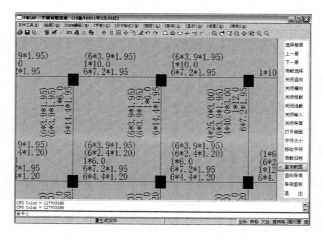

图 3-59　平面荷载校核菜单

1. 楼层选择

【选择楼层】、【上一层】、【下一层】选择需显示结构楼层整体组装定义的层名。

2. 荷载选择

【荷载选择】显示荷载类型及显示方式选择框（图 3-60）。

1）主梁荷载、墙荷载等：包含 PMCAD 主菜单 1 中输入及修改的所有荷载，可选择显示。

2）恒载、活载：可分别显示恒载或活载，也可同时显示。

3）交互输入荷载：在主菜单 1 中输入的梁、柱、墙、节点等上的荷载。

4）楼面导算荷载：楼板荷载传递至梁或墙上的荷载。

5）梁自重：梁结构自重（按输入的混凝土重度计算）。

6）楼板自重：楼板结构自重（按输入的混凝土重度计算）。

7）图形方式、文本方式：可选择图形显示或文本显示。

8）同类归并：同一荷载类型的荷载相加一起表示（如直接输入的梁上均布恒载与楼板传来梁上均布恒载，可相加一起表示）。

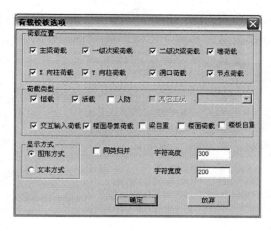

图 3-60　荷载类型及显示方式选择框

【竖向打开】、【横向打开】在图面显示中，显示竖向或横向开关。

【恒载打开】、【活载打开】在图面显示中，显示恒载或活载开关。

【输入打开】、【导算打开】在图面显示中，显示直接输入荷载或板面导算荷载开关。

【楼面荷载】在图面显示中，楼面荷载显示开关。

【荷载归档】对所选择层荷载归档，形成梁、墙、柱、节点及楼面荷载平面图，用于打印输出。

【查荷载图】编辑或打印荷载图。

3. 竖向荷载传导

【竖向导荷】进入传导竖向荷载选项框（图 3-61）。

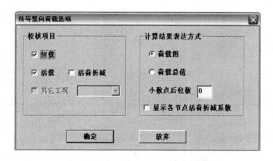

图 3-61　传导竖向荷载选项框

恒载、活载：当选择恒载和活载时，出现恒载和活载荷载系数设置框（图 3-62），可输入恒载及活载的荷载系数（该荷载系数只对竖向荷载传导起作用）。

活载折减：指按规范要求对柱和基础计算轴力时，考虑上部多层活荷载作用的折减。选择"活载折减"时，显示各层活载折减系数，可修改。

荷载图：显示底层柱下部和墙下部的恒载和活载导算（恒载或活载）竖向力。

荷载总值：显示指定层的本层及以上各层荷载总值、本层恒载和活载（恒载或活载）总值、本层楼面面积、本层平均荷载值等（图 3-63）。进入"水平荷载传递结果"显示 x、y 方向水平荷载。

图 3-62　荷载系数设置框

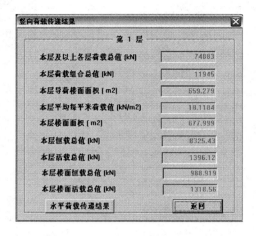

图 3-63　竖向导荷荷载总值

【导荷面积】显示房间号、受荷面积及柱下部和墙下部竖向力。

【退出】退出平面荷载显示校核。

提示：荷载平面校核提供结构荷载的直观显示，同时也提供结构荷载的计算结果，应仔细分析。

3.5.2　导荷分析

在平面荷载校核图（图 3-59）显示柱、梁、节点构件上荷载，当选择全部荷载时，包括全部结构作用荷载（除地震作用）。

1. 梁上的荷载

1）梁上荷载有直接输入的荷载（分为恒荷载和活荷载），在输入时按荷载形式分成 9 种类型，梁上荷载的第一个数字表示荷载类型（荷载类型如图 3-43 所示），随后为荷载的大小及荷载作用位置的数据（按梁上荷载输入时确定）。

2）楼板传递至梁的荷载（分为恒载和活载）。楼板上的荷载（均布荷载）以屈服线（程序默认 45°）传导荷载，对梁形成梯形或三角形荷载。

3）梁的自重。梁自重一般为均布荷载。

提示：梁上荷载分为恒载和活载，括号内的为活载。

2. 竖向导荷

程序将所有结构自重（楼板、梁、柱、墙）、楼板上的恒载和活载、梁上和墙上竖向荷载以及柱上、节点上的竖向荷载，以一定的方式导荷竖向荷载，将所有竖向荷载传至第一层的柱或墙底端。

（1）荷载图　程序以平面图的方式显示各层柱、墙的竖向荷载。对于"活载折减"（图 3-61）、"恒荷载迭加系数"和"活荷载迭加系数"（图 3-62），在未进行结构程序（如 PK、TAT、SATWE 等）分析前，可用于柱、墙截面尺寸的初步判断。第一层的柱、墙底端的竖向力，可用于基础和地基设计的初设计。

（2）荷载总值　程序以表格的方式显示每层的一些荷载数据，如本层的荷载总值、本层平均荷载值等，可用于分析结构所承受的荷载等。

3.6　绘制楼板结构施工图

PMCAD 具有绘制结构平面布置图（或楼板模板图）及楼板结构配筋施工图的功能。通过 PMCAD 主菜单的【1 建筑模型与荷载输入】，已输入了结构楼板设计数据。由 PMCAD 主菜单的【3 画结构平面图】设计楼板。绘制的楼层楼板模板图（或结构平面布置图）及混凝土楼板配筋图，其图纸名称为 PM＊.T，＊为组装楼层号。

提示：形成的平面图保存只有一张 PM＊.T（结构楼板模板图或楼板结构配筋施工图），若两张均需要，则将第一张图先另存，然后绘制第二张。

3.6.1　绘制平面图

执行主菜单的【3 画结构平面图】，屏幕显示第一层的平面图，通过屏幕桌面上右侧下拉显示按楼层整体组装的各层名、层高、标准层，可选择绘制施工图的层。选择绘制施工图的层，单击〈Enter〉后，显示楼层平面图（图 3-64），进入楼板结构平面图绘图菜单。

【绘新图】进入绘制楼板平面施工图，出现打开绘制图的方式选择框（图 3-65）。

删除所有信息后重新绘图：选择，程序要求需重新形成边界条件、重新计算楼板内力、配筋等。

保留钢筋修改结果后重新绘图：选择，按已计算楼板的结果绘图。可按保留或删除已修改的图上所有画的钢筋继续绘图。

【计算参数】通过设置参数确定楼板的计算方法、配筋选择、计算连板和挠

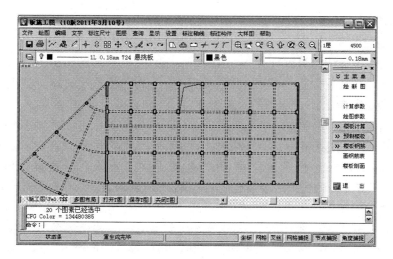

图 3-64　楼层平面图

度等。详见 3.6.2 节——设置计算参数。

　　【绘图参数】通过参数设置绘图方式。详见
3.6.3 节——绘图参数。

　　【楼板计算】楼板结构计算。对于绘制楼板
配筋图，需进行结构分析。详见 3.6.4 节——楼
板计算。

图 3-65　打开绘制图的方式选择框

　　【预制楼板】有预制板布置的楼层，在平面
模板图上布置预制板。有现浇板或开孔的房间，
不能布置预制板。

　　【楼板钢筋】布置楼板钢筋。在现浇板布置钢筋，并修改楼板钢筋。详见
3.6.5 节——楼板钢筋。

　　【画钢筋表】当板钢筋编号时，均绘制钢筋表。

　　【楼板剖面】绘制局部楼板剖面。在绘制楼板模板图（或结构平面布置图）
时，有时为了表达楼板与梁等构件的关系，绘制楼板剖面。

　　【退出】完成结构平面布置图或楼板配筋图。图名为 PM＊.T（＊为楼层整
体组装号）。

　　提示：进入绘制菜单后，存图退出，将保存该图。直接关闭窗口将不保存该图。

　　生成的平面施工图，可在 PMCAD 主菜单的【7 图形编辑、打印及转换】进
行图形修改、打印或转换为 ACAD 文件，可使用 ACAD 修改。

　　提示：绘制施工图时，标注轴线、梁柱截面、楼面标高，绘制预制板、板钢筋，画钢筋
表、楼板剖面等使用 **PMCAD** 比较方便。

3.6.2 设置计算参数

单击【计算参数】，屏幕显示楼板配筋参数定义菜单，进入配筋计算参数、钢筋级配表和连板及挠度参数设置。

1. 配筋计算参数设置

选择"配筋计算参数"，屏幕显示楼板配筋计算参数设置框（图 3-66），进入楼板配筋计算参数。楼板配筋计算参数设置，影响楼板的内力分析的计算简图。

（1）直径间距 设置楼板受力钢筋的直径和间距。

负、底筋最小直径：设置受力板面或板底的钢筋直径。一般不小于 8mm。

钢筋最大间距：设置受力钢筋的最大间距。一般不大于 200mm。

（2）双向板计算方法 选择楼板矩形板内力分析方法。

弹性算法：矩形连续双向楼板结构设计一般按弹性方法计算，考虑活载不利布置计算内力。对于异性板程序设定只能按弹性有限元方法计算。

塑性算法：塑性计算采用塑性铰线方法计算内力，应设定支座弯矩与跨中弯矩比值。

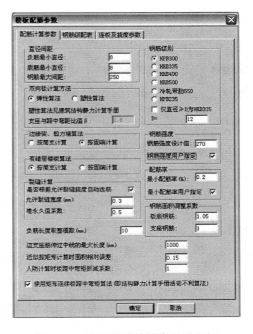

图 3-66 楼板配筋计算参数设置框

支座与跨中弯矩比值 β：塑性方法计算内力时设定的支座与跨中弯矩比。

（3）楼板特殊边缘支承设置 可选择"按简支计算"或"按固端计算"。

边缘梁、剪力墙算法：楼板边缘梁以边缘梁与板的相对刚度而定，一般按简支计算；楼板边为剪力墙时以剪力墙的厚度而定，一般按固定计算。

提示：各楼板支座设置不同时，可在【楼板计算】的"边界条件"中修改（见 3.6.4 节——楼板计算）。

有错层楼板算法：当错层高差很小时，支承处板面钢筋连通，可作固定支座计算；当错层较大时，支承处板面钢筋不连接，作简支计算。

（4）楼板裂缝计算。

是否根据允许裂缝挠度自动选筋：选择此项，则程序设置对不满足裂缝宽度（下一项"允许裂缝宽度"设定）要求的楼板的配筋进行调整。否则，在检查梁裂缝宽度时，对不满足裂缝要求的截面，需人为进行配筋调整，一般加大楼板的配筋或减小配筋的直径。

允许裂缝宽度：设置上一项"自动选筋梁"的裂缝宽度限制要求。按GB 50010—2010《混凝土结构设计规范》表 3.4.5 限值设置。一般为 0.3mm。

准永久值系数：输入用于楼板裂缝宽度计算的准永久值系数。按《建筑结构荷载规范》表 4.1.1 取值。

（5）楼板配筋构造或施工要求　设置部分数值。

负筋长度取整模数（mm）：使施工图中支座板面钢筋方便施工，设置该值。按构造要求，板面负筋长度可取满足受力要求的合理整数。为了方便施工及标注归并，一般毫米位数值取 5 或 0。

钢筋级别：按需要选择。楼板的钢筋一般采用 HPB300（少用 HPB235）、HRB335。选用"仅直径 $\geqslant D$ 为 HRB335"，同时"$D = 12$"，即大部分采用HPB300 钢筋，只有钢筋量大时才部分采用 HRB335 钢筋。

提示：一般钢筋 **HPB235** 和 **HPB300** 的直径小于 **12mm**，钢筋 **HRB335** 的直径大于 **10mm**。

钢筋面积调整系数：楼板配筋放大系数。板底钢筋一般大于 1，支座钢筋一般不放大。

2. 钢筋级配设置

选择"钢筋级配表"，屏幕显示楼板配筋设置框（图 3-67），进入楼板配筋表。楼板的配筋满足楼板的构造要求（如钢筋直径、间距等），同时方便施工并保证受力合理。

钢筋级配表：板配筋时，可供选择的钢筋库列表。

【添加】在列表中增加没有的钢筋配筋级别。输入"钢筋直径"和"钢筋间距"，单击【添加】，在列表中增加一项。

【替换】用另一项替代列表中的一项。在列表中选择一项，输入"钢筋直径"和"钢筋间距"，单击【替换】，则原来的项被新的一项代替。

【删除】删除列表中的一项。

图 3-67　楼板配筋设置框

提示：楼板配筋级别（钢筋直径和间距）尽量少。

3. 连板及挠度参数设置

选择【连板及挠度参数】，屏幕显示连板及挠度参数设置框（图 3-68），进入设置单向连续板计算的参数。

图 3-68　连板及挠度参数设置框

1）连续板：设置内力分析的系数及条件。

2）挠度限值：根据板的跨度，按规范设定挠度限值。

3.6.3　绘图参数

单击【绘图参数】，屏幕显示绘图参数设置框（图 3-69），进入设置绘制平面图的参数。

绘图比例：绘制平面施工图比例。

负筋位置：标注板面钢筋的位置。尺寸位置"上边"标注位于钢筋的上部，"下边"标注位于钢筋的下部。

负筋标注：板面钢筋标注的方式。尺寸标注以尺寸线及数字标注钢筋长度尺寸。文字标注以尺寸数字标注钢筋长度，不标尺寸线。按制图标准要求以尺寸标注方式标注。

多跨负筋：选择板面负钢筋长度。按楼板荷载情况确定。

负筋自动拉通距离：设定该值。当相邻单格板间板面钢筋距离小于该值时，板面钢筋拉通。

二级（HRB335）钢筋弯钩形式：选择楼板钢筋弯钩形式。一般为无钩，只需在多根钢筋切断时有斜钩。

钢筋间距符号：选择楼板配筋表达中的钢筋间距符号。按制图规范，一般选择"@"。

钢筋编号：根据楼板配筋的表示方式，选择板钢筋编号。一般情况下，板钢筋编号时均绘制钢筋表，板配筋图中相同的钢筋均编同一个号，只在其中一根钢筋上标注钢筋级别及尺寸。板钢筋不编号时，每单格板配筋图中每一根钢筋均标注钢筋级别及尺寸。

简化标注：采用简化钢筋的标注。选择简化标注，可自定义简化标注。

3.6.4 楼板计算

单击【楼板计算】，屏幕显示楼板计算菜单（图 3-70），进入楼板结构计算。

提示：绘制结构平面布置图（楼板模板图），可不进行该项操作。

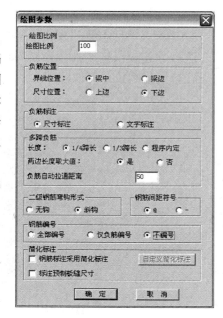

图 3-69 绘图参数设置框

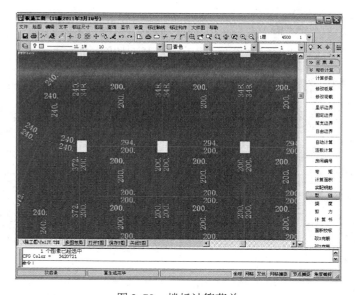

图 3-70 楼板计算菜单

1. 参数重设等

【计算参数】重新设置计算参数。

【修改板厚】、【修改荷载】重新输入单格板的板厚或板上荷载。

2. 设定楼板边界条件

【显示边界】边界转换开关。按"参数定义"的"配筋计算参数"设定的参数，显示楼层各房间的边界条件。

【固定边界】、【简支边界】、【自由边界】修改边界为固定、简支、自由支承条件。

3. 楼板内力计算

【自动计算】按"计算参数"设定的参数，程序按双向板计算整层楼板。

【连板计算】部分连续板楼板按单向板计算。用于计算不利情况下的截面配筋，一般在"自动计算"完成后进行。考虑整体楼板按双向板分析，部分楼板计算的内力比实际受力偏小，如楼板长宽比、相邻板等影响。

4. 单格板编号

【房间编号】单格板（房间）编号显示开关。

5. 计算结果显示

【计算面积】显示各单格板（房间）楼板所需的钢筋面积（按 HPB300 等级计算）。

【弯矩】、【裂缝】、【挠度】、【剪力】显示各单格板（房间）的弯矩、裂缝、挠度、剪力。

【计算书】选择多单格板，形成计算书。计算书文件名为 SLABCAL. RTF。

6. 楼板钢筋修改

【改 X 向筋】、【改 Y 向筋】修改板底 x 或 y 方向正弯矩配筋及修改主梁、墙或次梁上板面负弯矩配筋。一般情况下应大于原计算配筋。

3.6.5　楼板钢筋

单击【楼板钢筋】，在平面楼面模板图上布置钢筋（按板结构计算的配筋），并可修改已布置的钢筋（已完成钢筋绘制后，才可修改）。一般用于楼板配筋施工图。

【逐间布筋】用光标点取**房间**，每点一间绘制一间的配筋。

【板底正筋】、【支座负筋】分别绘制板底钢筋和板面钢筋，按提示绘图。

【补强正筋】、【补强负筋】绘制非计算的板底、板面钢筋。

【板底通长】、【支座通长】修改板底、板面钢筋为通长。

【区域布筋】、【区域标注】绘制非计算的局部钢筋、标注区域文字说明。

【洞口钢筋】绘制板上洞口加强钢筋。

3.6.6　完成平面施工图

PMCAD 程序平面绘制施工图，可绘制混凝土结构平面布置图（或楼板模板图）和楼面配筋施工图。混凝土结构平面布置图（或楼板模板图），在楼面平面图上表示楼板、梁、柱和楼面洞口等及标注编号（可在梁柱平法的梁、柱布置施工图表示），构件与轴线关系和之间的平面、竖向关系（以标高及局部剖面表示）。楼面配筋施工图，在楼面平面图上表示楼板的配筋。当构件布置较简单时，结构平面布置图（或楼板模板图）可与板配筋平面图合并绘制。

1. 平面图标注

按 09G103～104《民用建筑工程结构设计深度图样》、11G101-1《混凝土结构施工图平面整体表示方法制图规则和构造详图（现浇混凝土框架、剪力墙、梁、板)》的要求，绘制楼板模板图（或结构平面布置图）和楼板配筋图。

混凝土楼板模板图（或结构平面布置图）中标注：板块编号（楼面板 LB、屋面板 WB、悬挑板 XB）、轴线（编号）及尺寸，梁与轴线或梁定位尺寸，柱与轴线的定位尺寸，洞口与轴线（梁）的定位尺寸，以及预制板、预埋件等定位尺寸和布置；现浇楼板编号、板厚和尺寸、楼面标高，梁柱截面、标高和编号（梁柱平法在梁柱施工图表示），剪力墙（筒体）、楼梯等定位尺寸及截面。

楼面配筋施工图标注：现浇楼板的板厚、尺寸、板面标高；现浇板的配筋、构造钢筋。

提示：平面图中以构件形心定位；几何尺寸相同、配筋和构造等相同的构件，编号相同。

2. 标注轴线

在平面模板图或板配筋上标注各轴线。从楼层平面图（图 3-64）上侧下拉菜单的"标注轴线"，出现标注轴线的各种标注方式（图 3-71）。

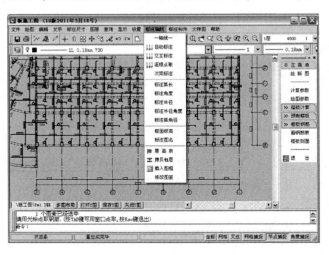

图 3-71　标注轴线下拉菜单

1）标注轴线、定位线。

【自动标注】按设置的标注位置，标注轴线和定位线（网格线）以及尺寸。

【交互标注】选择标注部分轴线。

2）标注弧线长度、角度、半径等。

3）标注楼面标高、标注图名。

4）标注层高表、插入图框等。

3. 标注构件尺寸

在楼板平面图上标注构件尺寸。从楼层平面图（图 3-64）上侧下拉菜单的"标注构件"，标注尺寸。可根据需要选择"手工标注"或"自动标注"。

1）注写梁、柱、墙的平面尺寸，注写板厚。

2）注写混凝土墙上的洞口定位平面尺寸，注写现浇楼板上的洞口定位平面尺寸。

3）标注梁、柱的截面尺寸。

4）标注梁、柱、墙的数字、符号及文字。

4. 结构详图

绘制部分结构详图。从楼层平面图（图 3-64）上侧下拉菜单的"大样图"，绘制大样图。如绘梁截面及配筋图、阳台挑檐配筋图、电梯井基础配筋图等。

3.7　生成平面杆系结构数据文件（PK）

PMCAD 主菜单的【1 建筑模型与荷载输入】中，已输入了结构楼面的所有几何信息和荷载信息。进入 PMCAD 主菜单的【4 形成 PK 文件】，可完成：

1）平面上任意一榀框架的数据文件。

2）任一层次梁按连续梁计算的数据文件。

3）生成底框砌体结构的底层框架数据文件。

单击主菜单的【4 形成 PK 文件】，进入形成
PK 数据文件选项（图 3-72）。

3.7.1　生成框架结构数据文件

单击【框架生成】，进入框架结构计算数据
形成，屏幕右侧为参数选择框（图 3-73）。

风荷载：用光标单击右侧参数选择框（图
3-73）"风荷载"下方的标记，进入风荷载信息

图 3-72　形成 PK 数据文件选项

输入对话框（图 3-74）。根据对话框中提示，选择输入各项信息。单击【确定】后风荷载下方标记由 × 转为 √，风荷载输入有效。

提示："风作用方向与所选框架方向的夹角"不能与框架方向垂直（即不能为 90°）。

图 3-73　参数选择框　　　　图 3-74　风荷载信息输入对话框

　　文件名称：用光标单击右侧参数选择框"文件名称"下方的方框（图 3-73），进入框架数据文件命名（如 KJ-33），按〈Enter〉键后命名有效（不进行此项操作，程序默认文件名为 PK-轴线号）。

　　选取框架：在屏幕下方输入计算框架的轴线号或点取一框架。确定后一榀框架数据文件形成。柱子的计算长度按规范取值，若与实际结构不符，可在 PK 结构计算数据文件中修改；程序自动形成垂直于框架方向的梁对柱子偏心产生的弯矩。

3.7.2　生成上层砌体底层框架结构计算数据文件

　　单击【砖混底框】，进入框支砌体结构的数据文件形成。

　　执行此菜单时，必须先执行 PMCAD 主菜单的【8 砖混结构抗震及其它计算】。在底部框架中若有剪力墙，可以选择将荷载不传给剪力墙而只作用在框架上。生成的底部框架进行砌体结构抗震作用计算时，考虑墙梁作用、梁上荷载折减系数。

3.7.3　生成连续梁结构计算数据文件

　　单击【连梁生成】，进入连续梁结构数据文件形成。

　　点取连续梁所在层号，并用光标选择主梁或次梁（要求在一条直线上并连续），程序自动命名。可点取多根连续梁形成一组，定义名称。图中程序自动形成的支座条件，可修改。

　　提示：形成的 PK 结构计算数据文件，需进行 PK 数据文件检查，然后进行结构计算。

　　【例 3-8】　建模框架-剪力墙结构，共 8 层。第一结构标准层如图 3-75 所示。

（1）建立第一结构标准层，平面布置如图 3-75 所示。第一结构标准层为实际第二层楼面（楼层组装的第一层）。

以 PMCAD 主菜单下的【1 建筑模型与荷载输入】，建立平面网格。

1）建立网格轴线，以梁中心为轴线，尺寸如图 3-75 所示。

操作：进入【轴线输入】，以【正交轴网】、【圆弧】、【两点直线】等操作，输入网格线。

2）定轴线，轴线位于梁中心，轴线命名如图 3-75 所示。

操作：进入【网格生成】，以【形成网点】操作，形成网点；以【轴线命名】操作，命名轴线号。

3）确定结构构件尺寸，布置构件。柱截面：1、3 轴柱矩形截面为 350mm × 400mm，2 轴柱圆截面为直径 350mm，其余柱矩形截面为 450mm × 550mm（包括剪力墙上的柱截面）；梁截面如图 3-75 所示；3、11 轴位于 C、D 轴间（居中）和 3 轴位于 D、E 轴间（距 D 轴 1000mm），有剪力墙墙上开门洞（1500mm × 2400mm），离室内地面为 0；剪力墙厚 250mm。在 6～7 轴间图示位置楼板开洞为一楼梯间，平台梁离 E 轴 1800mm，平台梁截面 250mm × 400mm。楼梯段宽 1600mm。基础顶面标高为 −0.600m。

操作：进入【楼层定义】，以【主梁布置】、【柱布置】、【洞口布置】操作。

提示：布置构件前，单击【新建】定义构件。布置构件可利用构件"偏心对齐"等工具。

4）结构层的板厚 100mm、结构混凝土强度等级为 C30，主要受力钢筋为 HRB335，箍筋、分布筋等为 HPB300。

操作：进入【楼层定义】，在【本层信息】中，确定结构的材料等。

5）在二层 D～E 轴及 6～7 轴之间图示位置，楼板开洞为一楼梯间（图 3-75）；以及 1～3 轴间的圆弧部分楼板厚为 120mm。

操作：进入【楼层定义】，在【楼板生成】中，以【全房间洞】布置楼梯间和【修改厚度】处理圆弧部分楼板。

（2）布置第一结构标准层上（第二层楼层上）的荷载。包括杆件荷载和楼面恒荷载和活荷载。

1）楼面作用有恒荷载和活荷载。实际二层楼面恒载标准值为 1.0kN/m² （不包括板自重），活载标准值为 2.0kN/m²（除楼梯为 2.5kN/m²）；二层屋面恒载标准值为 4.0kN/m²，活载标准值为 1.0kN/m²。

操作：进入【恒活设置】后，定义楼层荷载。进入【楼面荷载】，修改楼板屋面上的荷载。

2）杆件荷载为梁、柱、墙和节点上的荷载。对于楼层周边梁及 1/C、2/C 轴作用有恒载标准值 10kN/m 的线荷载，屋面周边梁或墙均作用有恒载标准值

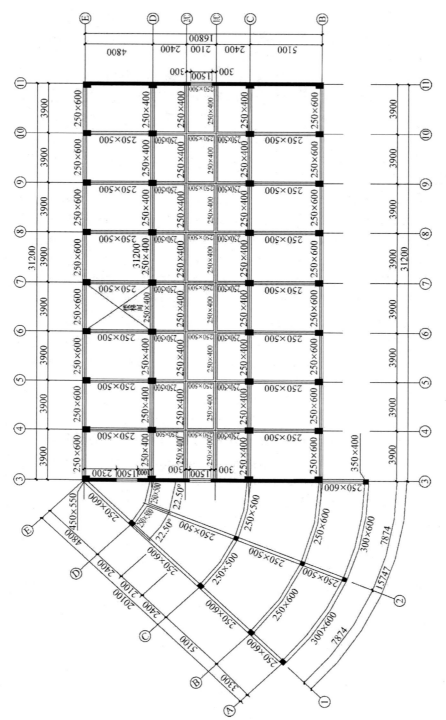

图 3-75　第一结构标准层

6kN/m 的线荷载。在楼梯两侧梁上布置恒载标准值 12kN/m 的线荷载及其他楼梯荷载。楼梯板面荷载为：楼梯段恒载标准值 6.00kN/m²，平台恒载标准值 2.5kN/m²，活载同楼层计算。

操作：①第一层结构标准层，进入【荷载输入】后，以【梁间荷载】等输入杆件荷载。

提示：楼梯为板式楼梯，楼梯板面荷载传递至平台梁和楼梯梁，平台梁的荷载传递至楼梯间两侧的梁上。

②对第一结构标准层，进入【楼面荷载】后，以【楼面恒载】和【楼面活载】修改恒载标准值和活载标准值。

（3）地震烈度7度（0.1g）第一组，周期折减系数0.7，框架抗震等级三级，剪力墙抗震等级二级。考虑风荷载，基本风压 0.45kN/m²，B 类场地，体型系数1.3。梁端负弯矩调幅系数可取0.9。基础顶面离室内地面为600mm。

操作：进入【设计参数】，对每一页进行设置结构计算设计参数。

提示：部分设计参数，按规范取值。

完成第一结构标准层。

（4）建立其他结构标准层。

1）建立第二结构标准层。第二结构标准层，是在第一标准层的平面布置基础上，去除 1～3 轴间的圆弧部分，剪力墙上洞口改为窗口（1500mm × 1500mm），离室内楼面为900mm，其余不变。第二结构标准层，为第三层至第八层楼面（楼层组装的第二至第七层）。楼面荷载和其他荷载同第一结构标准层。

操作：进入【楼层定义】下的【换标准层】，复制第一结构标准层，在第一结构标准层的基础上修改或进行构件布置，形成第二结构标准层。

2）建立第三结构标准层。取消楼梯间和1/C、2/C 轴梁，其余不变。第三结构标准层，为第八层屋面（楼层组装的第八层）。

操作：进入【楼层定义】下的【换标准层】，复制第二结构标准层，在第二结构标准层的基础上修改，形成第三结构标准层。

3）第三结构标准层（八层屋面）恒载标准值为 4.0kN/m²，活载标准值为 0.5kN/m²。屋面周边梁或墙均作用有恒载标准值6kN/m 的线荷载。

操作：①第三层结构标准层，进入【恒活设置】后，定义楼层荷载。

②第三层结构标准层，进入【荷载输入】后，以【梁间荷载】、【墙间荷载】输入杆件荷载。

（5）按结构楼层高度，楼层整体组装结构。实际底层：4500mm（包含地面以下部分）；二层～八层：3600mm。

操作：进入【楼层组装】，将结构标准层组装成整体结构。

【**例3-9**】　画例3-8结构的二层楼板配筋图。绘图采用 A1 图纸。

以 PMCAD 主菜单下的【3画结构平面图】，绘制楼板配筋图。

（1）混凝土板按弹性计算，设计配筋。

1）设置计算参数和绘图参数。选择楼层号为第一层（结构平面为二层）设计。

操作：进入【计算参数】后，以【配筋参数】设置双向板，计算方法为"弹性算法"。进入【绘图参数】设置图纸号、比例等。

2）计算楼板内力，验算楼板的挠度、裂缝。

操作：进入【楼板计算】后，程序按设定的参数计算该层的内力；以【裂缝】、【挠度】验算楼板挠度和裂缝。裂缝宽度不满足，可修改该处的钢筋直径（钢筋面积不能小于计算面积）或加大钢筋面积。挠度不满足，可加大截面等，重新设计结构。

（2）绘制楼板配筋图。

1）绘制施工图。

操作：进入【楼板钢筋】，以各种方式绘制钢筋。在屏幕上方下拉菜单的【标注构件】、【标注轴线】，进入【注板厚】、【楼面标高】、【标注图名】、【插入图框】等及绘制轴线。

2）施工图编辑。

操作：由 PMCAD 主菜单的【7图形编辑、打印及转换】或 AutoCAD，进入图纸修改。

第 4 章　多层及高层建筑设计程序 TAT

TAT 是多层及高层建筑结构空间分析程序。程序采用三维空间模型分析（即考虑结构的空间性能），柱、梁、支撑等杆件采用空间杆系模型，剪力墙采用薄壁柱模型。可计算混凝土框架、框架-剪力墙、剪力墙、筒体等结构（包括多塔、错层等结构），及交叉梁系结构。程序尤其适用于框架结构，以及有规则剪力墙的框剪结构的分析设计。

4.1　TAT 程序的基本功能与应用范围

4.1.1　TAT 程序的输入

1. 几何数据和荷载数据

TAT 程序与结构楼平面设计程序 PMCAD 有数据接口，PMCAD 主菜单的【1 建筑模型与荷载输入】形成了 PMCAD 的几何数据和荷载数据，通过 TAT 程序转换成结构设计的几何数据和竖向荷载数据。几何数据计算构件的刚度，进而形成结构的总刚度，计算结构的地震作用，以及用于结构构件配筋设计。竖向荷载数据成为 TAT 程序内力分析的结构上的作用（竖向外荷载）。

2. 水平作用（水平荷载）数据

按输入的各项风荷载计算参数，TAT 程序形成风荷载数据。根据构筑物的结构特点，修改风荷载数据。

3. 地震作用数据

按输入地震作用计算方法，计算地震作用。计算方法采用结构振型分解反应谱法和结构弹性动力时程法。

4. 竖向活荷载模拟计算

TAT 程序按模拟施工过程，结构上作用实际荷载的形成过程，进行结构竖向荷载作用模拟计算。

4.1.2　TAT 程序

1. TAT 程序的前后连接

1）与 PMCAD 连接生成 TAT 程序所需的几何数据和荷载数据。

2）程序计算的梁、柱配筋结果，与墙梁柱施工图接口连接，作剪力墙、梁、柱配筋施工图。

3）程序计算结果的柱、剪力墙底部内力与基础程序 JCCAD 连接，进行基础设计。

2. 执行 TAT 程序的前数据文件

PMCAD 生成的文件有过程文件和与计算程序（如 TAT、SATWE 等）对接的几何文件和荷载文件，执行 TAT 程序的前数据文件需几何数据和荷载数据。由 PMCAD 生成的数据文件中，以工程名命名的文件（NAME.＊）和以 PM（pm）为扩展名的文件（＊.PM 或 ＊.pm），组成执行 TAT 程序的前数据文件。

提示：在运行 TAT 程序前，建立 TAT 工作文件夹；可将以工程名命名的文件（NAME.＊）以及 PM（pm）为扩展名的文件复制至工作夹。

3. TAT 程序说明

主菜单名称 TAT-8 或 TAT。TAT-8 为限制 8 层及以下（包含地下部分）的计算程序。

TAT 主菜单运行：

1）执行【PKPM】图标，进入 PKPM 系列程序菜单。

2）执行【结构】，进入结构设计计算菜单。出现 TAT 等结构程序菜单。

3）选择 TAT 工作文件夹，执行【TAT】，进入 TAT 程序主菜单，主菜单内容共 6 项（图 4-1）。

提示：本章以 TAT 为例书写。TAT-8 的 4 项与 TAT 前 4 项相同。

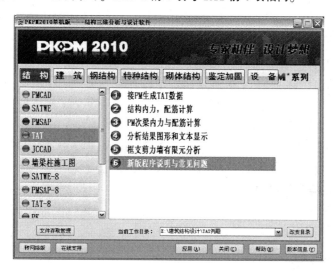

图 4-1　TAT 程序主菜单

4. 程序运行说明

1）几何数据文件和荷载数据文件，是 TAT 程序运行的两个必需主要数据文件，一般由 PMCAD 主菜单第 1 项转换生成。

2）对于特殊构件（框支柱、角柱等）需有特殊构件文件，有梁上风荷载或屋面风荷载需特殊风荷载文件，及其他文件。这些文件可由 PMCAD 转换生成，并可在 TAT 中修改。在不计算特殊构件等时，在工作夹中必须删除相应的文件。

3）TAT 程序结构计算，需执行主菜单的第 1、2 项。【1 接 PM 生成 TAT 数据】将 PMCAD 的数据文件转换成 TAT 的几何数据文件和荷载数据文件，并检查数据和图形，形成的数据文件进行格式检查和物理检查，同时可修改 TAT 程序设计的结构计算参数信息和特殊结构信息；【2 结构内力，配筋计算】进行结构分析和配筋计算。以上两步必须依次完成。若 PMCAD 输入中有次梁方式输入的梁，还需执行主菜单的【3PM 次梁内力与配筋计算】。

4）执行 TAT 主菜单的【4 分析结果图形和文本显示】，计算结果通过图形或文本的形式显示，可通过各种方法分析结果数据，并判断结果的正确性。

5）主菜单的第 5 项，为独立执行程序。执行 TAT 主菜单的【5 框支剪力墙有限元分析】，对一榀框支剪力墙进行进一步分析时，框支剪力墙计算结果可接"墙梁柱施工图"绘制剪力墙施工图。

提示：完成主菜单第 1、2 项后，才能进行第 4 项的运行。

4.2　计算模型的简化

4.2.1　TAT 程序中基本假定

1. 楼板模型

在 TAT 结构分析中，一般假定楼板在平面内为刚性，平面外刚度为零。在一楼板结构层，由于楼板与各柱或墙体连接，柱或墙体的水平位移与此点的楼板位移相同。在此假定下，平面处各柱或墙的水平变位呈线性关系。楼板的刚性是指一物体只能发生平移和转动，而不发生其他弹性变形。但有时结构的楼板为非完全的刚性楼板，需要设置弹性板，分析计算结构。

2. 空间杆件

梁、柱、支撑为空间杆件，采用空间杆件假定。空间杆件模型如图 4-2 所示，其一端的 F_x、F_y、F_z、M_x、M_y、M_z 为 x、y、z 三方向的轴力和弯矩。相应空间杆件模型有六个自由度：三个轴向位移和三个方向转角变形。

3. 薄壁柱

剪力墙采用薄壁杆件的基本假定。对剪力墙的分析采用薄壁杆件假定，其模型如图 4-3 所示。其一端的 F_x、F_y、F_z、M_x、M_y、M_z 为 x、y、z 三方向的轴力和弯矩，B 为 x 方向的双力矩。由剪力墙简化形成的竖向受力结构为薄壁柱。

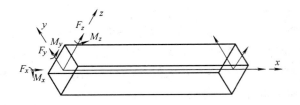

图 4-2   空间杆件模型

薄壁柱在平面内为薄壁柱，平面外刚度为零，即不承受平面外水平力。相应薄壁柱模型有七个自由度：三个轴向位移、三个方向转角和一个翘曲变形。

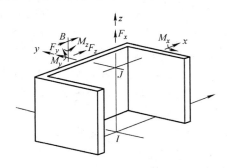

图 4-3   薄壁柱模型

4.2.2   剪力墙计算模型简化

TAT 程序中剪力墙在计算中简化为薄壁构件，因此对剪力墙的输入模型有一定的要求。

1. 剪力墙长度的限制

程序规定剪力墙长度不宜大于 8m，超过 8m 用洞口减小长度；对多肢剪力墙联在一起时，用洞口分开。剪力墙的开洞应使每个薄壁柱的刚度尽量均匀。

剪力墙的简化开洞，洞口一般宽度小于或等于 200mm（高度不限，小于层高），洞口处为深梁连接，在实际施工时按无洞处理。

2. 剪力墙上洞口处理

为了使结构计算满足设计要求，剪力墙洞口（门窗洞口等）一般采用对齐、增加、忽略洞口等方法处理（图 4-4）。

3. 剪力墙墙肢（薄壁柱）间的连梁

剪力墙在墙肢（薄壁柱）之间上下洞口剩余部分的连接，视连接的部分的跨高比处理。当跨高比大于 5 时为一般框架梁分析，而当跨高比小于 5 连接部分为连梁（图 4-5），计算分析模型中，连梁与剪力墙刚性连接。

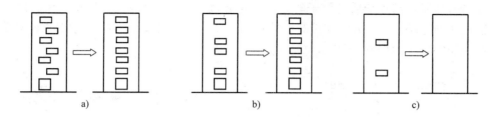

图 4-4　剪力墙洞口简化

a）洞口对齐　b）洞口增加　c）洞口忽略

连梁刚度很大，TAT 程序通过折减连梁刚度的方法处理，但必须保证连梁的延性。

4. 刚域传力

剪力墙简化为薄壁柱模型，薄壁柱为一点传力，当上下薄壁柱不对齐时，即形成刚域。在 TAT 程序计算模型中，当刚域长度大于 2m 时可能引起传力出错，应避免刚域长度过长。刚域长度是指二层上下传力点间的距离，如图 4-6 所示。

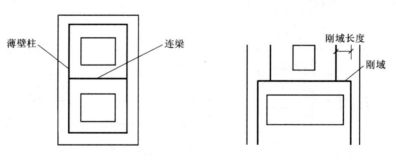

图 4-5　墙梁计算模型简化图　　　　图 4-6　刚域示意图

提示：对于刚域长度大于 2m 的结构，建议采用 SATWE 程序或其他程序。

5. 地下室外墙

地下室外墙一般采用混凝土材料，形成混凝土墙，但在受力上不属于结构的承受墙。在 TAT 程序计算模型时，对底部的混凝土墙体进行简化。

将地下室作为整体结构的一部分。地下室结构采用上部结构第一层的平面布置（柱和剪力墙），忽略外围地下室混凝土墙的受力影响。在总信息中定义地下室层数、计算的构件（柱梁等杆件）内力配筋和基础荷载。由于在整体计算时没有考虑外围地下室混凝土墙的共同工作，计算偏于安全。地下室外围的墙考虑承受侧向土压力，计算其配筋。在设计基础时计算外围混凝土墙的荷载。

6. 剪力墙中的柱

边框柱与剪力墙连接，是剪力墙的一部分。在 TAT 程序计算模型中，边框柱与剪力墙端部连接或柱位于剪力墙交叉点时，简化为墙的一部分（图 4-7a）；边框柱与短墙（$L < 3B$）连接时，简化为一普通柱（图 4-7b）；剪力墙的竖向受弯钢筋配置于边框柱。

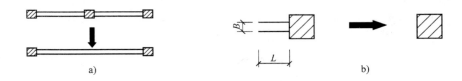

图 4-7　边框柱的处理
a）边框柱简化为墙的一部分　b）边框柱简化为普通柱

4.2.3　错层结构

建筑物中有的楼层只有局部楼板，造成部分柱或墙在某层与该层的楼板和梁不连接（图 4-8 的 1—1 剖面）的错层（跃层）结构。在设计时，有错层存在，引起结构分析复杂，需考虑柱或墙的刚度和内力、柱的计算长度和配筋计算特殊性。

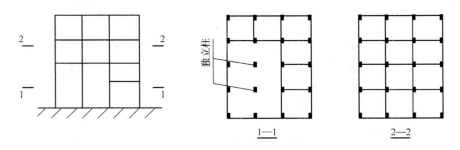

图 4-8　错层示意图

设置错层结构时，在 PMCAD 输入中错层单独设置标准结构层，在没有楼板处输入上下连通的独立柱和剪力墙。程序形成错层结构计算的方法设计结构。

4.3　计算数据准备

TAT 程序的输入数据文件一般由 PMCAD 数据转换得到。若 PMCAD 输入的文件为 NAME，则其计算需要的文件为 NAME.* 和 *.PM（或 pm）的多个文件。

提示：由 NAME.* 和 *.PM（或 pm）的多个文件，可得到 TAT 程序的几何数据和荷

载数据文件。

4.3.1　几何数据和荷载数据文件生成

执行 TAT 程序主菜单的【1 接 PM 生成 TAT 数据】，屏幕显示补充输入及

TAT 数据生成菜单（图 4-9），进入
TAT 前处理。并可选择进行图形检查
与修改。

1. 分析与设计参数补充定义
（必须执行）

在 PMCAD 中已输入的设计参数，
程序将其转为 TAT 程序的设计参数，
并出现在 TAT 参数修正的各项参数对
话框中。程序还需补充一些参数，分
别为总信息、风荷载信息、地震信
息、活荷信息、调整信息、设计信
息、配筋信息、荷载组合、地下室信
息和砌体结构，对话框中输入。对于
一个工程，在第一次启动 TAT 主菜单

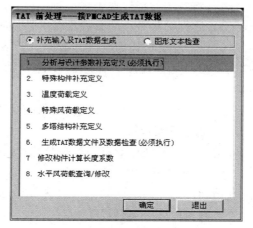

图 4-9　补充输入及 TAT 数据生成菜单

时，程序自动将上述所有参数赋值（取多数工程中常用值作为隐含值）。

提示：进入【分析与设计参数补充定义】修改后，必须重新执行【生成 TAT 数据文件
及数据检查】。

执行【分析与设计参数补充定义】，屏幕弹出 TAT 参数修正（总信息）对
话框，进行设计参数补充输入。TAT 设计参数补充输入详见 4.4 节——TAT 参
数设置。

2. 特殊构件补充定义

对于 PMCAD 建模的构件，主梁与柱连接、支撑与柱连接均为刚接等。实际
结构的连接有其他形式及其他特殊要求，如铰接梁、不调幅梁等，需定义特殊
构件。对于程序形成的特殊构件定义文件数据形成后，屏幕显示特殊梁、柱、
支撑、节点的各层平面构件图，对任意构件可进行抗震等级、材料强度设置，
可修改任一柱的计算长度。

执行【特殊构件补充定义】，进入特殊构件的定义和设定。按操作提示。

1）特殊梁指不调幅梁、一端铰接、两端铰接、滑动支座等。程序自动设置
两端支承于柱或墙（混凝土）上的主梁为调幅梁（该主梁中间可有无柱节点）；
一端铰接、两端铰接梁应根据实际工程进行设置，如 PMCAD 建模中的次梁、交
叉梁改变支承条件。任意主梁的刚度放大系数、扭矩折减系数、调幅系数修改。

提示：程序自动设置按次梁（PMCAD 建模中）输入的梁为铰接梁。

2）特殊柱指上端铰接下端固定柱、上端固定下端铰接柱、两端铰接柱、角柱等。根据实际工程对这些柱进行设置。

提示：程序设定普通柱为两端固定。

3）特殊支撑指铰接支撑。程序设置对钢筋混凝土支撑默认为两端刚接。

4）弹性板指分析时楼板在各种情况下非完全刚性假定。

一般情况下楼板为刚性分析。对于特殊情况，应设置弹性板：弹性楼板 6、弹性楼板 3 和弹性膜。弹性板设置详见 5.2.1 节——SATWE 数据生成及补充输入。

5）抗震等级、材料强度。对每一个构件可进行抗震等级、材料强度设定。

3. 温度荷载计算

输入每层或任意节点的最高升温和最低降温。

4. 特殊风荷载定义

精细计算屋面风荷载。包括屋面上的荷载，梁上竖向风荷载和节点 x、y、z 三个方向风荷载。

5. 多塔结构补充定义

当为多塔结构时，其多塔结构部分不是一个整体刚性平面，而是多个分块刚性平面，需执行【多塔结构补充定义】，程序自动形成多塔数据文件。在计算中，应将多塔的楼层正确划分。查看多塔结构图形，可直接检查。

提示：若修改多塔数据文件，必须重新执行【生成 TAT 数据文件及数据检查】。

定义多塔结构，并检查平面或立面的各塔的关系及确定立面遮挡（用于变形缝处外墙的风荷载计算）。

6. 生成 TAT 数据文件及数据检查（必须执行）

执行【生成 TAT 数据文件及数据检查】，屏幕显示数据文件形成和检查选择框（图 4-10），进入选择 TAT 数据生成和计算选择项。

1）生成 TAT 几何数据和荷载数据：第一次，必须选择。设计参数及特殊构件定义等设置修改，需重新生成数据，则选择。

2）重新计算水平风荷载：不保留上次设置的"水平风荷载查询/修改"的修改，则选择。

3）重新计算柱、支撑、梁的长度系数：不保留上次设置的"修改构件计算长度系数"，则选择。

4）是否考虑梁端弯矩折减："选择"该项，程序将梁柱重叠部分简化为刚域，计算受压钢筋的梁端负弯矩。选择该项适用于柱宽较大、异形柱结构。"不选择"该项，程序以结构内力分析计算简图得到的弯矩（内力效应组合），计算梁端受压钢筋。多层框架一般采用这种选择。

5）温度应力折减系数：输入应力折减系数。对温度变化引起的结构应力，进行折减。

6）框剪结构恒载计算时墙刚度折减系数：计算框剪结构传递基础荷载时，调整剪力墙刚度折减系数（小于1），以减小剪力墙基础力。

完成"生成 TAT 数据文件及数据检查"，程序将 PMCAD 文本生成 TAT 的，检查生成的数据文件。屏幕出现程序生成各项数据文件及检查数据过程，检查后发现错误或可能的错误（如遇

图 4-10　数据文件形成和检查选择框

到结构剪力墙上下洞口不对齐等），屏幕提示出错信息及警告信息。并生成数检报告文件 CHECK. OUT。返回 TAT 前处理。

提示：1）~5）项任一项重新修改，必须重新执行【生成 TAT 数据文件及数据检查】。

7. 修改构件计算长度系数

屏幕显示按规范确定的构件计算长度。可修改所有层的柱计算长度系数、梁计算长度、支撑计算长度。程序默认梁平面外（垂直水平正截面）长度同梁水平正截面计算长度。

提示：一般不修改，但在一些特殊情况下可修改。

8. 水平风荷载查询/修改

程序按规范计算水平风荷载，可校核。需要时可修改。

4.3.2　图形文本检查数据文件

选择 TAT 前处理的【图形文本检查】，屏幕显示图形文本检查与修改菜单（图 4-11），进行结构的各种检查图和检查文件。

1. 各层平面简图

显示各层构件编号、截面尺寸，各层平面图文件名 EP＊. T，打印可作为计算书的一部分。剪力墙编号及剪力墙小节点编号要求小于或等于 30。平面图中，对薄壁柱标注：

$$A1 — A2 — A3$$

A1：该薄壁柱的单元号（薄壁柱构件独立从 1 起始编号）；A2：该薄壁柱的节

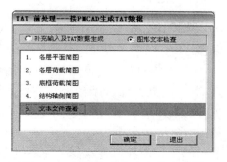

图 4-11　图形文本检查与修改菜单

点号（包括柱在内的连续编号）；A3：薄壁柱与下层连接的下层节点号。

2. 各层荷载简图

显示各层平面构件（梁墙等）的恒载或活载，包括直接输入的荷载和梁两侧楼板和次梁传至梁的荷载。各层荷载图文件名 FL ＊.T，可选择本项作各层的荷载图。

3. 底框荷载简图

底框结构的荷载简图。

4. 结构轴侧简图

以三维形式显示各层的构件。

5. 文本文件查看

查看和修改各种数据文件。程序按修改的数据和工作文件夹目录中补充数据文件进行计算。要特别注意不是多塔结构时，检查是否存在多塔文件。特殊梁柱支撑构件文件和特殊荷载文件，是对特殊用途构件和特殊荷载而设置的，应根据结构和荷载情况检查确定。

提示：错误信息可查看【文本文件查看】下的出错报告 TAT-C. ERR 文件。

单击【确定】，完成数据检查和图形检查。

4.4　TAT 参数设置

单击【分析与设计参数补充定义】，出现 TAT 参数修正（总信息参数）对话框，进入结构计算参数设置。TAT 程序结构分析需补充的参数共十项，它们分别为：总信息、风荷载信息、地震信息、活荷信息、调整信息、设计信息、配筋信息、荷载组合、地下室信息和砌体结构。对于一个工程，在第一次启动TAT 程序主菜单时，程序自动将上述所有参数赋值（取多数工程中常用值作为隐含值）。

4.4.1　总信息参数

选择【总信息】，出现总信息参数对话框（图 4-12），输入结构设计总信息。

（1）水平力与整体坐标夹角　输入水平荷载的作用方向与整体坐标的夹角。当 PMCAD 建模中，结构平面不平行于参考坐标系（有部分斜向结构），而计算所得地震作用、风荷载作用总是沿着坐标轴方向时，将引起计算误差。对规则结构，一般情况下为 0。

（2）混凝土容重　输入混凝土重度。普通混凝土重度一般为 $25kN/m^3$。混凝土重度用于计算混凝土梁、柱、支撑和剪力墙自重。需要考虑梁柱墙上面的

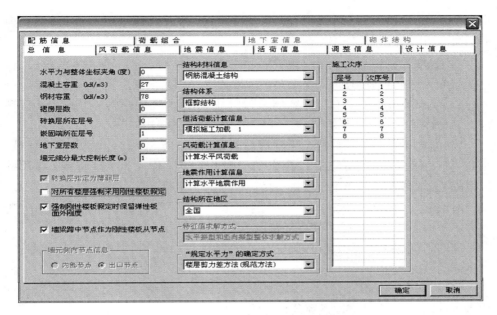

图 4-12　总信息参数对话框

粉刷层重时，混凝土重度可填入适当值（如 $26 \sim 28kN/m^3$）。

（3）钢材容重　输入钢材重度，用于钢结构设计。

（4）裙房层数　输入裙房层数。由建模楼层整体组装层时的裙房层数。无裙房填 0。

（5）转换层所在层号　一般结构不设置，填 0。转换层在复杂高层建筑结构设计中使用。

（6）嵌固端所在层号　按建模楼层整体组装中的层号，输入上部结构分析的嵌固层号。在基础顶面嵌固，则嵌固层为 1。

（7）地下室层数　输入建模楼层整体组装中的地下室层数。在结构分析中，地下室与上部结构共同分析。地下室层数将影响总刚度、风荷载、地震作用的计算、结构的构造措施。

（8）墙元细分最大控制长度　一般输入 0。在楼板的异型板或厚板有限元分析时，需设定墙元细分最大控制长度。

（9）转换层指定为薄弱层　对一般结构不选择。

（10）对所有楼层强制采用刚性楼板假定　一般不选择该项。只当有弹性板假定时，计算结构位移比需要选择此项。

（11）强制刚性楼板假定时保留弹性板面外刚度　有楼板假定采用弹性板 3、弹性板 6 时，需选择。选择，对于弹性板 3 和弹性板 6 均按弹性板 3 假定。不选择，对于弹性板 3 和弹性板 6 按刚性楼板计算。

（12）墙梁跨中节点作为刚性楼板从节点　一般结构不考虑。用于框支剪力墙结构分析。

（13）墙元侧向节点信息　一般选择"内部节点"。

（14）结构材料信息　混凝土结构一般选择"钢筋混凝土结构"。

（15）结构体系　选择"结构体系"，程序根据所选的结构体系采用相应规范。结构体系分为框架、框架-剪力墙、框架-筒体等结构体系。

（16）恒活荷载计算信息　恒活荷载为建筑结构上作用的恒荷载和活荷载，恒载包括楼板、梁、柱的自重以及作用于其上的恒荷载（非承重墙重、楼面装饰重等），活荷载包括作用于楼板、梁、柱上的活荷载。

多层框架结构，一般选择"一次性加载"。程序在计算结构竖向内力分析时，不考虑实际施工中受力变形和每层找平过程中柱或墙的变形。

高层结构选择"模拟施工加载1"、"模拟施工加载2"、"模拟施工加载3"，对不同的情况采用。

（17）风荷载计算信息　一般结构情况下选择"计算风荷载"。程序结构设计考虑计算 x、y 两个方向风荷载作用效应。

（18）地震作用计算信息　对不考虑地震作用效应的结构，选择"不计算地震作用"。而对于一般的抗震结构，考虑水平地震作用效应，选择"计算水平地震作用"。

（19）结构所在地区　一般选择"全国"，程序采用国家规范和标准。

（20）特征值求解方式　一般不选择。当选择"计算水平和反应谱方法竖向地震"时，才选择该项。

（21）"规定水平力"的确定方式　水平地震作用计算方法选择。一般按 GB 50011—2010《建筑抗震设计规范》第 5.2.1 条，选择"楼层剪力差方法（规范方法）"计算。

（22）施工次序　设置按实际施工次序，计算荷载作用的内力。

4.4.2　风荷载信息参数

选择【风荷载信息】，出现风荷载信息参数对话框（图4-13），输入结构设计的风荷载计算时信息。若在总信息中选择了不计算风荷载，可不考虑本页参数的取值。

（1）地面粗糙度类别　输入建筑物周围的地面粗糙度，用于计算风荷载。采用分为 A、B、C、D 四类。

（2）修正后的基本风压　输入结构的修正后的基本风压。可根据 GB 50009—2012《建筑结构荷载规范》取值，单位 kN/m^2。有特殊要求的建筑或场地环境，考虑修正放大。

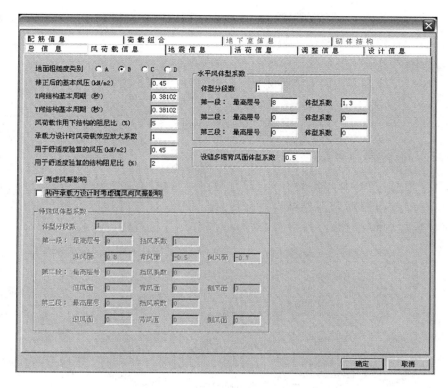

图 4-13　风荷载信息参数对话框

（3）X、Y 向结构基本周期（秒）　输入结构基本自振周期，用于计算风荷载。屏幕显示默认值为按近似方法计算。如需精确的风荷载，可通过操作第二次计算风荷载。

（4）风荷载作用下结构的阻尼比（%）　输入结构阻尼比，用于计算风荷载。根据结构材料，程序赋初值。

（5）承载力设计时风荷载效应放大系数　输入风荷载效应放大系数。一般不放大，只在高层建筑或特殊构造时考虑放大。

（6）用于舒服度验算的风压、结构阻尼比　一般结构可不考虑。不小于150m 高层结构才需考虑舒服度验算。

（7）考虑风振影响　一般结构不考虑风振影响。

（8）构件承载力设计时考虑横风向风振影响　一般结构不考虑。

（9）水平风体型系数　通常建筑结构风荷载为水平荷载，输入计算参数。

1）体型分段数：输入结构体型分段数，用于构筑物体型引起的风荷载分段计算。一般多层结构不用分段。若体型系数只分一段或两段时，第二段或第三段的信息可不填。

2）各段最高层号：输入各段最高层号，用于确定该段的体型系数。最高层号为 PMCAD 建模楼层整体组装的层号。

3）输入各段体型系数。

（10）设缝多塔背风面体型系数　一般结构输入不考虑（输入 0）。有设缝多塔结构才设置。

（11）特殊风体型系数　一般建筑结构不进行特殊风荷载计算。

4.4.3　地震信息参数

在"总信息"中，选择"不计算地震作用"，只需输入地震烈度、框架抗震等级和剪力墙抗震等级，作结构的抗震构造信息。单击【地震信息】，出现地震信息参数对话框（图 4-14），输入结构地震作用及抗震构造信息。

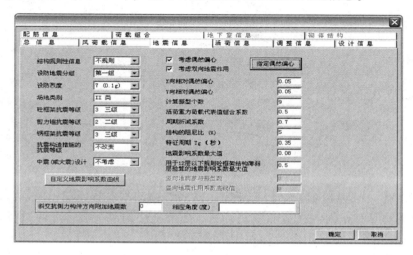

图 4-14　地震信息参数对话框

（1）结构规则性信息　对一般建筑，选择"规则"。质量和刚度分布明显不对称、不均匀的结构，应选择"不规则"。

（2）设防地震分组、设防烈度　选择设计地震分组、结构的地震设防烈度和设计基本地震加速度。

（3）场地类别　输入建筑物场地类别。场地类别可取值 I 0 类、 I 1 类、 II 类、 III 类、 IV 类。场地类别由地质资料提供。

（4）砼框架抗震等级、剪力墙抗震等级　分别选择现浇钢筋混凝土框架、剪力墙的抗震等级。可取特一级、一级、二级、三级、四级、不考虑。程序根据选择的结构抗震等级，对框架或剪力墙结构作相应的计算和构造设防。框架抗震等级和剪力墙抗震等级按《建筑抗震设计规范》表 6.1.2 确定。

（5）钢框架抗震等级　混凝土结构可不选择。

（6）抗震构造措施的抗震等级　选择抗震构造措施等级相对结构抗震等级的级别。

（7）中震（或大震）设计　一般结构的分析和设计，不考虑。

（8）自定义地震影响系数曲线　一般结构不考虑。

（9）考虑偶然偏心　平面布置简单、基本规则的结构，可以考虑以偶然偏心方式调整地震作用。以考虑偶然偏心方法计算地震作用时，选择。当不考虑偶然偏心方法计算地震作用时，不选择。

（10）X、Y 向相对偶然偏心　输入 x、y 向相对偶然偏心。计算地震作用时，应考虑偶然偏心引起的可能最不利地震作用的影响，附加偏心距可取与地震作用方向垂直的建筑物边长的 5%。

（11）指定偶然偏心　以文本的形式，写入分层分塔的相对偶然偏心值。

（12）考虑双向地震作用　一般当结构质量和刚度分布明显不对称时，计算水平地震作用扭转效应。考虑结构双向地震作用扭转效应计算，选择。当不考虑扭转耦联影响时，不选择。

提示：当同时选择"考虑偶然偏心"和"考虑双向地震作用"，程序分别输出，并自动选择地震作用最大值。

（13）计算振型个数　输入结构计算地震作用的振型个数。

1）结构刚度采用"侧刚"计算，不考虑耦联振动，计算振型数不得大于结构层数。一般取为 3。

2）结构刚度采用"侧刚"计算，且考虑耦联振动，计算振型数不得大于 3 倍的结构层数，一般取大于 9。

3）结构刚度采用"总刚"计算，一般取大于 12。对于结构设置有较多"弹性节点"，采用总刚计算。

振型数的大小与结构层数及结构形式有关，当结构层数较多或结构层刚度突变较大时，振型数也应取得多些，如顶部有小塔楼等结构形式。当有效质量系数大于 90%，就可说明计算振型个数已够（有效质量系数由楼层位移文本文件 TAT-4. OUT 查看）。

提示："侧刚"、"总刚"详见 4.5.1——结构分析及配筋。

（14）活荷重力荷载代表值组合系数　输入活荷重力荷载代表值组合系数（0.5～1.0）。一般取为 0.5。

（15）周期折减系数　输入周期折减系数（0.7～1.0）。框架结构，填充墙较多时可取用（0.6～0.7），填充墙较少时取用（0.7～0.8）；框架-剪力墙结构和筒体-剪力墙取用（0.8～0.9）；纯剪力墙结构的周期不折减。

提示：框架结构上的填充墙会使结构上的实际地震作用比计算值偏小，因此采用周期折减的方法放大地震作用。

（16）结构的阻尼比（％）　输入用于风荷载计算的结构的阻尼比（％）。混凝土结构取 5，钢结构取 2、混合结构取 3。

（17）特征周期 Tg（秒）　输入特征周期值，该系数随设计地震分组、场地类别及地震烈度而变化。程序隐含为规范值。

（18）地震影响系数最大值　输入地震影响系数最大值，该系数随地震烈度而变化。程序隐含为规范值。

（19）斜交抗侧力构件方向附加地震数　输入需进行斜向附加地震作用计算的次数。有大于 15°斜交抗侧力构件的结构，应分别计算各抗侧力构件方向的水平地震作用。

（20）相应角度　输入与附加地震次数相应的角度。

4.4.4　活荷载信息

选择【活荷信息】，出现活荷载信息参数对话框（图 4-15），输入活荷载折减参数等。若在 4.4.1 节"总信息"参数中，选择"不计算恒活荷载"，即恒活荷载不分开计算内力，可不输入活荷载分析时的参数。

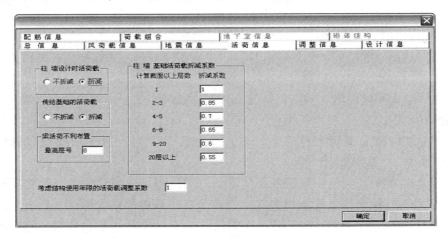

图 4-15　活荷载信息参数对话框

（1）柱墙设计时活荷载、传给基础的活荷载　按《建筑结构荷载规范》柱和墙、基础设计时可考虑楼面活荷载折减。柱和墙设计时或传给基础的活荷载考虑折减，选择"折减"。柱和墙设计时或传给基础的活荷载不考虑折减，选择"不折减"。

（2）梁活荷不利布置　底层至最高层号的梁，考虑活荷载最不利布置计算内力。

最高层号：输入梁活荷载不利布置计算的最高层号。一般输入结构总层数。楼面活荷载相对较小的结构，输入 0。但需考虑梁弯矩放大。

（3）柱、墙、基础活荷载折减系数　输入柱、墙、基础活荷载折减系数。程序显示隐含值，可以修改。

（4）考虑结构使用年限的活荷载调整系数　输入考虑设计使用年限的可变荷载（楼面活荷载）调整系数。设计使用年限为 50 年时取 1.0，设计使用年限为 100 年时取 1.1。

4.4.5　调整信息

选择【调整信息】，出现调整信息参数对话框（图 4-16），输入结构或构件刚度内力调整信息。

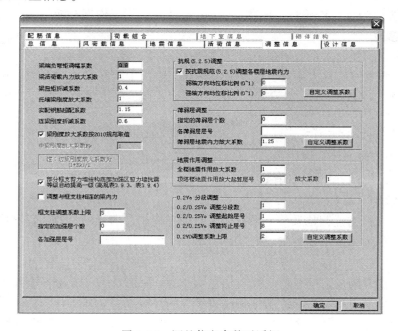

图 4-16　调整信息参数对话框

（1）梁端负弯矩调幅系数　输入梁端负弯矩调幅系数，范围为 0.8～1.0。一般工程取 0.85。竖向荷载作用下，钢筋混凝土框架梁设计允许考虑混凝土的塑性变形内力重分布。

（2）梁活荷载内力放大系数　输入活荷载内力放大系数，值取 1.0～1.3。在 4.4.4——活荷载信息中考虑梁活荷载的不利分布时，此系数填 1；仅按满布荷载计算时，内力增大（一般取 1.2）。

（3）梁扭矩折减系数　输入梁扭矩折减系数，取值 0～±1，一般工程取

0.4。对于现浇楼板结构，可以考虑楼板对梁抗扭的作用而对梁的扭矩进行折减。

在混凝土结构设计时，可第一次考虑梁扭转折减，计算梁上无扭矩的直梁；第二次不考虑扭转的折减，计算梁上有扭矩的梁（如弧梁）。

（4）托墙梁刚度放大系数　一般结构不考虑，输入放大系数为1。

（5）实配钢筋超配系数　一般结构该系数为1~1.15。用于验算结构弹塑性变形，一般结构不考虑。

（6）连梁刚度折减系数　一般框架结构不考虑。有剪力墙时输入墙肢间（剪力墙）连梁刚度折减系数，可为0.55~1.0，一般可取0.7。

提示：连梁为跨高比小于5的剪力墙墙肢间的梁。

（7）梁刚度放大系数　考虑现浇混凝土梁侧板影响，梁刚度放大。当梁侧没有楼板或为预制楼板时，该数值应为1。可在"特殊构件补充定义"的特殊梁设置处修改。

1）梁刚度放大系数按2010规范取值：选择，程序取规范值。

2）中梁刚度放大系数：以上1）不选，输入中梁刚度放大系数。梁刚度放大系数 B_k（1.5~2.0），一般为2.0。程序取边梁的刚度放大系数为 $1.0 + (B_k - 1)/2$。

（8）部分框支剪力墙结构底部加强区剪力墙抗震等级自动提高一级　一般框架结构不用考虑。框架-剪力墙结构按规范确定。

（9）调整与框支柱相连的梁内力　一般框架结构不用考虑。当有框支剪力墙时考虑。

（10）框支柱调整系数上限　输入与框支柱相连的梁内力的调整系数限值。

（11）加强区　在框架-筒、筒中筒结构如设置加强层，程序对加强层做构造措施。

1）指定的加强层个数：输入加强层个数。一般结构不考虑，输入0。

2）各加强层层号：输入加强层层号。层号以逗号分开。

（12）抗规（5.2.5）调整　抗震验算时，按《建筑抗震设计规范》第5.2.5条规定，结构任一楼层的水平地震的剪重比不应小于该规范表5.2.5给出的最小地震剪力系数 λ。

1）按抗震规范（表5.2.5）调整各楼层地震内力：选择，程序进行各楼层地震内力调整。

2）弱轴、强轴方向动位移比例（0~1）：输入结构的弱轴、强轴方向动位移比例。用于只底层地震总剪力不满足，调整各层的地震最小剪力。自振周期 $T_s < T_g$ 时，为0；自振周期 $T_g < T_s < 5T_g$ 时，为0.5；$T_s > 5T_g$ 时，为1。

3）自定义调整系数：当不按1）调整，可以文本的形式输入"强制指定剪重比调整系数"。

（13）薄弱层调整 对平面规则而竖向不规则的建筑结构，薄弱层的内力调整。

1）指定的薄弱层个数：输入薄弱层个数。

2）各薄弱层层号：输入相应各薄弱层层号。

3）薄弱层地震内力放大系数：输入放大系数。一般为 1.25。

提示：薄弱层按规范规定的层刚度比、楼层承载力比、楼层弹塑性层间位移角来判断。

（14）地震作用调整 对结构计算的地震作用放大。

1）全楼地震作用放大系数：输入地震作用放大系数，取值范围是 1.0~1.5。

2）顶塔楼地震作用放大起算层号：输入顶塔楼内力放大起算层号。

3）放大系数：有顶塔楼时，输入顶塔楼内力放大系数（$R_{tl} \geq 1$）。一般结构输入 1。

提示：当结构分析时，振型数足够（有效质量系数大于 90%）**可不用放大。**

（15）$0.2V_0$ 分段调整 一般结构不考虑。只对框-剪结构，其框架部分进行地震剪力的调整。

1）$0.2/0.25V_0$ 调整分段数：输入调整分段数。

2）$0.2/0.25V_0$ 调整起始层号、调整终止层号：输入 $0.2/0.25V_0$ 调整起算层、终止层号。若不调整，这两个数均填 0。

3）$0.2V_0$ 调整系数上限：输入调整系数限制值。

4.4.6 设计信息参数

单击【设计信息】，出现设计信息参数对话框（图 4-17），输入结构设计的荷载分项系数、组合系数等设计信息。

（1）结构重要性系数 输入结构重要性系数。根据设计建筑物性质选择结构的重要性系数。一般结构取 1.0。

（2）梁、柱保护层厚度 输入梁、柱保护层厚度。一般取 20mm。钢筋保护层为钢筋边缘至混凝土截面外缘。程序在计算钢筋合力点到截面边缘的距离时取：单排配筋时为保护层厚度 +10mm +12.5mm，双排配筋时为保护层厚度 + 10mm +12.5mm +25mm。

（3）考虑 P-Δ 效应 一般混凝土结构不考虑。

（4）梁柱重叠部分简化为刚域 一般多层框架不作为刚域。

不选择，程序认定梁柱交叠部分为梁的一部分。

选择，该项梁柱重叠部分简化作为刚域。

（5）按高规或高钢规进行构件设计 对高层混凝土结构，按高层混凝土结

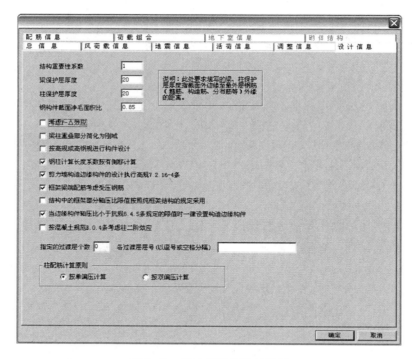

图 4-17　设计信息参数对话框

构荷载组合计算并设计构件，选择该项。对混凝土结构，按混凝土结构荷载组合计算并设计构件，不选择该项。

（6）钢柱计算长度系数按有侧移计算　对该项混凝土结构无影响，不选择。

（7）剪力墙构造边缘构件的设计执行高规 7.2.16-4 条　一般不选择。只当连体结构、错层结构，并进行抗震设计时考虑。

（8）框架梁端配筋考虑受压钢筋　一般不选择。只当设计时考虑框架梁的梁端弯矩调幅，需选择。还有抗震设计要求时，需选择。

（9）结构中的框架部分轴压比限值按照纯框架结构的规定采用　一般不选择。只有当框剪结构设计时，框架部分的轴压比限值按框架结构的规定采用。

（10）当边缘构件轴压比小于抗规 6.4.5 条规定的限值时一律设置构造边缘构件　一般不选择。只当考虑抗震墙的重要性时，考虑选择。

（11）按混凝土规范 B.0.4 条考虑二阶效应　一般不选择。只在排架结构柱设计时考虑。

（12）B 级高层建筑剪力墙的过渡层设置　一般结构不设置。只当 B 级高度高层建筑剪力墙需要时，设置过渡层。

（13）柱配筋计算原则　选择结构构件设计计算柱受力纵筋的方式。

按单偏压计算：程序按单偏压计算公式分别计算柱两个方向的配筋。

按双偏压计算：程序按双偏压计算公式计算柱的两个方向的配筋和角筋。

4.4.7　配筋信息参数

单击【配筋信息】，出现配筋信息参数对话框（图 4-18），输入结构构件的钢筋材性及构造参数等。

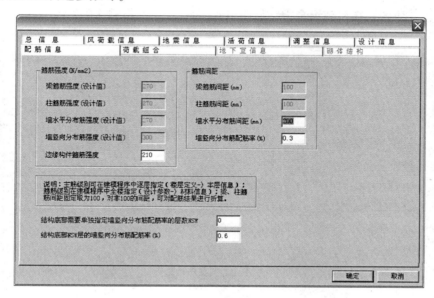

图 4-18　配筋信息参数对话框

（1）箍筋强度　显示或输入箍筋设计强度。

1）梁箍筋强度、柱箍筋强度、墙水平分布筋强度、墙竖向分布筋强度（设计值）：显示在 PMCAD 中输入的各项强度设计值，只可查看。

2）边缘构件箍筋强度：输入边缘构件箍筋强度设计值。

（2）箍筋间距　显示或输入箍筋间距。

1）梁箍筋间距、柱箍筋间距：显示在 PMCAD 中输入的各项强度设计值，只可查看。

2）墙水平分布筋间距（mm）：有剪力墙时，输入墙水平筋间距，要求钢筋间距不应大于 300mm。设计中抗震区常采用 250mm。

3）墙竖向分布筋配筋率（%）：有剪力墙时，输入规范要求的墙竖向分布筋配筋率（%），可填 0.15 ~ 1.2 之间的数。

（3）结构底部需要单独指定墙竖向分布筋配筋率的层数 NSW　剪力墙结构底部加强部位（或不同非加强区）的层数。无剪力墙，输入 0。

（4）结构底部 NSW 层的墙竖向分布筋配筋率　输入剪力墙结构底部加强部

位（或不同非加强区）的墙竖向分布筋配筋率。无剪力墙，输入 0。

4.4.8 荷载组合参数

选择【荷载组合】，出现荷载组合参数对话框（图 4-19），输入结构设计的荷载分项系数和效应组合参数等，屏幕显示的参数按《建筑结构荷载规范》默认设置。注意：在荷载组合中，程序自动考虑（1.35 恒载 +0.7×1.4 活载）的组合。

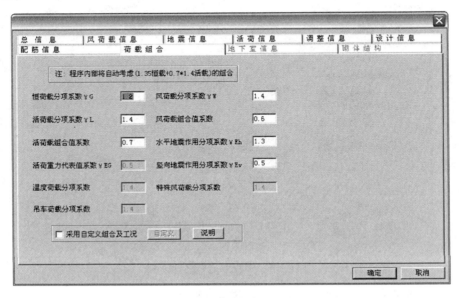

图 4-19 荷载组合参数对话框

（1）恒荷载分项系数 输入恒荷载分项系数。恒荷载分项系数为永久荷载分项系数，按规范一般取 1.2。

（2）活荷载分项系数、风荷载分项系数 输入活荷载分项系数、风荷载分项系数。可变荷载分项系数规范值一般为 1.4。

（3）活荷载组合值系数 输入活荷载组合值系数。一般永久荷载控制的组合取 0.7，由可变荷载控制的组合取 1.0。

（4）风荷载组合值系数 输入风荷载组合值系数。多层建筑风荷载组合值系数取 0.6，高层建筑取 1.0。

（5）活荷重力代表值系数 输入活荷重力代表值系数，一般可取 0.5。

（6）水平地震作用分项系数、竖向地震作用分项系数 分别输入水平地震作用分项系数、竖向地震作用分项系数。按规范规定，只有水平地震作用分项系数为 1.3；只有竖向地震作用分项系数为 1.3。

（7）温度荷载分项系数、吊车荷载分项系数、特殊风荷载分项系数　分别输入温度荷载分项系数、吊车荷载分项系数、特殊风荷载分项系数，按规范为 1.4。

（8）采用自定义组合及工况　一般不选择。

4.4.9　地下室信息参数

当在 4.4.1 节的"总信息"参数中，输入"地下室层数"时，选择【地下室信息】，屏幕显示地下室信息参数对话框（图 4-20），输入地下室结构设计参数等。

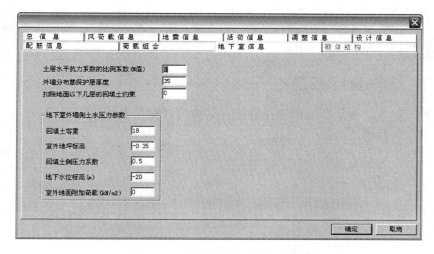

图 4-20　地下室信息参数对话框

（1）土层水平抗力系数的比例系数（M 值）　输入土层水平抗力系数的比例系数。一般为 2.5～35（由回填土的性质决定）。该系数为计算地下室侧向约束的附加刚度。

若地下室无水平位移，则输入负的地下室层数。

（2）外墙分布筋保护层厚度　输入外墙分布筋保护层厚度。规范取钢筋保护层厚度 35mm 或 50mm（考虑防水时）。

（3）扣除地面以下几层的回填土约束　输入室外不回填土的地下室层数。该值大于或等于 0，并小于或等于地下室层数。

（4）地下室外墙侧土水压力参数　用于地下室外墙设计。

1）回填土容重：输入回填土重度。外围回填土重度一般取 18～20kN/m³。

2）室外地坪标高：输入建筑物室外地面标高（m）。以高于建筑 ±0.000 标高为正。

3）回填土的侧压力系数：输入回填土的侧压力系数。按 GB 50007—2011 《建筑地基基础设计规范》附录取值。

4）地下水位标高：输入地下水位标高（m）。以高于建筑 ±0.000 标高 为正。

5）室外地面附加荷载：输入室外地面附加荷载，即地下室外围地面的其他 竖向荷载（kN/m^2）。

4.5 结构分析及构件设计

结构计算由主菜单第 2、3 项完成。主菜单的【2 结构内力，配筋计算】必 须执行；只有**次梁输入**（在 PMCAD 中）时，主菜单的【3PM 次梁内力与配筋 计算】执行。

4.5.1 结构分析及配筋

TAT 程序结构分析采用弹性分析，结构构件按荷载规范进行效应组合，对 混凝土构件按规范进行构件设计。

执行 TAT 主菜单的【2 结构内力，配筋计算】，屏幕弹出 TAT 计算参数选择 框（图 4-21）。

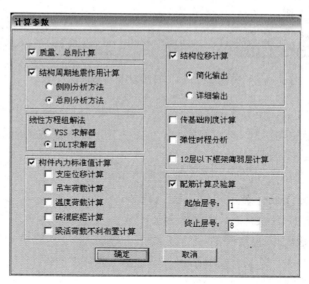

图 4-21 TAT 计算参数选择框

（1）质量、总刚计算 计算结构质量、质心坐标和分块、刚度。通过计算 可得到各层的质量、质心坐标以及质量矩（形成 TAT-M. OUT 文件）。

选择，进行结构质量、总刚度计算。第一次计算时，必须选择。若不改变几何数据，在以后可不选择。

提示：在计算质量中，以构件轴线和层高为计算长度确定梁、柱和墙的自重和荷载，有一些误差。建议建模时，避免布置构件离轴线过远。

（2）结构周期地震作用计算　采用振型分解法计算结构的地震作用。

选择，进行地震作用计算。在地震作用分析的振型分解法中，结构刚度计算可采用侧刚度和总（整体）刚度计算两种方法。刚度计算方法可选择侧刚或总刚。

1）对于楼板满足刚性楼板假定的结构或分块楼板刚性的多塔结构，可选择"侧刚分析方法"。侧刚度（抗侧刚）计算方法是一种简化计算方法。

2）而对于选择"总刚分析方法"，程序采用该方法计算刚度。总（整体）刚度计算方法直接采用结构的总刚和与之相应的质量进行地震反应分析。这种方法适用各种结构分析，可准确分析结构每层和各构件的空间反应。

当运算完刚度后，形成 SHID. MID 文件，存放结构的刚度矩阵和柔度矩阵。周期、地震作用存放于 TAT-4. OUT 输出文件。

（3）线性方程组解法　线性方程组解法选择。

1）选择"VSS 求解器"，程序采用 VSS 向量稀疏求解器，一般选择该求解器。注意：采用"模拟施工加载 3"时，只能采用"VSS 求解器"。

2）选择"LDLT 求解器"，程序采用 LDLT 三角分解方法。

（4）计算各项内力标准值。

1）构件内力标准值计算：选择，计算恒活荷载、风荷载、地震作用时的所有杆件的内力标准值。输出文件 NL-∗. OUT（∗为层号）。

2）支座位移计算：选择，计算支座位移引起的所有杆件的内力标准值。

3）吊车荷载计算：选择，计算吊车荷载作用下的所有杆件的内力标准值。

4）温度荷载计算：选择，计算温度变化引起的所有杆件的内力标准值。

5）梁活荷载不利布置计算：选择，梁活荷载不利布置，对每一层进行不利活荷载布置内力计算，但没有考虑不同楼层之间活荷载的布置影响。对于楼面活荷载比较大的结构，应选择。得到的梁最不利正弯矩和负弯矩，与恒、风、地震作用组合后得出梁的最不利组合内力。

对于楼面活荷载相对较小的结构可不选择该项，但需考虑梁弯矩放大。

提示：选择该项，则在 4.4.5 节的"调整信息"参数对话框中，"梁弯矩放大系数"只能取 1。

（5）结构位移计算及输出。

1）结构位移计算：选择，进行结构位移计算，用于控制结构的位移是否满足规范要求。楼层水平位移存放于 TAT-4. OUT 输出文件。

2）选择"简化输出"，输出楼层水平位移。

3）选择"详细输出"，比"简化输出"增加输出各层各节点各工况的位移值和柱间位移值。

提示：计算结构位移时，应对所有楼层采用刚性楼板假定（设置后重新计算），不考虑地震偶然偏心的影响。

（6）传基础刚度计算　选择，程序形成传基础的上部结构刚度，作上刚度凝聚工作。在基础计算时，考虑上部结构的实际刚度，使之上下共同工作。而对上部结构无影响。

（7）弹性时程分析　选择弹性时程分析地震作用。

（8）12层以下框架薄弱层计算　按《建筑抗震设计规范》第5.5.2条规定，只在罕遇地震作用下框架结构薄弱层作弹塑性变形验算，即各层的弹塑性位移和层间位移满足要求。

选择，对已完成各层的内力、配筋计算的纯框架，进行各层的弹塑性位移和层间位移计算。按《建筑抗震设计规范》求各层屈服系数，当有小于0.5的屈服系数时，薄弱层存在，输出文件TAT-K.OUT。当选择"12层以下框架薄弱层计算"时，先通过第一次计算结果判断出薄弱层，第二次计算时再对此项进行填写，输出计算各层的弹塑性位移和层间位移。

（9）配筋计算及验算　选择，计算结构构件的配筋及构造验算。根据计算需要选择连续几层或所有层。计算以层为单位进行，每层输出一个配筋文件PJ-*.OUT（*为层号）。不计算构件配筋，可不选择。

提示：对需计算的项目进行选择。用鼠标点取各项计算控制参数，该项控制参数的取值在"算"和"不算"之间切换，"√"的含义为计算。

4.5.2　PM 次梁计算

执行 TAT 主菜单的【3PM 次梁内力与配筋计算】，程序将对 PMCAD 中输入的所有次梁，按连续梁的方式一次全部计算，并进行配筋。可以与主梁配筋一起，通过"墙梁柱施工图"，绘制梁配筋施工图。

提示：在 PMCAD 中无次梁输入，则可不执行该项菜单。

4.6　计算结果输出

执行 TAT 主菜单的【4 分析结果图形和文本显示】，屏幕弹出 TAT 计算结果输出菜单（图4-22）和文本文件菜单。可检查或查询各项结果，并且通过对各项输出结果的分析，判断结构分析的正确性和结构的合理性。

图 4-22　TAT 计算结果输出菜单

4.6.1　图形文件输出

图形输出有混凝土构件配筋量图、构件内力图等，共有 10 项图形文本输出。

1. 混凝土构件配筋与钢构件验算简图

单击【混凝土构件配筋与钢构件验算简图】，屏幕显示各层柱、梁、墙配筋量或配筋率图（图 4-23），可由右侧菜单控制显示内容及其他。图中配筋结果已进位，保留一位小数（cm^2 或%）。配筋简图文件名为 PJ∗·T，其中 ∗ 代表层号。

柱、梁、墙配筋量图中的配筋量大小，反映构件的截面取值是否合理。一般情况下梁不能超筋，最好在经济配筋率的范围；柱轴压比大部分为 0.7 以下，不能大于规范最大值。

（1）矩形混凝土柱　矩形混凝土柱配筋量图（图 4-24），图中：A_{sc} 为柱角筋的面积（双偏压角筋面积），A_{sx}、A_{sy} 为柱的单边配筋（包括角筋），柱全截面的配筋面积 $A_s = 2(A_{sx} + A_{sy}) - 4A_{sc}$；$A_{svj}$ 为柱节点域的箍筋面积；A_{sv} 为柱加密区在 S_c 范围内抗剪箍筋面积，且考虑了体积配箍率的要求；A_{sv0} 为柱非密区在 S_c 范围内抗剪箍筋面积；U_c 为柱的轴压比；G 为箍筋标志。

（2）圆形混凝土柱　圆形混凝土柱配筋量图（图 4-25），图中：A_s 为圆柱配筋的面积；A_{svj} 为柱节点域的箍筋面积（cm^2）；A_{sv} 为柱加密区在 S_c 范围内斜截面抗剪箍筋面积（cm^2），且考虑了体积配箍率的要求；A_{sv0} 为柱非密区在 S_c

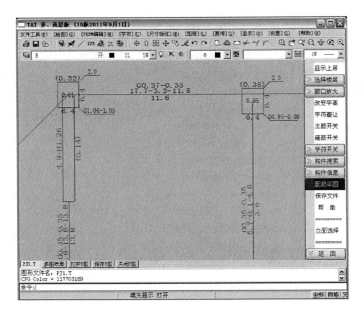

图 4-23　柱、梁、墙配筋量图

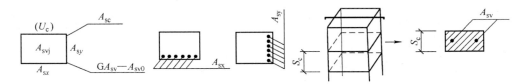

图 4-24　矩形混凝土柱配筋量图

范围内斜截面抗剪箍筋面积（cm^2）；U_c 为柱的轴压比。

（3）矩形混凝土梁　矩形混凝土梁配筋量图（图 4-26），图中：A_{s1}、A_{s2}、A_{s3} 为梁上部（负弯矩）左端、跨中、右端配筋面积；A_{sm} 为梁底的最大配筋面积；A_{sv} 为梁在加密区 S_b 的箍筋面积；A_{sv0} 为梁在非加密区 S_b 的箍筋面积，取值为抗剪箍筋面积和剪扭箍筋面积的较大值；A_{st} 为梁受扭纵筋面积（为零时不输出）；A_{st1} 为梁受扭箍筋面积（为零时不输出）；G、VT 为箍筋、剪扭配筋标志。

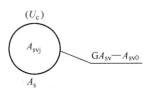

图 4-25　圆形混凝土
柱配筋量图

提示：$\xi \leqslant \xi_b$，按单筋截面计算；$\xi > \xi_b$，按双筋截面计算。单排配筋计算，截面有效高度 $h_o = h - $ 保护层厚度 $-22.5\mathrm{mm}$；当配筋率大于 1% 时，按双排配筋方式计算，截面有效高度 $h_o = h - $ 保护层厚度 $-47.5\mathrm{mm}$。

（4）混凝土墙　混凝土剪力墙墙肢配筋量图（图 4-27），图中：A_s 为墙肢

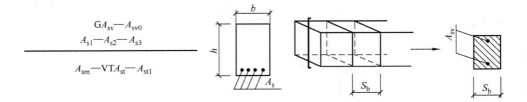

图 4-26　矩形混凝土梁配筋量图

一端的暗柱配筋总面积（计算不需要配筋时，显示 0）。A_{sh} 为 S_{wh} 范围内（S_{wh} 为水平分布筋间距）水平分布筋面积；U_w 为墙肢在重力荷载代表值（重力荷载乘以 1.2）下的轴压比（当其小于 0.1 时图上不标注）；H 为水平分布筋配筋标记。

提示：当墙肢长小于 3 倍的墙厚时，墙肢按柱计算，A_s 为按柱对称配筋计算的钢筋面积。此墙肢配筋只为参考，实际配筋见剪力墙边缘构件图。

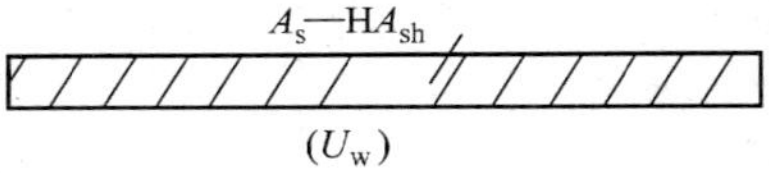

$$A_s\text{—}HA_{sh}$$
$$(U_w)$$

图 4-27　混凝土剪力墙墙肢配筋量图

（5）混凝土支撑　混凝土矩形支撑配筋量图（图 4-28），图中：A_{sx}、A_{sy} 为支撑 x、y 边单边的配筋面积（包括角筋）；A_{sc} 为支承角筋的面积；A_{svj} 为支撑节点域的箍筋面积；A_{sv} 为支撑加密区在 S_b 范围内抗剪箍筋面积；A_{sv0} 为支撑非密区在 S_b 范围内抗剪箍筋面积；U_c 为支撑的轴压比。G 箍筋标志。

$$(U_c)\quad A_{sx}\text{—}A_{sy}\text{—}A_{sc}$$
$$A_{svj}\text{—}GA_{sv}\text{—}A_{sv0}$$

图 4-28　混凝土矩形支撑配筋量图

2. 墙边缘构件配筋和梁弹性挠度简图

单击【墙边缘构件配筋和梁弹性挠度简图】，屏幕显示墙边缘构件配筋图和梁弹性变形，屏幕右侧显示一组菜单。梁弹性挠度为钢结构设计时的梁弹性变形。混凝土结构不需要考虑这些数据。

墙边缘构件配筋图表示剪力墙或抗震墙的约束边缘构件的尺寸和配筋量（图 4-29）。规定在剪力墙端部应设置边缘构件。

墙边缘构件配筋图中的构造边缘构件和约束边缘构件的标注：

1）一字形边缘构件：下部标注 L_s—L_c，上部标注 A_s—$Gd@S$（构造）或 A_s—$G\rho\%$（约束）。

2）L 形边缘构件：下部第一行标注 L_s—L_c，下部第二行标注垂直于主肢的 L_{s1}—L_{c1}，上部标注 A_s—$Gd@S$（构造）或 A_s—$G\rho\%$（约束）。

3）T 形端点：下部第一行标注 L_s—L_c，下部第二行标注垂直于主肢的 L_{s1}—L_{s2}，主肢上部标注 A_s—$Gd@S$（构造）或 A_s—$G\rho\%$（约束）。

以上标注中：L_s 为主肢核心区长度（设置箍筋范围）（mm）；L_{s1}、L_{s2} 为垂直于主肢的上、下核心区长度（设置箍筋范围）（mm）；L_c 为主肢长度（mm）；L_{c1} 为垂直于主肢边缘构件长度（mm）；A_s 为核心区主筋配筋面积（mm^2）；d 为构造边缘构件核心区箍筋直径（mm）；S 为构造边缘构件核心区箍筋间距（mm）；ρ 为约束边缘构件核心区箍筋配筋率（%）。L_s、L_{s1}、L_{s2}、L_c、L_{c1} 的取值按 GB 50011—2010《建筑抗震设计规范》第 6.4.5 条或 JGJ 3—2010《高层建筑混凝土结构技术规程》第 7.2.15、7.2.16 条进行。

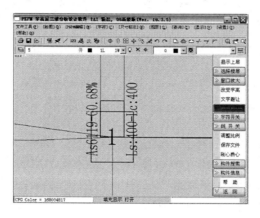

图 4-29　墙边缘构件配筋图

【刚心质心】屏幕显示该层结构刚心和质心位置（用圆圈表示），可以直观地看出刚心和质心的位置和距离。

提示：结构刚心与质心位置距离越大，地震作用产生的扭矩越大，应尽量使两者距离接近。

3. 结构构件内力图

梁、柱、墙和支撑内力标准值、配筋包络图，以及各杆件的内力、配筋等信息，分别以三个菜单输出。

（1）构件设计控制内力、配筋包络简图　执行【构件设计控制内力、配筋包络简图】，可查看或输出各层梁、柱、墙和支撑的控制配筋内力包络图及配筋包络图。在配筋包络图中，标示支座上部配筋和跨中下部配筋。

内力包络图包括弯矩包络图、剪力包络图和轴力包络图；配筋包络图指主筋包络图和箍筋包络图。

（2）各荷载工况下的构件标准内力简图 执行【各荷载工况下构件标准内力简图】，屏幕显示各层结构平面的梁内力，屏幕右侧显示一组菜单。可选择显示各工况下各层构件的梁弯矩和剪力、柱上下端内力（V_x、V_y、N、M_x、M_y）等标准值。可检查每个构件在各种作用下的内力，可校核各构件及节点的内力平衡。

（3）底层柱墙底最大组合内力简图 执行【底层柱墙底最大组合内力简图】，以图形显示底层柱、墙底最大设计值组合内力（图 4-30）。图中数据用作基础设计的上部荷载。

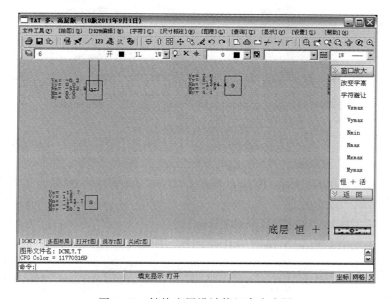

图 4-30 结构底层设计值组合内力图

图中每一柱（墙）边的一组数据为相对应于荷载效应组合的一组内力。最大剪力含有：V_{xmax}、V_{ymax} 及相应的其他内力；最大轴力含有：N_{max}、N_{min} 及相应的其他内力；最大弯矩含有：M_{xmax}、M_{ymax} 及相应的其他内力；还包括恒 + 活组合时的内力。

以上底层柱、墙底部最大组合内力值均为荷载效应组合设计值，即已含有荷载分项系数。

提示：恒 + 活组合是 1.2 恒 + 1.4 活荷载组合，并不包括恒载为主的组合。

4. 结构振型图

振型图按设定的结构振型数，显示结构质心振型曲线图或动态整体结构空间振型波动简图。

（1）振型图（侧刚） 在 4.5.1 节的 TAT 计算参数选择框中，选择"侧刚分析方法"计算结构刚度，则可逐一或整体绘出各个振型的质点振型图（图4-31）。可通过振型曲线判断结构计算是否正确和结构竖向布置是否合理。

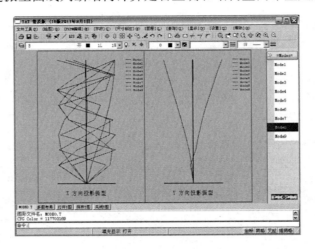

图 4-31　质点振型图

（2）振型图（总刚）　在 4.5.1 节的 TAT 计算参数选择框中，选择"总刚分析方法"计算结构刚度，则显示动态振型图。总刚计算振型图为各个振型的整体结构空间波动振型图。

5. 水平力作用下结构各层平均侧移简图

执行【水平力作用下楼层侧移简图】，屏幕立面显示结构水平位移图（图4-32）。右侧菜单，可选择各种工况（如地震作用、风荷载作用等）下，位移、层位移、层位移角、作用力、剪力、弯矩的最大值或平均值。

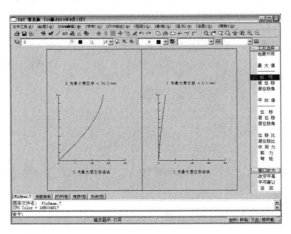

图 4-32　结构水平位移图

提示：根据作用力、位移、层位移等，可判断结构的竖向规则或不规则。

4.6.2　文本文件输出

选择【文本查看】，可以查看计算的各个数据输出文件（图 4-33）。数据文件给出输入数据和详细输出结果，可用于结构设计安全性、合理性的进一步分析。对于考虑地震作用的结构尤其重要。

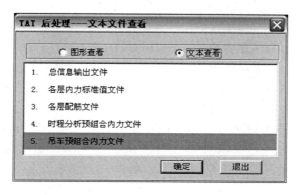

图 4-33　TAT 输出文本文件查看菜单

1. 结果输出

（1）结构分析设计控制信息文件 TAT—M. OUT。

1）结构计算控制参数：总信息、地震信息、调整信息、材料信息、设计信息、风荷载信息、多方向地震信息、$0.2V_2$ 调整信息、层管理信息、广义层上下连接信息、标准截面信息、各层杆件和材料信息、剪力墙加强区信息。

提示：检查输入的正确性。

2）各层质量和质心坐标：各层的恒载、活载质量以及总荷载，质心坐标及质量矩。

3）各层风力：各层 x、y 向风荷载值及剪力、弯矩，顶点风力加速度值。

4）各层层刚度、刚度中心、刚度比：各层 x、y 向剪切刚度，及本层与下一层的层刚度之比、本层与上一层的层刚度之比、本层与上三层的平均层刚度之比；薄弱层放大系数；带剪力墙结构整体稳定验算（是否需要考虑 $P\text{-}\Delta$ 效应）；结构抗倾覆验算。

提示：各层刚度及相邻层刚度判断结构竖向规则。

5）楼层抗剪承载力及承载力比值：x、y 向楼层抗剪承载力，本层与上一层的承载力之比。

（2）周期、地震力和楼层位移文件 TAT-P. OUT。

1）结构的周期、地震作用等：各振型下的周期、方向角、平动比例、转动比例，结构最不利振动方向角；各振型的基底剪力，有效质量系数；结构各层地震作用，地震作用引起的各层 x、y 向地震剪力，x、y 向地震弯矩，层剪重比（%）。

　　提示：通过扭转系数和平动系数可判断振型的结构以扭转为主或平动为主。**JGJ 3—2010《高层建筑混凝土结构技术规程》第 3.4.5 条对扭转振动第一周期和平动振动第一周期的比值给出了明确规定。**

　　2）各层位移输出：各种工况中楼层节点的最大位移，最大位移/平均位移，最大柱间位移/平均柱间位移。

　　（3）底层柱墙最大组合内力文件 DCNL.OUT　输出底层结构柱、剪力墙底部最大组合内力，用于基础设计的上部结构各种组合内力。该文件包括以下四部分内力：底层柱组合设计内力、底层斜柱或支撑组合内力、底层墙组合内力、各组合内力的合力及合力点的坐标。

　　每组内力提供七种组合形式：x 向最大剪力组合 $V_{x\max}$；y 最大剪力组合 $V_{y\max}$；最大轴力组合 $N_{\max}$；最小轴力组合 $N_{\min}$；x 向最大弯矩组合 $M_{x\max}$；y 向最大弯矩组合 $M_{y\max}$；1.2 恒荷载 + 1.4 活荷载组合 $d+l$（为 1.2 恒 + 1.4 活荷载组合）。

　　（4）配筋、验算超限信息 GCPJ.OUT　在图形中输出超筋（不满足规范要求）信息，以文本输出。

　　（5）框架结构薄弱层验算 TAT-K.OUT　对于框架结构，当计算完各层配筋之后，可以选择薄弱层验算，并产生输出文件。

　　（6）剪力墙边缘构件配筋 TATBMB.OUT　剪力墙边缘构件配筋详细文本。

　　（7）框剪结构调整前后的框架剪力 FLR_SM.OUT　框架-剪力墙结构中框架部分进行地震剪力的调整前后的框架剪力。可根据需要调整该文本放大系数。

2. 各层内力标准值文件

　　输出在各种工况（恒载、活载、风作用、地震作用）及调整下的各层内力标准值。

　　1）柱内力输出：轴力、x 剪力、y 剪力、x 底弯矩、y 底弯矩、x 顶弯矩、y 顶弯矩、扭矩。

　　2）薄壁柱单元内力输出：轴力、x 剪力、y 剪力、x 底弯矩、y 底弯矩、x 顶弯矩、y 顶弯矩、扭矩。

　　3）支撑内力输出：轴力、x 剪力、y 剪力、x 底弯矩、y 底弯矩、x 顶弯矩、y 顶弯矩、扭矩。

　　4）梁内力输出：左弯矩、右弯矩、最大剪力、最大扭矩、最大轴力及部分梁截面的弯矩、剪力等。

3. 各层配筋文件

　　输出各层所有结构构件的配筋信息。

4. 吊车预组合力

输出柱在各种工况下的预组合内力如轴力、剪力和弯矩；输出吊车梁的预组合包络内力。

【例4-1】　按【例3-8】建模的框架-剪力墙结构，采用 TAT 程序进行结构分析。

（1）由 PMCAD 数据转换，生成 TAT 数据。

操作：由 TAT 主菜单的【1 接 PM 生成 TAT 数据】，进入 TAT 前处理菜单进行操作。

1）执行【分析与设计参数补充定义】，设置结构设计的参数（必须进行）。

2）执行【生成 TAT 数据文件及数据检查】，屏幕显示"TAT 数据生成和计算选择项"，程序完成生成数据文件，屏幕显示检查几何数据、检查荷载数据过程。完成检查后，程序返回 TAT 前处理。若设置数据有错误，屏幕显示错误信息。

提示：由"图形文本检查"，打开"错误和警告信息"，按错误信息修改输入数据。

3）【退出】TAT 前处理菜单，返回 TAT 主菜单。

（2）结构内力分析，结构构件计算。

操作：由 TAT 主菜单的【2 结构内力，配筋计算】，进入计算控制参数，选择设置项。程序进行结构计算。

（3）结构结果输出，分析结构各构件的配筋量。满足构件的最小配筋量。

操作：由 TAT 主菜单的【4 分析结果图形和文本显示】，进入 TAT 后处理菜单，验算分析各项结果。进入【混凝土构件配筋与钢构件验算简图】，校核各构件的配筋量。注意防止截面超筋。

第 5 章　建筑结构设计程序 SATWE

SATWE 是建筑结构设计有限元分析程序。程序有限元分析采用空间杆单元模拟梁、柱及支撑等杆件，采用壳单元（壳单元为平面应力膜与薄板的叠加，每个节点有六个自由度）模拟剪力墙、楼板。SATWE 适用于高层和多层混凝土框架、框架-剪力墙、剪力墙，以及高层钢结构或钢-混凝土混合结构等；可适用多塔、错层、转换层及楼板局部开洞等特殊结构形式。

5.1　SATWE 程序的特点及应用

5.1.1　SATWE 程序的特性

SATWE 程序对杆件、剪力墙和楼板采用有限元分析。

1）柱、梁及支撑（包括斜柱、斜梁）为一维构件，采用两端带刚壁的空间杆单元模拟柱、梁、支撑。在单元中考虑轴向变形、弯曲变形、剪切变形。

2）剪力墙为薄板壳，采用能承受水平荷载又能承受竖向荷载作用的单元。即剪力墙能承受竖向荷载和水平荷载。

3）SATWE 程序给出楼板四种简化假定：楼板平面内为刚性，适用于多数常见结构；分块楼板为刚性，适用于多塔或错层结构；分块楼板为刚性，用弹性板带连接，适用于楼板局部开大洞、塔与塔之间上部相连的多塔结构及某些平面布置较特殊的结构；楼板为弹性，可用于特殊楼板结构、要求分析精度高的高层结构、大跨度柔性楼盖结构（如网架屋盖的体育馆）。在应用中，可根据工程实际情况和分析精度要求，选用其中一种或多种简化假定。

提示：SATWE-8 无此特性。

5.1.2　SATWE 程序输入

1. 几何数据和荷载数据

SATWE 程序与 PMCAD 程序（第 3 章）有数据接口，PMCAD 主菜单的模型输入，形成的结构几何数据和荷载数据，通过 SATWE 程序转换成 SATWE 的结构设计的几何数据和竖向荷载数据。几何数据计算结构的刚度，进行结构的地震作用；截面数据进行结构配筋设计等。竖向荷载数据成为 SATWE 程序内力分析的结构作用（外荷载）。

2. 地震作用数据

按输入地震作用计算方法计算地震作用。计算方法采用结构振型分解反应谱或结构弹性动力时程分析。

3. 风荷载数据

输入的各项风荷载计算参数，形成风荷载数据。根据实际构筑物的结构特点，修改风荷载数据。

4. 竖向活荷载模拟计算

SATWE 程序按施工荷载模拟计算结构实际荷载的形成过程，进行结构竖向荷载作用模拟计算。

5.1.3 SATWE 程序

1. 程序的前后连接

1）SATWE 程序以 PMCAD 程序为其前处理模块。与 PMCAD 连接生成 SATWE 程序所需的几何数据和荷载数据。程序将其转换成空间有限元分析所需的数据格式，并自动传递荷载和划分墙元及弹性楼板单元。

2）SATWE 程序的计算结果直接与墙梁柱施工图程序接口连接，作混凝土梁、柱、剪力墙配筋施工图。

3）SATWE 程序计算的柱、剪力墙底部内力与基础程序 JCCAD 连接进行基础设计。

2. 执行 SATWE 程序的前数据文件

PMCAD 生成的文件有过程文件和与计算程序（如 TAT、SATWE 等）对接的几何文件和荷载文件。执行 SATWE 程序的前数据文件是几何数据和荷载数据。由 PMCAD 生成的数据文件中，以工程名命名的文件（NAME.*）和以 PM（pm）为扩展名的文件（*.PM 或 *.pm），组成执行 SATWE 程序的前数据文件。

提示：在运行 SATWE 程序前，建立工作文件夹；可将以工程名命名的文件（NAME.*）以及 PM（pm）为扩展名的文件复制至工作夹。

3. SATWE 程序说明

主菜单名称 SATWE-8 或 SATWE。主菜单的进入：

1）单击【PKPM】图标，进入 PKPM 系列程序菜单。

2）单击【结构】，进入结构设计计算菜单。出现 SATWE 等结构程序菜单。

3）执行【SATWE-8】，进入 SATWE-8 程序主菜单，主菜单内容共 4 项。执行【SATWE】，进入 SATWE 程序主菜单，主菜单内容共 6 项（图 5-1），其功能多于 SATWE-8。

提示：SATWE-8 为限制 8 层（包含地下部分）的计算程序。本章以 SATWE 为例书写。

SATWE-8 的 **4** 项与 **SATWE** 前 **4** 项基本相同。

图 5-1 SATWE 程序主菜单

4. 程序运行说明

1）SATWE 程序的运行数据文件，是由 PMCAD 主菜单的【1 建筑模型与荷载输入】的数据文件转换生成的。

2）特殊文件：对于多塔结构，需定义多塔文件；对于特殊构件（框支柱、角柱等），需定义特殊梁柱文件；有温度荷载作用时，需有特殊荷载文件。这些文件可由 PMCAD 转换生成，并可修改。若设定多塔、特殊构件，将形成相应的文件。在不计算多塔、特殊构件时，必须删除相应的文件。

3）SATWE 程序结构计算，需执行主菜单的第 1~2 项。主菜单的【1 接 PM 生成 SATWE 数据】，将 PMCAD 的数据文件转换成 SATWE 的数据文件，对主菜单的【1 接 PM 生成 SATWE 数据】形成的数据文件进行格式和物理检查，同时可修改 SATWE 程序设计的结构计算参数信息和特殊结构信息；主菜单的【2 结构内力，配筋计算】，可进行结构分析和配筋计算。以上两步必须依次完成。若结构中有 PMCAD 输入中以次梁方式输入的梁，还需执行主菜单的【3PM 次梁内力与配筋计算】。

4）完成主菜单第 1~2 或 3 项后，才能进行以后几项的运行。执行主菜单的【4 分析结果图形和文本显示】，计算结果通过图形或文本的形式显示，可通过各种方法分析、判断结果的正确性。

5）主菜单的第 5、6 项，为独立执行程序，只在需要时执行。对于需采用时程分析方法进行抗震计算的结构，执行主菜单的【5 结构的弹性动力时程分析】，程序重新计算结构配筋。需对一榀框支剪力墙，进一步分析时，执行主菜单的【6 框支剪力墙有限元分析】，框支剪力墙计算结果可接"墙梁柱施工图"程序绘制剪力墙施工图。

5.1.4 SATWE 建模

1. 结构原型输入

SATWE 程序在 PMCAD 建模时应按结构原型输入。符合梁（受弯、受剪、受扭）简化条件按梁输入；符合柱或异型柱（受压、受弯、受剪）简化条件按柱或异型柱输入；符合剪力墙条件，按（带洞）剪力墙输入；设置楼梯的房间，按楼板厚 0.0mm 或楼梯模型输入；没有楼板的房间（周边有梁或墙），按楼板开洞处理。

2. 构件的输入

结构构件布置于各结构标准层的网格线和节点上，或利用偏离网格线布置柱、梁、墙等构件（小于构件宽度），删掉无构件布置的网格线和节点。尽量避免近距离的网格线。

3. 板-柱结构的输入

采用 SATWE 程序分析板-柱结构。在 PMCAD 建筑模型输入时，柱上板带（输入等代梁的位置）布置虚梁（截面尺寸为 100mm × 100mm 的梁）。布置虚梁使 SATWE 程序在接口 PMCAD 前处理数据过程中，得到楼板的外边界信息，并辅助划分弹性楼板单元。SATWE 程序在前处理时对所有虚梁进行处理，使虚梁不参与结构整体分析。

4. 厚板转换层结构

SATWE 对厚板转换层采用"平面内无限刚，平面外有限刚"的假定，用中厚板弯曲单元模拟其平面外刚度和变形。对于厚板转换层结构，在 PMCAD 建筑模型输入中要布置 100mm × 100mm 的虚梁，虚梁布置于结构标准层柱网上。结构标准层楼层整体组装时，结构计算层取厚板中间，即板厚度均分给与其上下相邻的两层的层高。

5. 错层结构的输入

建筑物中，有柱或墙在某层与该层的楼板（局部楼层结构）和梁不连接，即柱或墙越层，造成错层结构。在 PMCAD 建模输入时，按楼层错层（或局部楼层）建立结构标准层。

结构标准层的划分以"楼板标高为界"（图中画虚线的部分）（图 5-2），底盘虽然只有两层，但要按三层输入。错层结构的柱或墙（剪力墙）不与梁相连且又不与楼板相连，程序按越层（实际柱的）高度计算设计。可通过给定梁两端节点高，布置错层梁或斜梁，SATWE 程序前处理菜单自动处理梁柱在不同高度的结构构件交点。

6. 多塔结构

主体结构分为两部分或两部分以上的结构为多塔结构。在结构计算模型中，多塔结构楼板不是一个刚性平面，而是多个刚性平面。为了正确计算风荷载和地震作用，采用设置"多塔结构"计算模型。

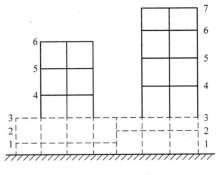

图 5-2　错层结构示意图

（1）建筑物顶部有多个小塔楼　当建筑物顶部有多个塔楼时，对于塔楼层数小于 3 层的顶部多塔结构，相对主体结构体型小、刚度小，可不考虑多塔结构分析，只需适当放大顶部塔楼的内力来处理。但塔楼层数多、刚度大，应按多塔模型计算分析。

（2）大底盘、中部相连多塔结构　对于大底盘或中部相连多塔结构（图5-3），采用多塔结构（为复杂高层建筑结构）计算模型，重新计算风荷载和地震作用。在程序操作中注意：

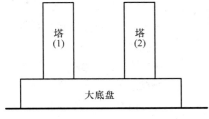

图 5-3　大底盘多塔结构

1）在主菜单的【1 接 PM 生成SATWE数据】，对结构进行多塔设置，设置"多塔结构补充定义"，程序自动形成补充多塔文件。

2）确认设置，重新计算风荷载替换原荷载文件中的风荷载项。

3）调整振型组合系数，对于双塔结构的振型数 $N_{\text{mode}} \geqslant 12$，而对于大于双塔的结构则应更多。

提示：有伸缩缝或防震缝的建筑结构，地下部分与上部结构共同建模时，按多塔结构模型计算分析。

5.2　SATWE 数据形成及检查

SATWE 程序的计算数据文件一般由 PMCAD 数据转换得到。若 PMCAD 输入的文件为 NAME，则其计算需要的文件为 NAME.＊和＊.PM（或 pm）的多个文件。SATWE 是在上述文件的基础上，生成结构有限元分析及设计计算所需的数据文件。

执行 SATWE 程序主菜单的【1 接 PM 生成 SATWE 数据】（图5-1），屏幕弹出补充输入及 SATWE 数据生成菜单（图5-4），进入 SATWE 前处理。并可选择进行图形检查与修改。

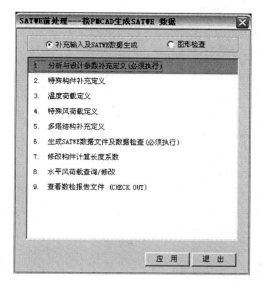

图 5-4　补充输入及 SATWE 数据生成菜单

5.2.1　SATWE 数据生成及补充输入

1. 分析与设计参数补充定义（必须执行）

PMCAD 中已输入的设计参数，程序转为 SATWE 程序的设计参数，并出现在 SATWE 参数修正的各项参数对话框中。SATWE 程序还需补充一些参数，分别由总信息、风荷载信息、地震信息、活荷信息、调整信息、设计信息、配筋信息、荷载组合、地下室信息和砌体结构对话框中输入。对于一个工程，在第一次启动 SATWE 主菜单时，程序自动将上述所有参数赋值（取多数工程中常用值作为隐含值）。

提示：进入【分析与设计参数补充定义】修改后，必须再执行【生成 SATWE 数据文件及数据检查】。

执行【分析与设计参数补充定义】，屏幕弹出 SATWE 参数修正（总信息）对话框，进行设计参数补充输入。SATWE 设计参数补充输入详见 5.3 节——设计参数设置。

2. 特殊构件定义

对于有特殊构件的结构，需定义特殊构件。通过特殊构件定义，形成特殊构件定义文件。数据形成后，屏幕显示特殊梁、柱、支撑、节点的各层平面构件图，对任意构件可进行抗震等级、材料强度等设置，可修改任一柱的计算长度。

执行【特殊构件补充定义】，进入特殊构件的定义和设定。按提示操作。

1）特殊梁是指不调幅梁、连梁、转换梁、一端铰接、两端铰接、滑动支座、门式刚架、耗能梁和组合梁。程序自动设置两端支承于柱或墙上的**主梁**为调幅梁（该主梁中间可有无柱节点）。两端与剪力墙连接的梁为连梁。而铰接梁（一端铰接和两端铰接）、托柱梁、耗能梁和组合梁应根据实际工程进行设置。框架结构中主要是各梁间的传力关系，主次梁间应设置"铰接梁"。如次梁、交叉梁（PMCAD 建模）等按主梁输入，梁支座则需修改支承条件。**主梁**的刚度放大系数、扭矩折减系数、调幅系数显示，并可修改。

提示：程序自动设置按次梁输入的梁为铰接梁。

2）特殊柱是指上端铰接下端固定柱、上端固定下端铰接柱、两端铰接柱、角柱、框支柱、门式钢柱。特殊柱的传力、构造或内力调整系数与普通柱（两端固定）不同，在结构设计中规范作相应不同的处理。因此应根据实际工程对这些柱进行设置。按照规范在不抗震或抗震等级为四级时，角柱和框支柱可不进行特殊构件设置。

提示：**程序设定普通柱为两端固定。**

3）特殊支撑是指铰接支撑。程序设置对钢筋混凝土支撑默认为两端刚接，对钢结构支承默认为两端铰接。应根据实际工程进行修改。

4）弹性板是指分析时楼板在各种情况下非完全刚性假定。

一般情况下楼板为刚性分析。对于特殊情况，应设置弹性板：弹性板6、弹性板3 和弹性膜。

【弹性板6】计算楼板平面内和平面外的刚度，适用所有工程，主要用于板柱结构（计算量大）。由于已经考虑楼板的面内、面外刚度，则梁刚度不能放大、梁扭矩不能折减。

【弹性板3】假定楼板平面内无限刚，程序计算楼板平面外刚度，适用于平面内刚度大，不可忽略平面外刚度的结构，如厚板转换层（板厚达到1m 以上）。

【弹性膜】程序计算楼板平面内刚度，楼板平面外刚度不考虑（取为零），仅适用于楼板开大洞的梁柱结构。不能用于"板柱结构"。

提示：**SATWE-8 无此功能。**

5）抗震等级、材料强度。对任何构件进行抗震等级、材料强度设定。

3. 温度荷载定义

输入每层或任意节点的最高升温和最低降温。

4. 特殊风荷载定义

精细计算屋面风荷载。包括屋面上的荷载，梁上竖向风荷载和节点 x、y、z 三个方向风荷载。

5. 多塔结构补充定义

定义多塔结构，并检查平面或立面的各塔的关系及确定立面遮挡（用于变形缝处外墙的风荷载计算）。

6. 生成 SATWE 数据文件及数据检查（必须执行）

执行【生成 SATWE 数据文件及数据检查】，屏幕显示选择是否保留用户自定义数据（图 5-5）。

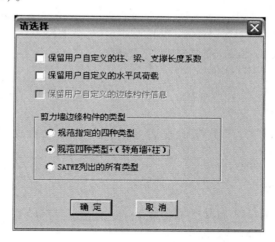

图 5-5 数据文件形成和检查选择框

保留用户自定义的柱、梁、支撑长度系数：已执行"修改构件计算长度"，需保留设置，则选择。

保留用户定义的水平风荷载：已执行"水平风荷载修改"，需保留设置，则选择。

保留用户自定义的边缘构件信息：边缘构件是第一次计算完成后，程序自动完成的。如已修改边缘构件数据，需保留修改，则选择。

剪力墙边缘构件的类型：剪力墙边缘构件尺寸、形式及构造措施选择。

1）选择"规范指定的四种类型"，有 GB 50010—2010《混凝土结构设计规范》，或 JGJ 3—2010《高层建筑混凝土结构技术规程》规定的暗柱、有翼墙、有端柱、转角墙四种剪力墙边缘构件。

2）选择"规范四种类型 +（转角墙 + 柱）"，比 1）的类型多一种。"转角墙 + 柱"类型是在墙转角加一柱。

3）选择"SATWE 列出的所有类型"，程序中共 8 种剪力墙边缘构件形式。规范四种类型以及 L 形 + 柱、T 形 + 柱、一字墙中间柱、分段一字墙剪力墙边缘构件形式。

单击【确定】后，程序将 PMCAD 文本生成 SATWE 的数据，并检查生成的数据文件及 1～5 项生成的各项文件。屏幕出现程序生成各项数据文件及检查数据过程，检查后发现错误或可能的错误，屏幕提示出错信息及警告信息。并生成数检报告文件 CHECK. OUT。屏幕显示"生成数据完成!"。

提示：**1~5 项任一项重新修改，必须重新执行【生成 SATWE 数据文件及数据检查】。**

7. 修改构件计算长度系数

屏幕显示按规范确定的构件计算长度。可修改所有层的柱计算长度系数、梁计算长度、支撑计算长度。程序默认梁平面外（垂直水平正截面）长度同梁水平正截面计算长度。

提示：**一般不修改，但在一些特殊情况下可修改。**

8. 水平风荷载查询/修改

程序按规范计算水平风荷载，可校核。需要时可修改。

9. 查看数检报告文件

数检报告文件，显示数据检查后的结果。如果数检出错，文件显示错误信息。

5.2.2　图形检查

选择 SATWE 前处理的【图形检查】，屏幕显示**图形检查**菜单（图5-6），进行结构的各种图形检查和文件检查。

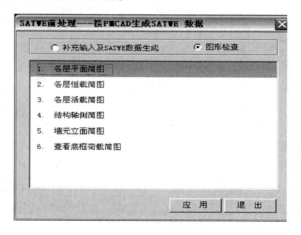

图5-6　图形检查菜单

1）各层平面简图：显示各层构件编号、截面尺寸，打印可作为计算书的一部分。

2）各层恒载简图、各层活载简图：显示各层平面构件（梁墙等）的恒载或活载。校核梁、柱、承受墙的恒载或活载。

3）结构轴侧简图：显示各构件间的连接。

4）墙元立面简图：显示墙体的单元分割。

5）查看底框荷载简图：底框结构的荷载简图。

5.3　设计参数设置

SATWE 程序多、高层结构分析需补充的参数共十项，它们分别为：总信息、风荷载信息、地震信息、活荷信息、调整信息、配筋信息、设计信息、荷载组合、地下室信息和砌体结构信息。对于一个工程，在第一次启动 SATWE 程序主菜单时，程序自动将上述所有参数赋值（取多数工程中常用值作为隐含值）。

5.3.1　总信息参数

单击【总信息】，出现总信息对话框（图 5-7），输入结构设计总信息。

图 5-7　总信息对话框

1. 水平力与整体坐标夹角

输入水平力与整体坐标夹角。当需进行多方向侧向力核算时，可改变此参数。该参数为地震作用、风力作用方向与结构整体坐标的夹角。逆时针方向为正，单位为度。

若需得到地震作用最大的方向（度）时，可先将该参数输为 0，结构计算后，可在结果文本的周期振型地震力输出文件"WZQ. OUT"中，找到"地震作用最大的方向（度）"。

2. 混凝土容重

输入结构的混凝土重度。一般情况下，钢筋混凝土的重度为 $25kN/m^3$。若采用轻混凝土或要考虑构件表面粉刷层重时，混凝土重度可填入适当值（如考虑混凝土构件表面粉刷层时，可填 $27kN/m^3$）。若采用轻混凝土，可填入轻混凝土的重度。

3. 钢材容重

输入钢材重度，只对钢结构有用。

4. 裙房层数

输入定义裙房层数。由建模楼层整体组装层开始计算。

5. 转换层所在层号

输入转换层层号，按建模楼层整体组装层号，以便进行内力调整。转换层用于复杂高层建筑的上、下部结构的改变。一般结构不设置，填 0。

6. 嵌固端所在层号

按建模楼层整体组装中的楼层，输入上部结构分析的嵌固层号。嵌固层号用于上部结构的构筑措施及嵌固层的内力调整等。

对于有地下室的顶板为嵌固部位时，嵌固层为地上一层；在基础顶面嵌固，则嵌固层层号为 1。

7. 地下室层数

输入在建模楼层整体组装中包含的地下室层数（应小于总层数的值）。在结构分析中，地下室与上部结构共同分析。地下室层数将影响总刚度、风荷载、地震作用计算、结构的构造措施。

地下室层数是指与上部结构同时进行内力分析的地下室部分。若虽有地下室，但地下室是基础结构的一部分（箱基基础），在进行上部结构分析时不考虑地下室部分结构一起作用，则在 PMCAD 建模时不包含地下室部分。该参数应填 0。

8. 墙元细分最大控制长度

输入墙元划分时的参数，剪力墙按有限元计算时，计算单元最大尺寸。一般可取 $D_{max} = 2.0m$。无剪力墙结构，输入 0。

墙元细分最大控制长度：输入墙元划分时的参数，剪力墙按有限元计算时，计算单元最大尺寸。

一般取 $1.0m \leqslant D_{max} \leqslant 5.0m$。对于尺寸较大的剪力墙，有限元分析时在作墙元细分时，为确保剪力墙分析的精度，要求单元的边长不得大于给定限值 D_{max}。隐含值 $D_{max} = 1.0m$；对于一般工程，可取 $D_{max} = 2.0m$；对于框支剪力墙结构，

可取 $D_{max} = 1.5\text{m}$ 或 1.0m。

提示：对于框支剪力墙结构，采用 SATWE 主菜单中"框支剪力墙有限元分析"第二次计算。

9. 转换层指定为薄弱层

选择，人为确定转换层为薄弱层。如不选择，程序不能自动设置转换层为薄弱层。

10. 对所有楼层强制采用刚性楼板假定

对所有楼层强制采用刚性楼板假定：选择，强制楼板假定为刚性楼板。

当楼板假定为非刚性楼板（弹性板）时，层刚度和地震作用计算要求采用刚性楼板假定。结构位移计算要求楼板采用刚性楼板假定。

11. 强制刚性楼板假定时保留弹性板面外刚度

有楼板假定采用弹性板 3、弹性板 6 时，才可选择。选择，对于弹性板 3 和弹性板 6 均按弹性板 3 假定。不选择，对于弹性板 3 和弹性板 6 按刚性楼板计算。

12. 墙梁跨中节点作为刚性楼板从节点

在框支剪力墙结构设计中，建模中墙梁与楼板之间无节点（即楼板对墙梁无约束），实际上墙梁两侧的楼板（刚性楼板）对墙梁有一定的约束作用，程序通过节点连接楼板与墙梁。

不选择，不考虑楼板对墙梁的影响。一般结构不考虑。

选择，考虑墙梁两侧的楼板（刚性楼板）的约束。

13. 墙元侧向节点信息

墙元刚度矩阵凝聚计算的一个控制参数。

1）选择"出口节点"，则只把墙元因细分而在其内部增加的节点凝聚，四边上的节点均作为出口节点，分析精度高。一般选"出口节点"。

2）选择"内部节点"，则只把墙元上边、下边的节点作为出口节点，墙元的其他节点均作为内部节点凝聚，这样带洞口墙元两侧边中部的节点为变形不协调点。其精度略次于前者，但计算量比前者少。计算机计算能力差时，选"内部节点"。

14. 结构材料信息

混凝土结构可选择"钢筋混凝土结构"或"钢与砼混合结构"。结构的主要受力材料（混凝土、钢或砌体）信息，用于计算地震作用和风荷载。

15. 结构体系

程序根据所选的结构体系，采用相应规范。此处的结构体系是用于程序或相应的条文设计结构。结构体系分为框架、框架-剪力墙、框架-筒体、筒中筒、剪力墙、部分框支剪力墙、板柱剪力墙等结构体系。

16. 恒活荷载计算信息

结构内力分析时，竖向恒荷载加载方式。

1）选择"不计算恒活荷载"。不计算所有竖向作用荷载。

提示：只有在复核水平作用的效应时选择。

2）选择"一次性加载"。多层结构一般选择一次性加载。对高层结构当恒载中装修荷载占的比例较大时，也可采用一次性加载。但按一次加恒荷载的模式，将荷载一次作用于结构，而不考虑实际施工中的每层找平过程。由于高层结构竖向刚度有差异，计算结果与实际受力会引起差异，导致中间支座梁端弯矩过小。

3）选择"模拟施工加载1"。在竖向荷载作用下结构内力分析时，考虑每层施工完毕，竖向构件相对变形为0。高层结构上部内力分析，一般选择模拟施工加载1，以避免一次性加荷引起的中间支座轴向变形过大，导致内力不合理的计算误差。

4）选择"模拟施工加载2"。模拟施工加载2是在模拟施工加载1的基础上，考虑竖向构件轴向刚度调整，使柱、剪力墙之间的轴力分配比较均匀。用于高层结构传至基础的内力的计算。

提示：本计算方法人为放大框架柱的竖向刚度以调节柱墙底部内力，但本计算方法缺乏理论根据，PKPM已取消该计算方法，程序保留只用于比较。

5）选择"模拟施工加载3"。在模拟施工加载1的基础上改进，结构分析施工中分层次、分阶段计算结构分析刚度，再分层施加竖向荷载。高层建筑结构一般选择模拟施工加载3。结合指定施工次序，主要用于如转换层结构、巨型结构等复杂结构。

17. 风荷载计算信息

风荷载的计算方式选择。风荷载包括通常的水平风荷载和特别风荷载（屋面风荷载、有侧板承受风荷载等）。

1）选择"不计算风荷载"。不计算风荷载。只有在复核竖向作用的效应时可选择。

2）选择"计算水平风荷载"。一般情况下选择计算 x、y 两个方向风荷载。

3）选择"计算特殊风荷载"。计算不规则平面建筑、斜屋面、梁（有侧板等承受风荷载）上的风荷载，用于考虑计算特殊风荷载对结构内力的影响。一般建筑不进行。

4）选择"计算水平和特殊风荷载"。同时计算水平风荷载和特殊风荷载。一般规则建筑物不选择，特殊的钢结构除外，如悬挑结构的广告牌、雨篷等。

18. 地震作用计算信息

地震作用计算方式的选择。

1）选择"不计算地震作用"。不计算结构的地震作用。用于非抗震区和 6 度区，GB 50011—2010《建筑抗震设计规范》第 5.1.6 条。

2）选择"计算水平地震作用"。计算 x、y 两个方向的水平地震作用。

3）选择"计算水平和竖向地震作用"。计算 x、y 两个方向的水平地震作用，同时又计算竖向地震作用。一般情况下不计算，只有当需要时按《建筑抗震设计规范》第 5.1.1 条计算竖向地震作用。

4）选择，特殊或复杂结构计算 x、y 两个方向的水平地震作用效应，同时又以反应谱方法计算竖向地震作用效应。

19. 结构所在地区

选择结构设计所采用的规范。一般选择"全国"，程序采用国家规范和标准。

20. 特征值求解方式

选择求解方式。只选择了"计算水平和反应谱方法竖向地震"，才需选择。

选择"水平振型和竖向振型整体求解方式"，只做一次特征值分析。

选择"水平振型和竖向振型独立求解方式"，做两次特征值分析。

21. "规定水平力"的确定方式

选择"楼层剪力差方法（规范方法）"，按《建筑抗震设计规范》第 5.2.1 条计算。

选择"节点地震作用 CQC 组合方法"，采用反应谱方法计算地震作用。

22. 施工次序

设置按实际施工次序，计算荷载作用的内力。对施工复杂结构要分段施工，尤其是注意下层荷载由下层构件传递的结构形式。一般结构按每层施工。

5.3.2　风荷载参数

选择【风荷载信息】，出现风荷载信息对话框（图 5-8），输入风荷载计算参数等。若在 5.3.1 节——总信息参数中选择了"不计算风荷载"，可不输入风荷载参数。

1. 地面粗糙度类别

输入地面粗糙度类别。在风荷载计算时，地面粗糙度分为 A、B、C、D 四类。按《建筑结构荷载规范》第 8.2.1 条采用。

2. 修正后的基本风压

输入修正后的基本风压。可根据《建筑结构荷载规范》第 8.1.3 条，并根据构筑物特性取值（单位 kN/m^2）。对于部分地区，受环境影响（沿海地区和强风地带等）风压大于基本风压，在规范规定的基本风压上放大 1.1 ~ 1.2 倍。

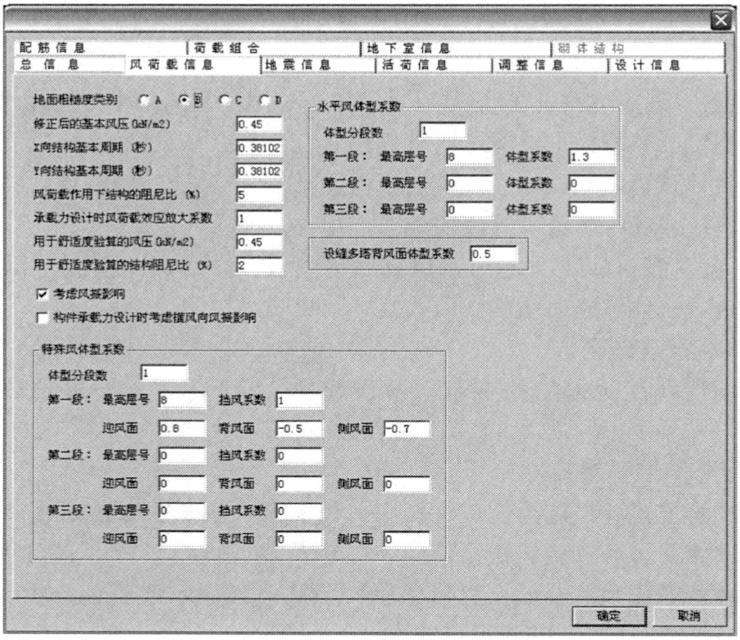

图 5-8 风荷载信息对话框

3. X、Y 向结构基本周期（秒）

输入结构基本自振周期，用于计算风荷载。屏幕显示默认值为按 JGJ 3—2010《高层建筑混凝土结构技术规程》中的近似方法计算。

可通过精确的结构基本自振周期计算更准确风荷载。首先第一次（屏幕显示默认值）计算得到结构第一平动周期，第二次重新输入结构基本自振周期（第一平动周期可在 WZQ-4. OUT 文件中得到），得到结构的相对精确风荷载。

4. 风荷载作用下结构的阻尼比（%）

输入结构阻尼比，用于计算风荷载。根据结构材料，程序赋初值。

5. 承载力设计时风荷载效应放大系数

输入风荷载效应放大系数。该系数的意义是：在承载力设计时放大风荷载效应，而在正常极限状态下不放大。

按《高层建筑混凝土结构技术规程》第 4.2.2 条规定，对风荷载比较敏感的高层建筑承载力设计时应按基本风压的 1.1 倍采用。可通过设置"承载力设计时风荷载效应放大系数"达到规范规定，而避免在正常极限状态下风荷载效应放大。

6. 用于舒适度验算的风压、结构阻尼比

输入舒适度验算时的风压、结构阻尼比。按《高层建筑混凝土结构技术规

程》第 3.7.6 条，高层结构（不小于 150m）需考虑舒服度验算。

7. 考虑风振影响

选择，程序考虑风振系数。程序按《建筑结构荷载规范》第 8.4.3 条，以公式 8.4.3 计算风振系数。一般对于建筑高度不大于 30m，可不考虑风振影响。

8. 构件承载力设计时考虑横风向风振影响

选择，程序考虑横风向风振影响。一般建筑物不考虑。

9. 水平风体型系数输入

1）体型分段数：输入结构体型分段数，用于建筑物体型引起的风荷载分段计算。结构物体型变化较大时，不同的区段内的体型系数可能不一样，如下方上圆，或下圆上多边形等，这就在不同段产生不同的体型系数。程序限定体型系数最多可分三段取值。

2）各段最高层号：输入各段最高层号，用于确定该段的体型系数。最高层号为 PMCAD 结构楼层整体组装的层号。若体型系数只分一段或两段时，第二段或第三段的信息可不填。

3）输入各段体型系数。按《建筑结构荷载规范》取值。

10. 设缝多塔背风面体型系数

输入设变形缝时的多塔背风面体型系数。对于设置变形缝而形成的多塔结构，可通过该系数设置改变变形缝处的风荷载。遮挡面由"多塔结构补充定义"的"遮挡定义"设置，可通过该系数计算遮挡面的风荷载。

11. 特殊风体型系数

输入特殊风体型系数。一般建筑物不进行特殊风荷载计算。

5.3.3 地震信息

选择【地震信息】，出现地震信息对话框（图 5-9），输入计算地震作用参数等。若在节 5.3.1——总信息参数中选择不计算地震作用，则只需输入地震烈度、框架抗震等级和剪力墙抗震等级。

1. 结构规则性信息

选择建筑形体平面规则性。选择"规则"，在地震作用计算时不考虑扭转耦联影响。选择"不规则"，在地震作用计算时考虑扭转耦联影响。

根据结构具体情况选择，当构筑物结构质量和刚度平面分布明显不对称、不均匀时，按《高层建筑混凝土结构技术规程》第 4.3.2 条或《建筑抗震设计规范》第 3.4 条规定判断。

2. 设防地震分组、设防烈度

选择设防地震分组、结构的地震设防烈度和设计基本地震加速度。根据建筑物所建造的区域，按《建筑抗震设计规范》附录 A 设定设计地震分组及结构

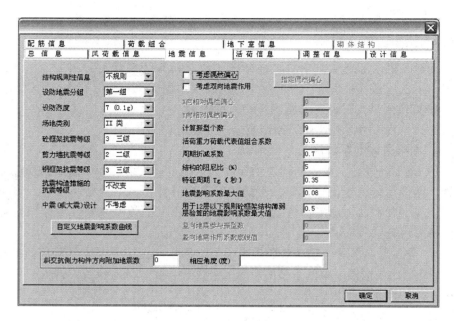

图 5-9 地震信息对话框

的地震设防烈度和设计基本地震加速度。

3. 场地类别

选择构筑物场地类型，程序根据不同的场地类别，计算特征周期。场地类别可取 I 0 类、I 1 类、II 类、III 类、IV 类，场地类别由地质资料提供。

4. 结构的抗震等级的选择

结构不同的抗震等级，对结构构件有相应的计算和构造措施要求。

1）砼框架、剪力墙抗震等级：选择混凝土框架、剪力墙结构的抗震等级。这两项为对混凝土框架或剪力墙结构构件相应的计算和构造设防要求。构造设防等级按结构类型、设防烈度、结构高度等因素确定。

提示：混凝土框架抗震等级和剪力墙抗震等级按《建筑抗震设计规范》第 **6.1.2** 条确定，或《高层建筑混凝土结构技术规程》第 **3.9.3** 条规定采用。

2）钢框架抗震等级：选择钢框架抗震等级。按设防烈度、结构高度等因素确定结构构造设防等级。

3）抗震构造措施的抗震等级：选择结构抗震构造措施的抗震级别。当结构抗震构造措施的抗震等级与结构抗震等级不一致时，提高或降低抗震构造措施的抗震级别。

5. 特别结构的抗震性能设计

1）中震（或大震）设计是对于特别不规范结构，进行抗震性能设计。

选择"不考虑"，不进行抗震性能设计。

选择"不屈服"，程序以结构构件不屈服为目标设计。

选择"弹性"，程序采用与抗震等级有关的增大系数（均取 1），进行抗震验算。

提示：按《高层建筑混凝土结构技术规程》第 3.11 节，对特别不规范结构，进行抗震性能设计。

2）自定义地震影响系数曲线：当规范给出地震影响系数曲线不满足抗震设计条件时，定义地震影响系数曲线。

提示：按《建筑抗震设计规范》第 5.1.2 条，在地震作用计算时需定义地震影响系数曲线。

6. 斜交抗侧力构件结构的抗震计算

《建筑抗震设计规范》第 5.1.1 条规定，对于有斜交抗侧力构件的结构，当其相交角度大于 15°时，应分别计算各抗侧力构件方向的水平地震作用。

1）斜交抗侧力构件方向附加地震数：输入需进行斜向附加地震作用计算的次数。有大于 15°斜交抗侧力构件的结构，应分别计算各抗侧力构件方向的水平地震作用。

2）相应角度：输入与附加地震次数相应的角度。程序对每一个输入角度地震方向进行地震反应谱分析，计算相应的构件内力。

提示：多方向地震作用的角度按对称输入（如 45°和 -45°），因为风荷载不考虑多方向作用，避免对结构设计的不利。

7. 地震作用扭转效应计算

《建筑抗震设计规范》第 5.1.1 条规定，质量和刚度分布不对称的结构，应计入双向水平地震作用下的扭转影响。

1）考虑偶然偏心：以考虑偶然偏心方式调整地震作用的扭转效应。

选择，考虑偶然偏心计算地震作用。对质量和刚度分布基本对称的结构，以单向计算地震作用时，可以考虑以偶然偏心方式调整地震作用。考虑偶然偏心的主要目的是控制结构的扭转效应。

不选择，不考虑偶然偏心计算地震作用。

2）X、Y 向相对偶然偏心：输入 x、y 向相对偶然偏心。

计算地震作用时，应考虑偶然偏心引起的可能最不利地震作用的影响，附加偏心距可取与地震作用方向垂直的建筑物边长的 5%。

3）指定偶然偏心：写入分层分塔的相对偶然偏心值。当建筑物比较复杂时，需对结构的部分或局部做调整。程序要求以文本的形式输入。

提示：按《高层建筑混凝土结构技术规程》第 4.3.3 条规定，计算单向地震作用时应考虑偶然偏心的影响，附加偏心距可取与地震作用方向垂直的建筑物边长的 5%。

4）考虑双向地震作用：在计算地震作用时计算双向水平地震作用下的扭转效应。按《建筑抗震设计规范》第 5.1.1 条，当结构质量和刚度分布明显不对称时，计算水平地震作用扭转效应。选择双向地震作用组合后，地震作用内力会放大较多。

选择，考虑结构双向水平地震作用下的扭转效应。

不选择，不考虑双向地震作用。

注意：当同时选择"考虑偶然偏心"和"考虑双向地震作用"时，程序分别输出，并自动选择地震作用最大值。

8. 计算振型个数

输入计算振型个数。多高层结构的计算振型数一般大于9，但不能超过结构固有振型的总数。当地震作用采用侧刚计算时，若不考虑耦联振动，计算振型数不得大于结构层数；若考虑耦联振动，计算振型数应不小于9，且为3倍的层数；当地震作用采用总刚计算时，一般取大于12。

结构复杂时，可用有效质量系数判断。当有效质量系数大于90%时，就说明计算振型个数已够。

提示：有效质量系数存于周期、振型、地震力（地震作用）文件（WZQ. OUT）中。

9. 活荷重力荷载代表值组合系数

输入活荷质量折减系数（0.5～1.0）。活荷质量折减系数为计算重力荷载代表值时的活荷载组合值系数。按《建筑抗震设计规范》第5.1.3条，在地震作用计算时对楼层活荷载予以折减（最小可折减50%）。

10. 周期折减系数

输入周期折减系数（0.7～1.0）。框架结构上的填充墙会使结构计算地震作用偏小于实际地震作用（填充墙使得结构的刚度变大，震动周期变小，收到的感应地震作用变大），因此采用周期折减的方法放大地震作用。框架结构，砖墙较多时周期折减系数可取 $T_c = 0.6～0.7$，砖墙较少时可取 $T_c = 0.7～0.8$；框架-剪力墙结构和筒体–剪力墙，可取 $T_c = 0.8～0.9$；纯剪力墙结构的周期不折减。

11. 结构的阻尼比（%）

输入结构的阻尼比（%），该参数用于风荷载的计算。按《建筑结构荷载规范》第7.6.2条，混凝土结构填5（%）。对于钢结构、混合结构相应减小，钢结构取2（%），混合结构取3（%）。

12. 特征周期 Tg（秒）

输入特征周期值，该系数随设计地震分组、场地类别及地震烈度而变化。程序由"总信息"及本页的有关地震信息，隐含取《建筑抗震设计规范》表5.1.4-2的值。

13. 地震影响系数最大值

1）地震影响系数最大值：输入多遇地震影响系数最大值，该系数随地震烈度而变化。程序隐含为规范值。用于多遇地震或中、大震弹性或不屈服计算地震作用。程序隐含取《建筑抗震设计规范》第 5.1.4 条表 5.1.4-1。

2）用于 12 层以下规则砼框架结构薄弱层验算的地震影响系数最大值：输入罕遇地震影响系数最大值。仅用于 12 层以下规则混凝土框架结构薄弱层验算。

14. 竖向地震作用计算

以反应谱方式计算竖向地震作用时，按《高层建筑混凝土结构技术规程》第 4.3.15 条，竖向地震作用不小于规定值。

1）竖向地震参与振型数：输入振型数。

2）竖向地震作用系数底线值：输入竖向地震作用系数的最小值。按《高层建筑混凝土结构技术规程》表 4.3.15 取值。

5.3.4　活荷载信息

选择【活荷信息】，出现活荷载信息对话框（图 5-10），输入活荷载分析时的参数等。若在节 5.3.1——总信息参数中选择恒、活荷载不分开计算，可不输入活荷载分析时的参数。

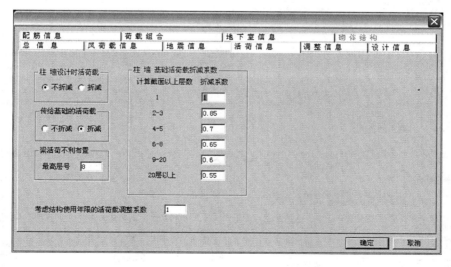

图 5-10　活荷载信息对话框

1. 楼面活荷载折减

根据《建筑结构荷载规范》第 5.1.2 条，多高层结构在柱和墙、基础设计时，折减楼面承受的活荷载。

1）柱、墙设计时活荷载：设计柱墙的活荷载是否折减。

选择"不折减"，在柱和墙设计时不考虑楼面活荷载折减。

选择"折减",在柱和墙设计时考虑楼面活荷载折减。

2)传给基础的活荷载:传给基础的活荷载是否折减。

选择"不折减",传给基础时不考虑楼面活荷载折减。

选择"折减",传给基础时考虑楼面活荷载折减。

2. 梁活荷不利布置

程序按输入的梁活荷载不利布置的最高层号进行内力分析。最高层号用于从底层至最高层号各层考虑梁活荷载的不利布置,而以上层则不考虑活载不利布置。若最高层号为结构层数,则对全楼所有层都考虑活荷的不利布置。

最高层号:输入梁活荷载不利布置计算的最高层号(选择恒、活荷载分开算时)。但注意在参数修正的调整信息对话框中,"梁弯矩放大系数"只能取 1。

输入 0,表示不考虑梁活荷载的不利布置。对于楼面活荷载相对较小的结构,可不进行梁活荷载的不利布置,但需考虑梁弯矩放大。

3. 柱、墙、基础活荷载折减系数

根据规范输入柱、墙、基础活荷载折减系数。活荷载信息对话框中,屏幕显示隐含值为《建筑结构荷载规范》给出,可以修改。

提示:"柱、墙、基础活荷载折减"对基础只传到底层最大组合内力,并没有直接传给 **JCCAD** 程序。

4. 考虑结构使用年限的活荷载调整系数

输入考虑结构设计使用年限的可变荷载(楼面活荷载)调整系数。按《高层建筑混凝土结构技术规程》第 5.6.1 条规定,设计使用年限为 50 年时调整系数取 1.0,设计使用年限为 100 年时调整系数取 1.1。

5.3.5 调整信息

选择【调整信息】,出现调整信息对话框(图 5-11),输入结构设计内力调整参数等。

1. 框架梁端负弯矩调幅

梁端负弯矩调幅系数:输入梁端负弯矩调幅系数(0.8 ~ 1.0)。在竖向荷载的作用下,钢筋混凝土框架梁设计允许考虑混凝土的塑性变形内力重分布,适当减小支座负弯矩,相应增大跨中正弯矩。程序自动调整正弯矩。一般工程可取 0.85。

2. 框架梁设计弯矩调整

由于在框架结构分析时,按满布荷载计算,不考虑活荷载的不利分布,将引起框架梁弯矩偏小,因此放大框架梁弯矩。

梁活荷载内力放大系数:输入梁活荷载内力放大系数(1.0 ~ 1.3)。对于考虑活荷载的不利分布时,输入系数 1;按满布荷载计算时,活荷载内力放大系数

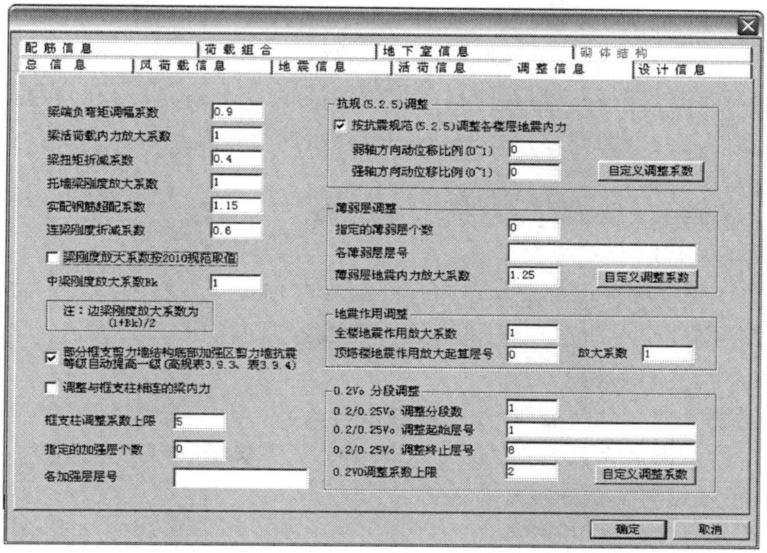

图 5-11　调整信息对话框

输入 1.1～1.3。该放大系数对梁正负弯矩均起作用。一般工程取 1.2。

3. 混凝土梁扭矩调整

对于现浇楼板结构，当假定楼板为刚性时，可以考虑楼板对梁抗扭的作用而对梁的扭矩进行折减。若考虑弹性楼板假定，梁的扭矩不应折减。

梁扭矩折减系数：输入梁扭矩折减系数（0～1.0）。一般工程取 ±0.4。

当梁上有扭矩时，就不能考虑梁扭转折减系数。在结构分析时，第一次考虑梁扭转折减，计算梁上无扭矩的直梁；第二次不考虑扭转的折减，计算梁上有扭矩的梁（如弧梁）。

4. 托墙梁刚度调整

框支剪力墙采用托墙梁支承剪力墙，托墙梁刚度放大系数受混凝土墙的影响。无混凝土墙（有墙上洞口）时，托墙梁刚度不能放大。

托墙梁刚度放大系数：有框支剪力墙时，托墙梁刚度放大系数输入。设计时一般不考虑，输入托墙梁刚度放大系数 1。

5. 结构构件实配钢筋

实配钢筋超配系数：输入实配钢筋超配系数（一般为 1）。只有九度（设防烈度）结构和一级（抗震等级）框架结构梁柱，为了验算结构的弹塑性变形，需按实配钢筋和材料强度标准值来计算。一般进行专门研究。

6. 墙肢间（剪力墙）连梁刚度调整

连梁为两端与剪力墙相连的梁或剪力墙洞口之间的梁。连梁两端刚度很大，剪力就会很大，往往出现超筋。多高层结构设计中允许连梁开裂，开裂后连梁的刚度有所降低，程序中通过连梁刚度折减系数来反映开裂后的连梁刚度。

连梁刚度折减系数：输入连梁刚度折减系数（0.55~1.0）。根据《高层建筑混凝土结构技术规程》第5.2.1条，折减系数不宜大于0.5。为避免连梁开裂过大，一般常取0.7。

提示：连梁为跨高比小于5的剪力墙墙肢间的梁。

7. 框架梁刚度调整放大

PMCAD建模中，框架梁按矩形部分输入截面尺寸并计算刚度。而对于现浇楼板（采用刚性楼板假定），楼板作为梁的翼缘是梁的一部分，通过刚度增大考虑楼板对梁刚度的影响。

1）梁刚度放大系数按2010规范取值：选择，程序放大系数取规范值。

2）中梁刚度放大系数：输入中梁刚度放大系数 B_k（1.5~2.0）。该系数取值大小与板厚相对梁截面尺寸有关。

只有一侧与刚性楼板相连的中梁或边梁的刚度放大系数程序直接取为 $1.0 + (B_k - 1)/2$。一般中梁刚度放大系数为2.0。可在"特殊梁构件补充定义"的特殊梁设置处，查看或修改各梁的刚度放大系数。

注："2010 规范"是指 GB 50010—2010《混凝土结构设计规范》。

8. 部分框架剪力墙结构抗震等级调整

部分框架剪力墙结构按《高层建筑混凝土结构技术规程》表3.9.3、表3.9.4调整抗震等级。

部分框支剪力墙结构底部加强区剪力墙抗震等级自动提高一级：选择，程序对结构的局部抗震等级提高一级。

9. 与框支柱相连的梁内力调整

按《建筑抗震设计规范》第6.2.5条、第6.2.10条规定，抗震设计时调整与框支柱相连的梁弯矩和剪力。

1）调整与框支柱相连的梁内力：选择，程序调整地震作用的与框支柱相连的梁内力（弯矩、剪力）。

2）框支柱调整系数上限：按规范输入调整系数上限值。

10. 筒体结构的加强层

框架-筒、筒中筒结构设置加强层时，按《高层建筑混凝土结构技术规程》第10.3.3条，对加强层及其相邻层采取相应的措施。

1）指定的加强层个数：输入加强层个数。

2）各加强层层号：输入剪力墙底部加强区（部位）起算层号（按PMCAD建模楼层整体组装层计）。

11. 结构楼层的水平地震的剪力验算

抗规（5.2.5）调整：抗震验算时，按《建筑抗震设计规范》第5.2.5条规定，结构任一楼层的水平地震的剪重比不应小于该规范表 5.2.5 给出的最小地震剪力系数 λ。

1）按抗震规范（5.2.5）调整各楼层地震内力：选择，程序进行各楼层地震内力调整。抗震验算时，按《建筑抗震设计规范》第 5.2.5 条规定，结构任一楼层的水平地震的剪重比不应小于该规范表 5.2.5 给出的最小地震剪力系数 λ。

2）弱轴、强轴方向动位移比例（0～1）：输入结构的弱轴、强轴方向动位移比例。程序中所说的强轴指的是短周期的方向，弱轴指的是长周期的方向。

当只有底部剪力不满足规范规定时，如果位于加速度控制段（自振周期 $T_s < T_g$），动位移比例填 0；如果自振周期位于位移控制段（$T_s > 5T_g$），此时动位移比例填 1；如果自振周期在 T_g 和 $5T_g$ 之间，此时可填 0.5。

3）自定义调整系数：以文本的形式输入"强制指定剪重比调整系数"。对多塔结构往往不按 1）调整，需分塔分层调整剪重比系数。

12. 薄弱层调整

平面规则而竖向不规则的结构，按《建筑抗震设计规范》第 3.4.4 条规定，对薄弱层的地震剪力应乘以内力放大系数。

1）指定的薄弱层个数：输入薄弱层个数。

2）各薄弱层层号：输入相应各薄弱层层号。

3）薄弱层地震内力放大系数：输入放大系数（1.25～2.0）。

提示：对于竖向构件不规则或承载力不满足要求的楼层，程序不能自动判断为薄弱层，需人为在此指定。

13. 地震作用调整

对结构进行了地震作用计算，为了保证结构的安全性，根据经验放大地震作用。

1）全楼地震作用放大系数：输入全楼地震作用放大系数。可通过此参数来放大地震作用内力，提高结构的抗震安全性。取值范围是 1.0～1.5。

2）顶塔楼地震作用放大起算层号：输入顶塔楼地震作用放大起算层号。由于顶部塔楼结构的地震作用，程序对该层及以上的结构构件地震内力进行放大。

提示：当结构分析时，振型数足够（有效质量系数大于 90%）可不用放大。

3）放大系数：输入顶塔楼内力放大系数（$R_{t1} \geqslant 1$）。在取得足够的振型数（N）后，宜对顶层小塔楼的内力做适当放大。非耦联：$3 \leqslant N_{mode} < 6$，$R_{t1} \leqslant 3.0$；$6 \leqslant N_{mode} \leqslant 9$，$R_{t1} \leqslant 1.5$。耦联：$9 \leqslant N_{mode} < 12$，$R_{t1} \leqslant 3.0$；$12 \leqslant N_{mode} \leqslant 15$，$R_{t1} \leqslant 1.5$。

提示：如果小塔楼的层数大于两层，则振型数应取再多些，可用有效质量系数（大于 90%），判断振型数是否足够。放大系数仅放大顶塔楼的内力，并不改变位移。

14. 0.2V₀ 分段调整

需对框-剪结构的中框架部分进行地震剪力的调整,框架部分承担至少20%的基底剪力,以增加框架的抗震能力。若不调整,均填0。0.2V₀调整放大系数只对框架梁柱的弯矩和剪力有影响,不包含柱的轴力调整。

1) 0.2/0.25V₀调整分段数:输入0.2/0.25V₀调整分段数。

2) 0.2/0.25V₀调整起始层号、调整终止层号:输入0.2/0.25V₀调整起始层号、终止层号。若不调整,这两个数均填0。

3) 0.2V₀调整系数上限:输入调整系数限制值。程序自动计算调整系数时,最大取2。

4) 自定义调整系数:以文本的形式输入"强制指定0.2V₀调整系数"。如需干预0.2V₀调整系数,以文本输入。

5.3.6 设计信息参数

选择【设计信息】,出现设计信息对话框(图5-12),输入结构设计的钢筋材性及构造参数等。

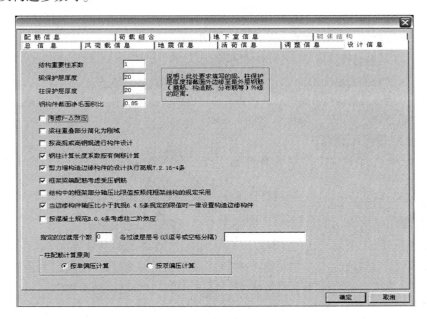

图5-12 设计信息对话框

1. 结构重要性系数

输入结构重要性系数。根据设计建筑物性质选择结构重要性系数。按GB 50153—2008《工程结构可靠度设计统一标准》附录A,由建筑物的安全等级确定。或按各建筑结构设计规范确定，如《混凝土结构设计规范》）第 3.2.3 条。一般结构取 1.0。

2. 梁柱的混凝土保护层

梁、柱保护层厚度：输入梁、柱保护层厚度。按《混凝土结构设计规范》第 8.2.1 条取值，一般取 20mm。钢筋的保护层为钢筋边缘至混凝土截面外缘。

程序在计算钢筋合力点到截面边缘的距离时取：单排配筋时为保护层厚度 +10mm +12.5mm，双排配筋时为保护层厚度 +10mm +12.5mm +25mm。

3. 结构的重力二阶效应

在结构分析中考虑竖向荷载的侧移效应称为考虑 P-Δ 效应，程序分析中可计算重力二阶效应内力。当结构发生水平位移时，竖向荷载与水平位移的共同作用，将使相应的内力加大。

考虑 P-Δ 效应：程序在分析时，考虑竖向荷载的侧移效应。

不选择，混凝土结构一般不考虑。

选择，当混凝土结构不满足《高层建筑混凝土结构技术规程》第 5.4.1 条，或地震作用满足《建筑抗震设计规范》第 3.6.3 条时，考虑 P-Δ 效应。

4. 梁柱重叠部分模型简化

梁柱重叠部分简化为刚域：简化梁柱重叠部分结构分析模型。

选择，该项梁柱重叠部分简化为刚域，程序将梁、柱交叠部分作为刚域计算，计算受压钢筋的梁端负弯矩。柱尺寸较大时，如异型柱结构采用这种方式。

不选择，程序认定梁柱交叠部分为梁的一部分，结构内力分析计算简图得到的弯矩（内力效应组合）计算梁端受压钢筋。一般框架结构梁采用这种方式。

5. 结构构件设计规范选择

按高规或高钢规进行构件设计：在结构构件设计时，程序选择设计规范。

选择，对混凝土结构程序按《高层建筑混凝土结构技术规程》进行荷载组合计算，并设计构件。

不选择，对混凝土结构程序按《混凝土结构设计规范》进行荷载组合计算，并设计构件。

6. 钢结构设计的钢柱

钢柱计算长度系数按有侧移计算：考虑钢柱设计时计算钢柱有侧移的影响。混凝土结构设计无影响。

选择，程序按 GB 50017—2003《钢结构设计规范》附录 D-2 的公式计算钢柱的长度系数。

不选择，程序按《钢结构设计规范》附录 D-1 的公式计算钢柱的长度系数。

7. 剪力墙边缘构件构造要求

剪力墙构造边缘构件的设计执行高规 7.2.16-4 条：按《高层建筑混凝土结

构技术规程》第 7.2.16-4 条，在抗震设计时，对连体结构、错层结构以及 B 级高度高层建筑结构中的剪力墙（筒体）构件的最小配筋相应提高。

选择，程序按规范对结构剪力墙作相应的构造。

不选择，程序不执行该条。

8. 框架梁配置受压钢筋

框架梁端配筋考虑受压钢筋：根据规范在截面受压区有时需要配置钢筋，并将受压区钢筋作为正截面的受压钢筋。

选择，程序在抗震设计时将受压区构造钢筋作为受压钢筋。此外，在框架梁考虑弯矩调幅时，程序自动调整受压钢筋。

9. 框-剪结构中框架柱的轴压比

结构中的框架部分轴压比限值按照纯框架结构的规定采用：任何情况下，按照纯框架结构的规定采用。

选择，框剪结构设计时，不管框架结构承受地震倾覆力大小，按照纯框架结构的规定采用。

不选择，按 JGJ 3—2010《高层建筑混凝土结构技术规程》第 8.1.3 条规定采用。

10. 抗震墙结构的边缘构件设置

当边缘构件轴压比小于《建筑抗震规范》第 6.4.5 条规定的限值时一律设置构造边缘构件：在抗震墙结构设计时，设置构造边缘构件。

选择，程序对抗震墙一律设置构造边缘构件。

不选择，按《建筑抗震设计规范》第 6.4.5 条，只在需要处设置构造边缘构件。

11. 排架结构柱考虑二阶效应

按混凝土规范 B.0.4 条考虑柱二阶效应：排架结构设计时，考虑混凝土柱的二阶效应。

选择，在排架结构柱设计时考虑二阶效应。

12. B 级高度高层建筑剪力墙的过渡层设置

按《高层建筑混凝土结构技术规程》第 7.2.14-3 条，B 级高度高层建筑剪力墙，宜在约束边缘构件层与构造边缘构件之间设置过渡层。

指定的过渡层个数：输入指定的过渡层个数。

各过渡层层号：输入各过渡层层号。

13. 混凝土柱配筋计算方法

柱配筋计算原则：选择结构构件设计计算柱受力纵筋的方式。

选择"按单偏压计算"，混凝土柱按单偏压计算公式分别计算柱两个方向的配筋。对于柱内力按空间结构计算时，需进行双偏压验算。

选择"按双偏压计算"，混凝土柱按双向压计算公式计算柱的两个方向的配筋和角筋。计算配筋时，设定角钢筋及其他钢筋，计算、复核双向配筋是否承载力。异型柱结构程序自动按双偏压、拉计算配筋。

5.3.7　配筋信息参数

选择【配筋信息】，出现配筋信息对话框（图 5-13），输入结构构件的钢筋材性及构造参数等。

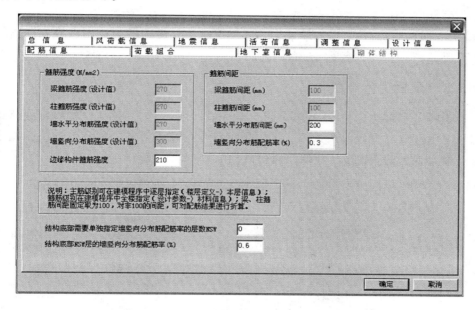

图 5-13　配筋信息对话框

1. 梁柱箍筋

1）梁、柱箍筋强度：显示梁、柱箍筋强度设计值。此处只显示数据，需修改可由 PMCAD 建模中修改。

2）梁、柱箍筋间距：显示梁、柱箍筋间距。此处只显示数据，需修改可由 PMCAD 建模中修改。

2. 墙分布筋

1）墙水平分布筋强度、墙竖向分布筋强度（设计值）：此处只显示数据，需修改可由 PMCAD 建模中修改。

2）墙水平分布筋间距（mm）：有剪力墙（或抗震墙）时，输入墙水平分布筋间距，并满足规范要求。按《高层建筑混凝土结构技术规程》第 7.2.18 条，要求钢筋间距不应大于 300mm。设计中抗震区常采用 250mm。

3）墙竖向分布筋配筋率（%）：有剪力墙或抗震墙时，输入规范要求的墙竖向分布筋配筋率（%），可输入 0.12 ~ 1.2 之间的数。

《混凝土结构设计规范》中第 11.7.14 条规定，剪力墙的水平和竖向分布钢筋的配置应符合下列规定：一、二、三级抗震等级的剪力墙的水平和竖向分布钢筋配筋率均不应小于 0.25%；四级抗震等级的剪力墙的水平和竖向分布钢筋配筋率均不小于 0.2%。

3. 加强区或不同非加强区定义

1）结构底部需要单独指定墙竖向分布筋配筋率的层数 NSW：剪力墙结构底部加强部位或不同非加强区的层数。

2）结构底部 NSW 层的墙竖向分布筋配筋率：输入剪力墙结构底部加强部位或不同非加强区的墙竖向分布筋配筋率。

5.3.8 荷载组合参数

选择【荷载组合】，出现荷载组合对话框（图 5-14），输入结构设计的荷载分项系数和效应组合值系数等，可以指定各个荷载工况的分项系数和组合值系数，屏幕显示的参数按《建筑结构荷载规范》默认设置。

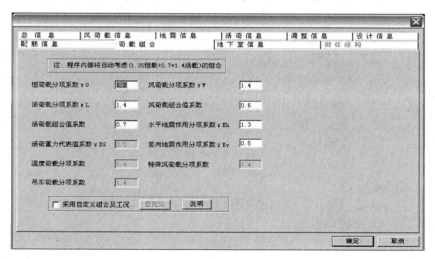

图 5-14　荷载组合对话框

1. 荷载分项系数

1）恒荷载分项系数：输入恒荷载分项系数。恒荷载分项系数为永久荷载分项系数，按《建筑结构荷载规范》第 3.2.5 条取值。由可变荷载效应控制的组合设计，永久荷载分项系数一般取 1.2。

2）活荷载分项系数、风荷载分项系数：输入活荷载分项系数、风荷载分项系数。活荷载分项系数、风荷载分项系数为可变荷载分项系数，按《建筑结构荷载规范》第 3.2.5 条取值。可变荷载分项系数规范值为 1.4，当工业房屋楼面结构的活荷载标准值大于 4kN/m² 时，分项系数取 1.3。

3）水平地震作用分项系数、竖向地震作用分项系数：分别输入水平地震作用分项系数、竖向地震作用分项系数。按《建筑抗震设计规范》第 5.4.1 条规定取值。仅计算水平地震作用分项系数取 1.3；仅计算竖向地震作用分项系数取 1.3；以水平地震为主，水平地震作用分项系数为 1.3，竖向地震作用分项系数取 0.5；以竖向地震为主，水平地震作用分项系数为 0.5，竖向地震作用分项系数取 1.3。

4）温度荷载分项系数、吊车荷载分项系数、特殊风荷载分项系数：分别输入温度荷载分项系数、吊车荷载分项系数、特殊风荷载分项系数，按规范为 1.4。

2. 荷载组合值系数

1）活荷载组合值系数：输入活荷载组合值系数。永久荷载控制的组合取 0.7，由可变荷载控制的组合取 1.0，其他情况按《建筑结构荷载规范》第 4.1.1 条确定。

2）风荷载组合值系数：输入风荷载组合值系数。多层建筑风荷载组合值系数取 0.6，高层建筑取 1.0。

3. 活荷重力代表值系数

输入活荷重力代表值系数，一般可取 0.5。按《建筑抗震设计规范》第 5.3.1 条，允许在计算地震作用时对活荷载进行折减。活荷载占整个结构重量的 10%~15%，一般按规范要求的进行折减 $C_{eli} = 0.5~1.0$，活荷重力代表值系数不但改变了楼层重量，还对竖向活荷载作用下的设计内力进行了调整。

4. 采用自定义组合及工况

一般不选择。只有特殊情况下才考虑。

提示：以上参数程序按规范隐含取的参考数值，只有当确有依据和需要时才作修改。若选择"采用自定义组合及工况"，请阅读屏幕中说明。

5.3.9　地下室信息参数

当在总信息菜单中"地下室层数"大于或等于 1 时，单击【地下室信息】，屏幕显示地下室信息对话框（图 5-15），输入地下室结构设计参数等。

1. 地下室侧向约束的附加刚度计算

程序通过土层水平抗力系数的比例系数、地下室的深度和侧向迎土面积，计算地下室侧向约束的附加刚度。

1）土层水平抗力系数的比例系数（M 值）：输入土层水平抗力系数的比例系数。该系数按 JGJ 94—2008《建筑桩基技术规范》表 5.7.5 的灌注桩项取值，

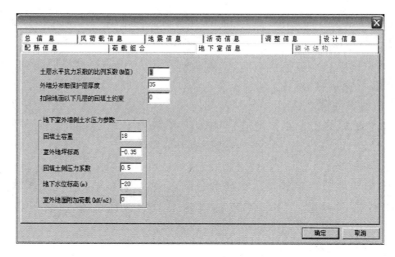

图 5-15　地下室信息对话框

一般为 2.5 ~ 35。

若地下室无水平位移（即侧向约束，绝对嵌固层数），则输入负数（M 小于或等于地下室层数）。

2）外墙分布筋保护层厚度：输入外墙分布筋保护层厚度。根据地下室外围墙环境，按《混凝土结构设计规范》第 8.2.1 条，取钢筋保护层厚度 25mm（**有可靠防水或防护措施**）或 40mm。此参数用于地下室外围墙平面外配筋计算。

3）扣除地面以下几层的回填土约束：输入室外不回填土的地下室层数。确定回填土的深度，该值不大于地下室层数。

2. 地下室外墙侧土水压力参数

1）回填土容重：输入回填土重度，用于地下室结构设计的荷载计算。外围回填土重度一般取 18 ~ 20kN/m³。

2）室外地坪标高：输入建筑物室外地坪标高（m），用于地下室结构设计。以高于建筑 ±0.000 标高为正。

3）回填土的侧压力系数：输入回填土的侧压力系数，以计算地下室外围墙的填土侧压力，按 GB 50007—2011《建筑地基基础设计规范》附录 L 取值。

4）地下水位标高：输入地下水位标高（m），以计算水压力。以高于建筑 ±0.000 标高为正。

5）室外地面附加荷载：输入室外地面附加荷载，即地下室外围地面的其他竖向荷载（kN/m²）。以计算由室外地面附加荷载引起的地下室外侧水平荷载。

5.4　结构分析与构件配筋计算

结构分析计算由主菜单 2 和主菜单 3 完成。主菜单的【2 结构内力，配筋计算】必须执行，只有结构有次梁（在 PMCAD 建模时按次梁输入）时执行主菜单的【3PM 次梁内力与配筋计算】。

5.4.1　结构分析及设计配筋

执行 SATWE 主菜单的【2 结构内力，配筋计算】，屏幕弹出 SATWE 计算控制参数选择框（图 5-16）。

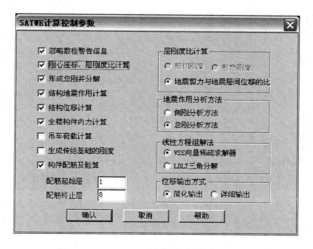

图 5-16　SATWE 计算控制参数选择框

1. 刚心坐标、层刚度（抗侧刚度）比计算

第一次计算时，必须选择。若不改变几何数据，在以后可不选择。

通过计算可得到各层的质量、质心坐标以及各层刚心、偏心率、相邻层侧移刚度比等计算信息，存于文件 WMASS. OUT。

提示：计算结构刚心坐标、层刚度比时，有非刚性楼板（弹性板）应对所有楼层采用刚性楼板假定。

2. 层刚度比计算方法选择

层刚度比为剪切刚度、剪弯刚度、地震剪力与地震层间位移的比。作地震作用计算的结构必须选择该项，对于不同类型的结构，可以选择不同的层刚度计算方法。

1）剪切刚度：按《高层建筑混凝土结构技术规程》第 6.1.14 条，给出的方法，适用于以剪切变形为主的结构（如底部大空间为一层的部分框支剪力墙结构）。若结构有支撑，结构以弯曲变形为主，该方法不适用。

2）剪弯刚度：通过加单位力方法用有限元计算抗侧刚度，考虑结构的弯曲变形和剪切变形。底部大空间多于一层的框支剪力墙结构宜采用该方法。

3）地震剪力与地震层间位移的比：按《建筑抗震设计规范》第 3.4.3 条，用地震剪力与地震层间位移的比方法，计算抗侧层刚度比。

注意：在计算地震作用时，程序设置限制采用"地震剪力与地震层间位移的比"方法。

3. 结构总刚形成

形成总刚并分解：程序通过计算可得到总刚度矩阵，用于结构内力分析。

选择，形成结构总刚度。第一次执行必须选择。若不改变结构几何数据，在以后可不选择。

4. 地震作用

（1）结构地震作用计算　选择，程序采用振型分解法计算结构的地震作用。

（2）地震作用分析方法　选择，计算地震作用时的刚度方法选择。在地震作用分析的振型分解法中，结构刚度计算可采用侧刚度和总（整体）刚度计算两种方法。侧刚分析方法按侧移刚度计算模型进行结构振动分析，总刚分析方法是指按整体刚度计算模型进行结构的振动分析。

1）选择"侧刚分析方法"，程序采用该方法计算刚度。侧刚度（抗侧刚）计算方法是一种简化计算方法，适合于满足刚性楼板假定的结构和分块楼板刚性的多塔结构。当定义有弹性楼板（多塔或错层）或有弹性节点（不与楼板相连构件的交点）时，会有一定的误差。若弹性范围不大或弹性节点不多，可满足工程要求。

2）选择"总刚分析方法"，程序采用该方法计算刚度。总（整体）刚度计算方法直接采用结构的总刚和与之相应的质量进行地震反应分析。这种方法适用于各种结构分析，可准确分析结构每层和各构件的空间反应。当定义有弹性楼板或有不与楼板相连的构件时，一般选择总（整体）刚度计算方法。

5. 结构位移

（1）结构位移计算　进行结构位移计算，用于判断结构的位移是否满足规范要求。楼层水平位移存放于 WDISP. OUT 文件。

选择，一般结构均应进行位移计算。计算结构位移时，应对所有楼层采用刚性楼板假定（设置后重新计算），并且不考虑地震偶然偏心的影响。

（2）位移输出方式　位移结果输出方式选择。

选择"简化输出"，输出各工况下结构的楼层最大位移值（存于 WDISP. OUT 文件），输出周期、地震作用（存于 WZQ. OUT 文件）。

选择"详细输出"，还输出各工况下每个节点的位移（存于 WDISP. OUT 文件），各振型下每个节点的位移（存于 WZQ. OUT 文件）。

6. 线性方程组解法选择

程序提供"VSS 向量稀疏求解器"和"LDLT 三角分解"方法。

1）选择"VSS 向量稀疏求解器"，程序采用 VSS 向量稀疏求解器。该分解方法速度快，当采用"总刚分析方法"时，一般选择该求解器；当采用"模拟施工加载 3"时，只能采用"VSS 向量稀疏求解器"。

2）选择"LDLT 三角分解"，程序采用 LDLT 三角分解方法。

7. 内力分析

全楼构件内力计算：计算所有构件的内力。保存计算结果，每层输出一个内力文件（文件名 WNL *. OUT）。

选择，计算所有构件的内力。

8. 吊车荷载分析

吊车荷载计算：吊车荷载作用下的内力计算。

选择，程序计算吊车荷载作用下的内力。

9. 考虑上部结构对基础的影响

生成传给基础的刚度：程序将上部结构的刚度传给下部基础程序（JCCAD），作上刚度凝聚工作。

选择，在基础计算时，可考虑上部结构的实际刚度，使之上下共同工作。

一般结构可不选择。该项选择对上部结构无影响。

10. 构件设计

构件配筋及验算：对需进行配筋和验算构件，选择"构件配筋及验算"的楼层，并对其进行构件截面设计和构造验算。按现行规范进行荷载效应组合、内力调整，然后计算混凝土构件（矩形和圆形截面）的配筋；对于 12 层以下的混凝土矩形柱框架结构，程序自动选择进行薄弱层验算，以文本文件的方式输出有关计算结果。对于带有剪力墙结构，程序自动生成边缘构件，可在边缘构件配筋简图查看配筋结果，并存于文本 SATBMB. OUT。

1）选择，进行构件配筋计算和构造验算。一般应选择。

2）配筋起始层、配筋终止层：输入连续的计算层起始层号和终止层号。计算结果存于 WPJ *. OUT 文件，* 为层号。同时对于构件配筋不满足规范要求的信息，存于超配筋信息文件 WGCPJ. OUT。

提示：对需计算的项目进行选择。用鼠标点取各项计算控制参数，该项控制参数的取值在"算"和"不算"之间切换，"√"的含义为计算。

5.4.2　PM 次梁内力与配筋计算

执行 SATWE 主菜单的【3PM 次梁内力与配筋计算】，程序将对 PMCAD 中输入的所有**次梁**，按连续梁的方式计算，并进行梁截面配筋设计。梁的配筋可以在"墙梁柱施工图"程序配筋图中显示，也可与**主梁**（PMCAD 建模中）整体归并，并绘制施工图。

> 提示：在 PMCAD 中无次梁输入，则可不执行该项菜单。

5.5　结果图形和计算结果输出

执行主菜单的【4 分析结果图形和文本显示】，屏幕弹出 SATWE 后处理图形文件输出菜单（图 5-17）和 SATWE 后处理文本文件输出菜单。可检查或查询各项结果，通过对各项输出结果的分析，可判断结构分析的正确性和结构的合理性。

分析结果包括图形文件输出和文本文件输出两部分。图形文件输出的内容有各层配筋构件编号简图、各层配筋简图、各层梁内力简图和结构的振型图等。文本文件输出的内容有 12 项。

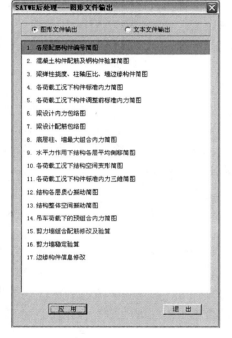

图 5-17　SATWE 后处理图形文件输出菜单

5.5.1　图形文件输出

SATWE 程序计算中，剪力墙采用直线段配筋表示。剪力墙中的一个配筋墙段称为一个墙-柱，上、下层剪力墙洞口之间的部分称为一个墙-梁。一个墙-柱可能由一个墙元的一部分组成（如洞口两侧部分），也可能由几个墙元连接而成。而墙-梁配筋计算时，依据墙-梁（剪力墙）的高宽比不同，按梁配筋或按柱配筋。

1. 各层配筋构件编号简图

程序设置屏幕以结构平面显示标注各层梁、柱、支撑和墙-柱、墙-梁的编号。梁序号以青色数字表示，柱序号以黄色数字表示，支撑序号以紫色数字表示，墙-柱序号以绿色数字表示，墙-梁序号以蓝色数字表示，在墙-梁下部还标注其截面宽度和高度。

屏幕显示结构层的刚度中心坐标（双同心圆）和质心坐标（带十字线的圆环）。

通过【构件信息】，可查询柱、梁、墙等构件的内力、配筋等详细信息。

提示：通过刚度中心坐标与质心坐标之间的距离可判断结构的扭转效应。

2. 混凝土构件配筋及钢构件验算简图

程序设置以结构平面的图形方式，显示混凝土构件配筋计算结果，截面配筋结果以平方厘米为单位（cm^2）表示，保留一位小数。配筋简图文件名为 WPJ＊.T，其中＊代表层号。

提示：柱、梁、墙配筋量图中的配筋量大小，反映构件的截面取值是否合理。一般情况下梁不能超筋，大多数在经济配筋率的范围内；柱轴压比大部分为 **0.7** 以下。

（1）矩形混凝土柱 矩形混凝土柱配筋量图如图 4-24 所示。

进入右菜单的【配筋率】，显示柱纵向受力钢筋的配筋率。

提示：若该柱与剪力墙相连，而且是构造配筋控制，则输出 A_s、A_{sx}、A_{sy}、A_{sv}、A_{sv0} 均为零。抗震低烈度区，当柱轴压比在 **0.85** 以下时，大部分柱为构造配筋，部分柱为计算配筋。

（2）圆形混凝土柱 圆形混凝土柱配筋量图如图 4-25 所示。

（3）矩形混凝土梁 矩形混凝土梁配筋量图如图 5-18 所示，图中：A_{su1}、A_{su2}、A_{su3} 为梁上部左端、跨中、右端配筋面积（cm^2）；A_{sd1}、A_{sd2}、A_{sd3} 为梁下部左端、跨中、右端配筋面积（cm^2）；A_{sv} 为梁加密区在 S_b 范围内的箍筋面积（cm^2）；A_{sv0} 为梁非密区在 S_b 范围内的箍筋面积（cm^2），取抗剪箍筋面积与抗剪扭箍筋面积中的较大值；A_{st}、A_{st1} 为梁受扭所需的纵筋面积、周边箍筋的单肢箍的面积（cm^2）；若 A_s 和 A_{st1} 都为零，则不输出这一行；G、VT 为箍筋、剪扭配筋标志。

右菜单的【配筋率】，梁上显示矩形混凝土梁配筋率，标示方式同矩形混凝土梁配筋量图所示。

提示：梁配筋计算中，当 $\xi \leqslant \xi_b$ 时，按单筋方式计算受拉钢筋面积；而当 $\xi > \xi_b$ 时，则按双筋方式计算配筋，即考虑压筋的作用。按配置钢筋单排计算配筋面积时，截面有效高度 $h_0 = h -$ 保护层厚度 $-22.5mm$（假定梁钢筋直径为25mm）；当配筋率大于1％时，按双排配筋方式计算配筋面积，截面有效高度 $h_0 = h -$ 保护层厚度 $-47.5mm$。

当梁为交叉梁的一段，配筋量图中为两节点间的配筋量。

当构件出现截面配筋超限，图中出现红色数字。结构构件截面抗剪和抗扭超限，可调整构件截面或提高混凝土强度等级等。

$$GA_{sv} \text{—} A_{sv0}$$
$$A_{su1} \text{—} A_{su2} \text{—} A_{su3}$$
$$\overline{\phantom{A_{su1} \text{—} A_{su2} \text{—} A_{su3}}}$$
$$A_{sd1} \text{—} A_{sd2} \text{—} A_{sd3}$$
$$VTA_{st} \text{—} A_{st1}$$

图 5-18 矩形混凝土梁配筋量图

（4）混凝土支撑 矩形混凝土支撑配筋量图如图 5-19 所示，图中：A_{sx}、A_{sy} 为支撑 X、Y 边单边的配筋面积（cm^2）；A_{sv} 为在 S_c 范围内支撑的箍筋面积

（cm²）；G 为箍筋配筋标志。

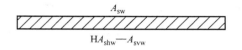

图 5-19　矩形混凝土支撑配筋量图

（5）混凝土墙-柱　混凝土墙-柱配筋量图如图 5-20 所示，图中：A_{sw} 为墙-柱一端的暗柱（边缘构件核心区长度）配筋总面积（cm²），当墙长小于 3 倍的墙厚时，按柱配筋，A_{sw} 为按柱对称配筋计算的单边的钢筋面积；A_{shw} 为水平分布筋间距 S_{wh} 范围内水平分布筋面积（cm²）；A_{svw} 为地下室外墙或人防临空墙，每米的双排竖向分布筋面积。

提示：当剪力墙轴压比在规范范围内时，竖向分布钢筋和水平分布筋均为构造配筋。

图 5-20　混凝土墙-柱配筋量图

（6）混凝土墙-梁　混凝土墙-梁配筋量图如图 5-21 所示，图中：A_{swu1}、A_{swu2}、A_{swu3} 为墙-梁上部左端、跨中、右端配筋面积（cm²）；A_{swd1}、A_{swd2}、A_{swd3} 为墙-梁下部左端、跨中、右端配筋面积（cm²）；A_{swy} 为墙-梁加密区在箍筋间距 S_{wb} 范围内箍筋面积（cm²）；A_{swv0} 为墙-梁非密区在 S_{wb} 范围内箍筋面积（cm²）；A_{swt}、A_{swt1} 为墙-梁受扭所需的纵筋面积、周边箍筋在 S_{wb} 范围内的单肢箍的面积（cm²），G、VT 为箍筋、剪扭配筋标志。

（7）异型混凝土柱　异型柱按双向受力的整截面进行配筋计算，每根柱的主筋输出三个数为 A_{svj}、A_{sz}、A_{sf}。异型混凝土柱配筋量图如图 5-22 所示，图中：A_{sz} 为异型柱配筋面积，即位于直线柱肢角部和相交处的配筋面积之和（cm²）；A_{sf} 为附加钢筋的配筋面积，即除 A_{sz} 之外的分布钢筋面积（cm²）；A_{svj}、A_{sv}、A_{sv0} 分别为柱节点域抗剪箍筋面积、加密区斜截面抗剪箍筋面积、非加密区斜截面抗剪箍筋面积，箍筋间距均在 S_c 范围内。

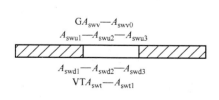

图 5-21　混凝土墙-梁配筋量图

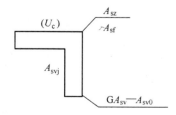

图 5-22　异型混凝土柱配筋量图

异型柱采用双偏压（拉）配筋的整截面的配筋形式。

3. 梁弹性挠度、柱轴压比、墙边缘构件简图

选择菜单中的【梁弹性挠度、柱轴压比、墙边缘构件简图】时，出现梁弹性变形、柱轴压比和墙边缘构件配筋图，屏幕右侧显示一组菜单。

【弹性挠度】钢结构设计时的梁弹性变形。混凝土结构不需要考虑这些数据。

【轴压比】显示混凝土柱轴压比和柱的两个方向计算长度。轴压比显示数字为红色时，表示该柱轴压比不满足要求。

提示：轴压比不满足要求时，一般修改构件尺寸、混凝土强度等级等。

【构件信息】查找各构件的几何和材料信息、内力信息、构件配筋等信息。

【边缘构件】显示剪力墙边缘构件的配筋及边缘构件尺寸。

边缘构件即剪力墙或抗震墙的约束边缘构件，包括暗柱、端柱和翼墙。程序按《高层建筑混凝土结构技术规程》第 7.2.14 条，规定在剪力墙端部应设置边缘构件。边缘构件有四种形式，规范给出了配筋阴影区（设置箍筋范围）尺寸的确定方法以及主筋、箍筋的最小配筋率。

墙边缘构件简图中构造边缘构件或约束边缘构件的标注：（编号）为边缘构件墙肢编号；A_s 为边缘构件核心区主筋标记及配筋面积（mm^2）；$P_{sv}\rho$ 为约束边缘构件核心区配箍标记及配箍率（%）；$A_{sv}d@S$ 为构造边缘构件核心区配箍标记及箍筋直径和间距（mm）；L_c 为从墙端起的主肢边缘构件标记和长度（mm）；L_s 为从墙边起的主肢边缘构件的核心区标记和长度（设置箍筋范围）（mm）；L_t 为从墙边起的垂直于主肢边缘构件的上、下核心区标记和长度（设置箍筋范围）（mm）；L_c、L_s、L_t 的取值按《高层建筑混凝土结构技术规程》第 7.2.15、7.2.16 条的规定。

4. 各荷载工况下构件标准内力简图

选择【各荷载工况下构件标准内力简图】，屏幕显示各层结构平面的梁内力，屏幕右侧显示一组菜单。可选择显示各工况下的梁弯矩和剪力、柱上下端内力（V_x、V_y、N、M_x、M_y），或显示立面观察结构的内力（梁弯矩、剪力，柱上下端轴力、弯矩、剪力）等。

5. 各荷载工况下构件调整前标准内力简图

选择【各荷载工况下构件调整前标准内力简图】，屏幕显示各层结构平面的梁调整前内力，屏幕右侧显示一组菜单。可选择显示各工况下调整前的梁弯矩和剪力、柱上下端内力（V_x、V_y、N、M_x、M_y）。

6. 梁设计内力包络图

选择【梁设计内力包络图】，屏幕以图形方式显示各层结构梁设计内力包络图。

7. 梁设计配筋包络图

选择【梁设计配筋包络图】，屏幕以图形方式显示各层结构梁截面的配筋结果，图面上负弯矩对应的配筋以负数表示，正弯矩对应的配筋以正数表示。

8. 底层柱、墙最大组合内力简图

选择【底层柱、墙最大组合内力简图】，输出用于初算基础设计的上部荷载，屏幕显示以图形方式表示（图 5-23）。

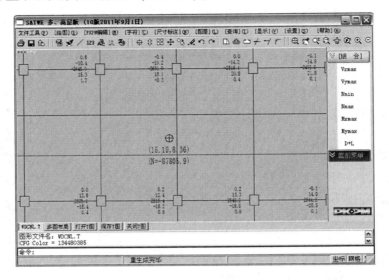

图 5-23　基础设计荷载简图

图中每一柱（墙）边的一组数据为相对应于荷载效应组合（荷载组合 7 种）的一组内力。它们是：最大剪力（V_{xmax}、V_{ymax} 及相应的其他内力），最大轴力（N_{max}、N_{min} 及相应的其他内力），最大弯矩（M_{xmax}、M_{ymax} 及相应的其他内力）及恒 + 活组合时的内力。

以上底层柱、墙底部最大组合内力值均为荷载效应组合设计值，即已含有荷载分项系数。

提示：恒 + 活组合是 1.2 恒 + 1.4 活荷载组合，并不包括恒载为主的组合。

9. 水平力作用下结构各层平均侧移简图

选择【水平力作用下结构各层平均侧移简图】，屏幕以立面显示结构的水平位移。右侧有一组菜单，可选择地震作用、风荷载作用的层剪力或风力、倾覆弯矩、层位移、层位移角等。

10. 结构各层质心振动简图、结构整体空间振型简图

在 5.4.1 节的 SATWE 计算控制参数选择框，选择"侧刚分析方法"或"总刚分析方法"，对应的结构振型图也分为两种：一种是与"侧刚分析方法"相对

应的"结构各层质心振动简图"，显示各个振型时的 x、y 方向振型曲线；另一种是与"总刚分析方法"相对应的结构整体空间振动简图，显示各个振型时的动态图形。

11. 剪力墙组合配筋修改及验算

剪力墙组合配筋程序，是对 SATWE 程序将剪力墙分解为多个直线墙段配筋计算问题（模型不实际、配筋多）的解决。剪力墙组合配筋程序采用人工组合剪力墙段，对组合剪力墙段自动合并计算。

执行【剪力墙组合配筋修改及验算】，选择【选组合墙】，程序自动合并配筋计算。

12. 剪力墙稳定验算

按《高层建筑混凝土结构技术规程》附录 D 的要求，对单片墙或跃层墙进行墙体的稳定验算。

13. 边缘构件信息修改

修改剪力墙边缘构件信息。通过改变，将剪力墙端部的边缘构件修改为约束边缘构件，将剪力墙端部的约束边缘构件修改为边缘构件，或将剪力墙边缘构件修改为无边缘构件，以达到设计的要求。

5.5.2　文本文件输出

SATWE 后处理文本文件输出菜单如图 5-24 所示。文本文件中包含结构分析后的输出数据，为设计人员提供结构分析的数据，可用于结构设计安全性、合理性的进一步分析。对于考虑地震作用的结构尤其重要。

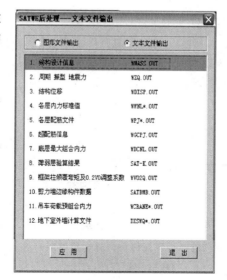

图 5-24　SATWE 后处理
文本文件输出菜单

1. 结构设计信息

结构设计信息存于 WMASS. OUT 文件中。包括：

1）结构设计参数信息：总信息、风荷载信息、地震信息等。

2）结构各层的质量、质心信息。

3）结构各层构件数量、构件材料、层高等信息。

4）风荷载信息。

5）各楼层偶然偏心信息，结构各楼层等效尺寸。

6）结构各楼层的单位面积质量分布。

7）计算需求资源、计算耗时的信息。

8）结构各层刚心、偏心率、相邻层抗侧移刚度比等计算信息。

提示：《建筑抗震设计规范》第3.4.2条规定，抗震设计的高层建筑结构，其楼层侧向刚度不宜小于相邻上部楼层侧向刚度的70%或其上相邻三层侧向刚度平均值的80%；该规范附录E2.1规定，筒体结构转换层上下层的侧向刚度比不宜大于2。

9）高位转换时转换层上部与下部结构的等效侧向刚度比输出。按JGJ 3—2010《高层建筑混凝土结构技术规程》E.0.3规定验算。

10）抗倾覆验算结果。根据《高层建筑混凝土结构技术规程》第12.1.7条，输出抗倾覆弯矩、倾覆弯矩、抗倾覆弯矩与倾覆弯矩的比值，以及零应力区。

11）结构舒适性验算结果。根据《高层建筑混凝土结构技术规程》第3.7.6条给出的普通风荷载作用下的舒适性验算。

12）结构整体稳定验算结果，给出结构的刚重比和是否需要考虑 $P\text{-}\Delta$ 效应等信息。

13）楼层抗剪承载力及承载力比值输出。混凝土结构构件承载力以计算配筋乘以超配筋系数计算得到。

2. 周期、振型、地震力

周期、振型、地震力（地震作用）信息存于 WZQ.OUT 文件中。输出中包括：

1）各振型特征参数。当不考虑耦联时，仅输出周期值；当考虑耦联时，不仅输出周期还要输出相应的振动方向、平动系数和扭转系数。

提示：《高层建筑混凝土结构技术规程》第3.4.5条规定，为控制结构的扭转效应，对扭转振动第一周期和平动振动第一周期的比值给出了明确规定。通过扭转系数和平动系数可判断结构以扭转为主或平动为主。

2）各振型的地震作用输出。

3）主振型判断信息。

提示：一般结构前几个振型为主振型，相应振型的地震作用为主。对于刚度不均匀的复杂结构，可分析各振型对基底剪力的影响。

4）等效各楼层的地震作用、剪力、剪重比和弯矩。

5）有效质量系数。有效质量系数可判断地震作用计算时的振型数。

提示：当有效质量系数大于90%，计算的地震作用满足规范要求时，就说明计算振型个数已够。否则应增加计算地震作用时的振型数。

6）楼层的振型位移值。

7）各楼层地震剪力系数调整系数。

8）竖向地震作用。

3. 结构位移

结构位移结果输出文件为 WDISP. OUT。若选择"简化输出",输出各工况下结构的楼层最大位移值;选择"详细输出",则另加输出各工况下每个节点的位移,在 WZQ. OUT 文件中还输出各振型下每个节点的位移。

4. 各层内力标准值

点取"各层内力标准值"菜单,屏幕弹出内力选择菜单,可选择查看的内力文件。

各层内力标准值输出文件 WNL * . OUT、WWNL. OUT 包括以下:

1)内力工况代号。

2)柱、支撑标准内力(局部坐标下)。

3)墙-柱标准内力(局部坐标下)。

4)墙-梁标准内力(局部坐标下)。

5)梁内力(局部坐标下)。

6)竖向荷载作用下竖向构件 z 向反力之和。在每层构件标准内力后,分别输出竖向构件所有的恒荷载和活荷载。

5. 各层配筋文件

混凝土构件配筋、钢构件验算数据存于 WPJ * . OUT 文件。包括:

1)符号说明和内力组合分项系数说明(只在 WJ1. OUT 中)。

2)混凝土(或型钢混凝土)柱的配筋。

3)混凝土(或型钢混凝土)支撑的配筋。

4)墙-柱的配筋。

5)墙-梁配筋和验算。

6)梁配筋和验算输出。

6. 超配筋信息

超配筋信息存于 WGCPJ. OUT 文件中。如果在配筋简图中有红色字符,则有超筋信息。程序认为不满足规范规定,均属于超筋信息,如柱轴压比超限验算、最大配筋率超限验算、斜截面抗剪超限验算等。

一般混凝土构件不满足的原因:

1)混凝土柱轴压比验算、最大配筋率验算、抗剪验算、稳定验算不满足。

2)剪力墙墙肢稳定验算、最大配筋率验算、抗剪验算、剪扭验算不满足。

3)混凝土梁输出:受压区高度验算、最大配筋率验算、抗剪验算、剪扭验算不满足。

注意:下次计算的信息会覆盖前一次的信息。

7. 底层最大组合内力

底层柱、墙最大组合内力存于 WCNL. OUT 文件中。主要为基础设计提供上部结构的各种组合内力，以满足基础设计的要求。该文件包括以下四部分内力：

1）底层柱组合设计内力。

2）底层斜柱或支撑组合内力。

3）底层墙组合内力。

4）各组合内力的合力及合力点的坐标。

每组内力提供七种组合形式：x 向最大剪力组合 $V_{x\max}$；y 最大剪力组合 $V_{y\max}$；最大轴力组合 $N_{\max}$；最小轴力组合 $N_{\min}$；x 向最大弯矩组合 $M_{x\max}$；y 向最大弯矩组合 $M_{y\max}$；1.2 恒荷载 +1.4 活荷载组合 $D+L$。

8. 薄弱层验算结果

对于 12 层及 12 层以下的混凝土矩形柱框架结构，当计算完各层配筋之后，程序按简化薄弱层计算方法求出弹塑性位移、位移角等结果，形成简化验算文件 SAT-K. OUT。

9. 框架柱倾覆弯矩及 $0.2V_0$ 调整系数

框架柱倾覆弯矩及 $0.2V_0$ 调整系数存于 WV02Q. OUT 文件中。框架-剪力墙结构、剪力墙结构中，框架或短肢剪力墙部分所分担的地震作用信息是很重要的设计参数和指标。文件中的数据包括：

1）按结构计算得到的各层、各塔的水平力。

2）框架-剪力墙结构中框架柱或短肢墙所承担的地震倾覆弯矩。

3）框架-剪力墙结构中框架柱或短肢墙所承担的地震倾覆弯矩百分比。

4）框架-剪力墙结构中框架柱所承担的地震剪力。

5）$0.2V_0$（$0.25V_0$）的调整系数。混凝土框架-剪力墙结构，调整系数为 $0.2V_{0x}$、$1.5V_{0cx\max}$ 和 $0.2V_{0y}$、$1.5V_{0cy\max}$。

6）设计者干预调整系数信息输出。

10. 剪力墙边缘构件数据

剪力墙边缘构件输出文件（SATBMB. OUT），输出剪力墙层号（加强区、非加强区）、每层剪力墙约束边缘构件号及构件的类型、形状、坐标点和尺寸配筋等信息。

11. 吊车荷载预组合内力

柱在吊车荷载作用下的预组合内力文件（WCRANE * . OUT），输出柱在各种工况下的预组合内力如轴力、剪力和弯矩；输出梁预组合包络内力。

12. 地下室外墙计算文件

地下室混凝土墙在土、水压力作用下的设计文件（DXSWQ * . OUT），输出土、水压力作用下的地下室外墙内力计算及配筋。

【例 5-1】 对【例 3-8】建模的框架-剪力墙结构，采用 SATWE 程序进行结构分析。

（1）数据生成　由 PMCAD 数据转换，生成 SATWE 数据。

操作：由 SATWE 主菜单的【1 接 PM 生成 SATWE 数据】，进入"接 PMCAD 生成 SATWE 数据"过程，对 SATWE 前处理菜单进行操作。

1）执行【分析与设计参数补充定义】，设置结构设计的参数（必须执行）。

2）执行【生成 SATWE 数据文件及数据检查】，程序完成生成数据文件，屏幕显示几何数据、竖向荷载数据、风荷载数据检查过程，最后屏幕显示"生成数据完成"，按〈Enter〉键，程序返回 SATWE 前处理。若设置数据有错误，屏幕显示错误信息。

提示：若有错误信息，打开【9 查看数检报告文件】，按信息修改输入数据。

（2）计算　结构内力分析，结构构件计算。

操作：由 SATWE 主菜单的【2 结构内力，配筋计算】，进入"SATWE 计算控制参数"，选择设置项。程序进行结构计算。

（3）结果输出　分析结构各构件的配筋量，满足构件的最小配筋量。

操作：由 SATWE 主菜单的【4 分析结果图形和文本显示】，进入"SATWE 后处理——图形文件输出"，验算分析各项结果。进入"混凝土构件配筋及钢构件验算简图"，校核各构件的配筋量。注意防止截面超筋。

第6章 墙梁柱施工图绘图程序

建筑结构设计的最终结果是建筑结构施工图。不论是 TAT、SATWE，还是其他建筑结构设计计算分析程序，最终都通过绘图程序绘制建筑结构施工图。

建筑结构施工图主要分为结构设计（总）说明、基础结构施工图、结构施工图。建筑结构施工图按国标图集《混凝土结构施工图平面整体表示方法制图规则和构造详图（现浇混凝土框架、剪力墙、梁、板）11G101-1》（以下简称：国标图集（11G101-1))、《民用建筑工程结构施工图设计深度图样09G103》（以下简称：国标图集（09G103))绘图。

建筑结构施工图以"结施-＊"（＊为序号）编号，编号顺序一般是从下部结构往上部结构或从重要结构往细部详图。一般建筑结构施工图分为三部分：

1）结构设计总说明。

2）基础（地下部分）结构施工图。

3）上部结构施工图。

基础（地下部分）结构施工图包括：桩位布置图及桩详图、基础平面图及基础详图等，以及基础说明。

上部结构施工图包括：各层（或区段）框架混凝土柱平法施工图，各层（区段）剪力墙平法施工图，各层的楼板模板图、楼板配筋图、梁平法施工图，屋面板模板图、屋面板配筋图、屋面梁平法施工图，各楼梯施工图，以及其他次要构件图及详图。每张图中可有本图说明。

6.1 混凝土梁柱墙施工图

6.1.1 混凝土梁配筋施工图

建筑结构施工图中的混凝土梁的表示有两种方式：一种是梁平面整体表示法施工图，在梁的侧位标注钢筋（平面注写方式）或在梁上用剖面号引出配筋图（截面注写方式）；另一种是在梁的纵剖面和其横剖面上标注钢筋等。

在实际混凝土结构工程设计中，常用的表达方式是梁平面整体表示方法——简称平法。以下介绍混凝土梁平法（平面注写方式）的表示。

1. 梁平面整体表示法平面施工图

梁平面整体表示法施工图以建筑结构平面图表示结构梁的配筋，现浇混凝土结构采用国标图集（11G101-1）的方法绘制平面整体表示梁配筋图（一般比例为1∶100）。图中：

1）标注轴线。图中的轴线用以定位，结构图的轴线与建筑图中的轴线一致，轴线编号相同。

2）标注梁定位。图中以双细线（或虚线）表示混凝土梁，以梁中心线来定位，标注梁中心线与轴线（或梁中心线）的关系。

3）标注板、承重墙、抗震构造柱、预留洞口等（采用专用构件代号或文字注明）。

4）标注现浇混凝土梁。对梁按几何尺寸（宽度、构造、截面等）、配筋等编号。相同编号的梁标注其中一根梁的梁截面尺寸、梁配筋、标高差等。

5）注明各结构层的顶面标高及相应的结构层号。

6）图名为"×.×××梁平法施工图"或"某层梁配筋图"。×.×××为梁顶标高。

2. 梁集中标注的内容

混凝土梁标注可从梁的任意一跨引出，内容包括：

1）梁编号（括号内标注跨数）。

2）截面尺寸。用 $b \times h$ 表示。

3）梁箍筋。注明钢筋级别、直径、加密区与非加密区间距及肢数。

4）梁上部通长筋或架立筋。当梁的上部纵筋和下部纵筋为全跨相同（或多数跨配筋相同）时，标注下部纵筋的配筋值，不同少数跨以原位标注。

5）梁侧面纵向构造（腰筋）或受扭钢筋。

6）梁顶面标高高差。梁顶面标高高差，是指相对于结构层楼面标高的高差值。当某梁的顶面高于所在结构层的楼面标高时，其标高高差为正值。

3. 梁原位标注内容

在梁平面图上，梁的上部（或左部）标注截面的上部钢筋，分左右两端；梁的下部（或右部）标注截面的底部钢筋。施工图优先按原位标注数值取用。

1）标注梁的支座上部（或左部）纵筋。梁的支座上部（或左部）纵筋钢筋包含通长纵筋。

2）梁的下部（或右部）纵筋。与梁集中标注下部（或右部）纵筋相同，则不标注。

3）附加箍筋和吊筋。将其直接画在平面图中的主梁上，用引线注写总配筋值（在括号内注附加箍筋的肢数）。

4）当在梁上集中标注的内容不适用于某跨时，则在该跨原位标注。

梁的标注分集中标注与原位标注，集中标注表明梁的通用值，原位标注表明梁的特殊数值。图中原位标注取值优先。

6. 1. 2　混凝土柱配筋施工图

建筑结构施工图中的混凝土柱的表示，相对于梁也有两种方式：一种是柱平面整体表示法施工图，在平面图中放大柱横剖面配筋详图（截面注写方式）或以表格方式表示截面钢筋（列表注写方式）；另一种是在柱的纵剖面、横剖面上标注钢筋等。

在实际混凝土结构工程设计中，常用的表达方式是柱平面整体表示方法——简称平法。以下介绍混凝土柱平法（截面注写方式）的表示。

1. 柱平面整体表示法平面施工图

柱平面整体表示法施工图以建筑结构平面图表示结构柱的配筋，现浇混凝土结构采用国标图集（11G101-1）的方法绘制平面整体表示柱配筋图（一般比例为 1∶100）。图中：

1）标注轴线。图中的轴线用以定位，建筑结构的轴线与建筑图中的轴线一致，轴线编号相同。

2）标注柱定位。图中以中线标示混凝土柱截面，以柱形心来定位，标注柱形心与轴线（或柱形心）的关系。

3）标注现浇混凝土柱。对柱按几何尺寸、配筋等编号。相同编号的柱，标注其中一根柱的截面尺寸、配筋、箍筋形式等。

4）标注结构层的楼面标高及相应的结构层号。注明该结构层柱的起始标高、终止标高。

5）标注截面配筋（截面注写方式）。标注截面尺寸、箍筋形式，集中注写编号、截面尺寸、纵筋配筋、箍筋配筋。

6）图名为"×.×××～×.×××柱平法施工图"或"某层柱配筋图"。×.×××为柱段的起止标高。

2. 柱截面标注的内容

混凝土柱标注可从相同编号的柱中选择一个截面，按另一种比例原位放大绘制柱截面配筋图，在柱截面配筋图上标注柱截面与轴线关系，并引出集中标注的内容。内容包括：

1）柱编号。

2）截面尺寸。用 $b \times h$ 表示。

3）柱角筋或全部纵筋。当纵筋有两种直径时，注写截面各边中部筋。

4）柱箍筋。注明钢筋级别、直径、加密区与非加密区间距及肢数。

同一编号但截面与轴线的关系不同的柱，注写该柱截面与轴线关系。

6.1.3　剪力墙配筋施工图

　　建筑结构施工图中的剪力墙以平面布置图表示，常用的表达方式是剪力墙平面整体表示方法——简称平法。剪力墙平法配筋图采用列表注写方式或截面注写方式。

1. 剪力墙平面整体表示法平面施工图

　　剪力墙平面布置图常与柱平面布置图合并。对于复杂或采用截面注写方式时，一般以适当比例单独绘制剪力墙平面布置图。剪力墙绘图采用国标图集（11G101-1）的方法绘制平面整体表示剪力墙。以下是以截面注写方式绘制剪力墙施工图的图中标注：

　　1）标注轴线。图中的轴线用以定位，建筑结构的轴线与建筑图中的轴线一致，轴线编号相同。

　　2）标注剪力墙定位。图中以中心线标示剪力墙墙体，以墙体中心来定位，标注墙体中心线与轴线的关系。对剪力墙（包括端柱）未在轴线上，需注明其偏心定位尺寸。

　　3）标注剪力墙。对剪力墙按剪力墙柱（墙柱）、剪力墙身（墙身）、剪力墙梁（连梁）三类构件分别编号，并以截面注写方式标注截面尺寸和配筋等。

　　4）标注剪力墙洞口。在剪力墙平面布置图上原位表达，标注洞口新的平面定位尺寸。

　　5）标注结构层的楼面标高、结构层高及相应的结构层号。

　　6）图名为"×.×××~×.×××剪力墙平法施工图"或"某层剪力墙配筋图"。×.×××为剪力墙段的起止标高。

2. 剪力墙截面注写

　　（1）剪力墙的墙柱标注　相同编号的墙柱可标注一个墙柱，任选一个截面标注。在墙柱上注明：墙柱编号、几何尺寸，标注全部纵筋及箍筋的具体数值。

　　（2）剪力墙的墙身标注　相同编号的墙柱可标注一个墙身，任选一个截面标注。在墙身上注明：墙身编号（括号内标注水平与竖向分布钢筋的排数）、墙厚尺寸，水平分布钢筋、竖向分布钢筋和拉筋的具体数据。

　　（3）剪力墙的墙梁标注　相同编号的墙梁可标注一根墙梁，按顺序引注以下内容：

　　1）墙梁（连梁）编号。

　　2）墙梁（连梁）截面尺寸。用 $b \times h$ 表示。

　　3）墙梁（连梁）箍筋。注明钢筋级别、直径、间距及肢数。

　　4）墙梁（连梁）上部纵筋、下部纵筋的配筋值。

　　5）梁侧面纵向构造（腰筋）或受扭钢筋。

6）墙梁（连梁）顶面标高高差。

当墙梁（连梁）有特殊的要求，如墙梁设有对角交叉斜筋等构造时，墙梁侧面纵筋等需注明。

6.2 绘制混凝土梁施工图

经过 PKPM 主菜单的结构分析程序（如 TAT、SATWE），得到分析结果。【墙梁柱施工图】程序，可绘制混凝土梁配筋施工图。

PKPM 的【结构】主菜单中选择【墙梁柱施工图】，屏幕弹出绘制墙梁柱施工图菜单（图 6-1），可以绘制混凝土梁、混凝土柱及剪力墙施工图。绘制混凝土梁类型有：框架梁、非框架梁、与剪力墙相连的梁、弧梁和挑梁，以及在PMCAD中输入的**次梁**等。绘制梁施工图所需的墙梁柱几何信息来自 PMCAD 各层的墙梁柱平面布置。

图 6-1　绘制墙梁柱施工图菜单

6.2.1　绘制混凝土梁配筋图

1. 钢筋标准层定义

执行【墙梁柱施工图】主菜单的【梁平法施工图】。第一次执行【梁平法施工图】，屏幕显示定义钢筋标准层对话框（图 6-2），确定绘制混凝土梁施工图的钢筋配置层。

钢筋标准层定义：按程序结构计算的钢筋量及设定的配筋方式，屏幕显示划分钢筋标准层。结构各层混凝土梁的钢筋配置中，有梁纵筋和箍筋的直径、

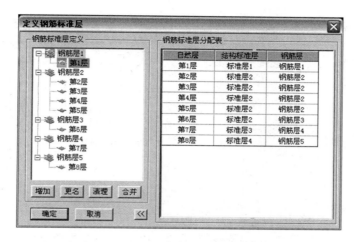

图 6-2 定义钢筋标准层对话框

根数、长度、构造、布置等。一钢筋标准层可用于一结构标准层，但对于一结构标准层多次用于组装结构层（自然层），则可有不同的钢筋标准层，如钢筋层 2 用于第 2 ~ 5 层（第二结构标准层），钢筋层 3 用于第 6 层（第二结构标准层）（图 6-2）。

钢筋标准层分配表：显示程序确定的结构钢筋标准层。一结构标准层至少有相对的一钢筋标准层，结构标准层对应一钢筋标准层相应有一层混凝土梁配筋图。

【增加】插入新钢筋标准层。

【更名】钢筋标准层名修改。

【清理】删除不使用的钢筋标准层

【合并】不同的钢筋标准层合并。注意："合并"后的钢筋标准层，不能恢复。

2. 混凝土梁施工图绘制

完成钢筋标准层设置后，屏幕显示第一层的混凝土梁平法配筋图（图 6-3），通过屏幕桌面上右侧下拉菜单，按建模楼层整体组装的各层名、层高、标准层可选择绘制施工图的层。选择绘制施工图的楼层，按 < Enter > 后，显示该层的梁平面图，进入绘制混凝土梁平法施工图菜单。

【配筋参数】设置绘制平面图的参数。包括梁选择参数、梁选筋库、梁绘图参数。具体操作见 6.2.2 节——梁平法绘图设计参数。

【设钢筋层】可显示或重新设置钢筋标准层。见本节钢筋标准层定义。

【绘新图】进入选择绘制的楼层。屏幕出现需绘图的混凝土梁平法配筋图（图 6-3），图中显示按"配筋参数"和"设钢筋层"设置或修改后的梁配筋。

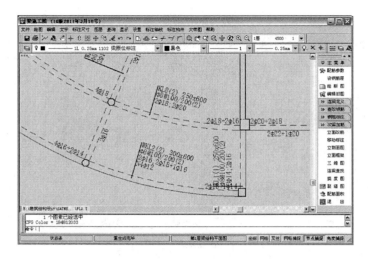

图 6-3　混凝土梁平法配筋图

提示：编辑存图后，重新以同楼层进入【绘新图】，原编辑的内容全部消失。

【编辑旧图】进入已绘制的图，保留已修改（以下各项）的内容，进一步编辑。

【查改钢筋】修改或查询各混凝土梁截面上的钢筋。

【钢筋标注】进入钢筋标注菜单。修改钢筋标注，使图面的内容、图面表达更合理。

1）【标注开关】混凝土梁平法配筋图中，钢筋（纵筋、箍筋、附加箍筋、吊筋等）的标注开关。可使纵横梁钢筋标注分别出图。

2）【重标钢筋】放弃已修改的配筋，重新标注。

3）【标注换位】同一编号的梁，换标注梁的位置。

4）【移动标注】梁钢筋标注位置移动。

5）【增加截面】、【删除截面】、【移动截面】混凝土梁平面图上显示的梁，可增加任意截面的配筋图、删除截面的配筋图、移动截面的配筋图。

【次梁加筋】显示混凝土梁上的附加横向钢筋，包括附加箍筋和吊筋。可修改。

【立面改筋】进入立面方式修改梁钢筋菜单。可对上部钢筋、下部钢筋、梁箍筋等分别修改。

【立剖面图】绘制混凝土梁的立剖面图、横截面详图。

【挠度图】按混凝土梁实际配筋，以混凝土结构梁挠度计算方法计算挠度。输入活荷载准永久值系数，屏幕显示梁的跨中最大变形。

【裂缝图】程序按混凝土矩形截面梁上部和下部的实际配筋，作裂缝宽度计算。屏幕显示梁上部支承和梁跨中的裂缝宽度。当计算裂缝宽度大于或等于

0.3mm（此值可以设定）时，该裂缝宽度以红色显示。

提示：当计算的梁裂缝宽度或挠度不满足要求时，可通过修改梁截面钢筋重新计算，使其满足要求。

【配筋面积】显示按结构分析计算得到的混凝土梁计算配筋量、实际配筋量、实际配筋率、实际配筋量与计算配筋量的比例。

6.2.2　梁平法绘图设计参数

单击【配筋参数】，进入平法绘图参数对话框（图 6-4），可输入或修改绘图参数、归并参数、梁名称前缀、选筋参数。

1. 绘图参数

1）平面图比例：设置梁平面图绘图比例。如比例为 1 : 100，输入 100。

2）剖面图比例、立面图比例：分别设置详图比例。

3）钢筋等级符号使用：钢筋标注符号，一般选择"国标符号"。

2. 归并、放大系数

1）归并系数：按归并系数对等级相同及配筋相近的钢筋归并。程序对结构楼层中的所有梁（包括 PMCAD 主菜单中的按次梁输入的梁），归并后的钢筋（钢筋等级相同及配筋相近）、截面尺寸相同及总跨数、跨度相同的若干组梁，选配筋量最大的归为一组，并编号。

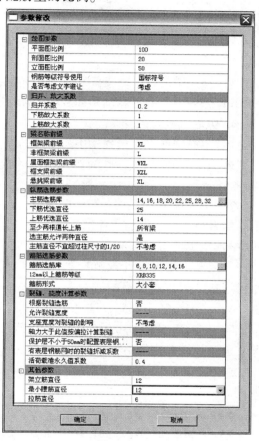

图 6-4　平法绘图参数对话框

2）下筋放大系数：对按分析计算的梁下部纵筋面积放大。一般框架梁下部（跨中受拉钢筋）钢筋放大系数取 1.0 ~ 1.1。

3）上筋放大系数：对按分析计算的梁上部配筋量放大。为了保证梁端的塑性变形，一般框架梁上部（端部负弯矩）钢筋不放大。

提示：若需各个构件钢筋放大系数不同，可在绘图时修改各构件的配筋。

3. 梁名称前缀

1）框架梁前缀：框架梁编号前的标记，一般选择"KL"或"KL-"。在梁名称前缀前加所属的楼层号，如"2KL-"的"2"，可在每层绘图时改变类型前缀。

2）非框架梁前缀：非框架梁编号前的标记，一般选择"L"或"L-"。也可加楼层号。

3）屋面框架梁前缀：屋面框架梁编号前的标记，一般选择"WL"或"WL-"。

4）框支梁前缀：框支梁编号前的标记，一般选择"KZL"或"KZL-"。

5）悬挑梁前缀：悬挑梁编号前的标记，一般选择"XL"或"XL-"。

4. 纵筋选筋参数

1）主筋选筋库：选择梁中所采用的纵向受力钢筋直径。选定纵向受力钢筋的直径库，可使构件配置的纵向受力钢筋直径合理。梁的钢筋直径一般为14～25mm。

2）下筋优选直径、上筋优选直径：选择下、上纵向主要钢筋的直径和多数钢筋的直径。通长钢筋程序选择最小直径作为优选直径。

3）至少两根通长上筋：一般抗震结构，选择"所有梁"。按 GB 50010—2012《混凝土结构设计规范》第 11.3.7 条，要求框架梁至少有两根通长上筋。也可选择"仅抗震框架梁"。

4）主筋直径不宜超过柱尺寸的 1/20：对于一、二级抗震等级的框架结构选择此项。按 GB 50011—2010《建筑抗震设计规范》第 6.3.4-2 条规定设置构造，梁贯通中柱纵筋直径不大于柱截面尺寸的 1/20。

5）选主筋允许两种直径：当截面配筋较多时，主筋可选两种直径的钢筋。

5. 箍筋选筋参数

1）箍筋选筋库：选择梁中所采用的箍筋直径。梁的钢筋直径一般为6～12mm。

2）12mm 以上箍筋等级：一般箍筋采用 HPB300。只当箍筋量较多时，箍筋采用 HRB335。

3）箍筋形式：按施工方法选择，可选"大小套"或"连环套"。

6. 裂缝、挠度计算参数

1）根据裂缝选筋：选择"是"，则程序设置对不满足裂缝宽度（下一项"允许裂缝宽度"设定）要求的构件截面进行配筋调整。否则，在检查梁裂缝宽度时，对不满足裂缝要求的截面，需人为进行配筋调整。

2）允许裂缝宽度：设置上一项"自动选筋梁"的裂缝宽度限制要求。按

《混凝土结构设计规范》表 3.4.5 要求设置。一般为 0.25~0.3mm。

3）支座宽度对裂缝的影响：一般选择"不考虑"。否则，在计算梁裂缝宽度时考虑支座柱宽度的影响，即计算裂缝宽度的弯矩为柱边弯矩。

4）轴力大于此值按偏拉计算裂缝：当梁有拉轴力大于该值时，按偏拉构件计算。一般设置为 0。

5）保护层不小于 50mm 时配置表层钢筋网：当有保护层大于或等于 50mm 时，一般选择"是"。按《混凝土结构设计规范》第 8.2.3 条，防止保护层开裂、脱落。

6）有表层钢筋网时的裂缝折减系数：一般不折减。

7）活荷载准永久值系数：输入活荷载准永久值系数，用于挠度计算。按《建筑结构荷载规范》中表 4.1.1 取值。

7. 其他参数

1）架立筋直径：根据梁的跨度确定。按《混凝土结构设计规范》第 9.2.6 条确定。一般为 12mm。

2）最小腰筋直径：腰筋根据梁腹板的截面确定。按《混凝土结构设计规范》第 9.2.13 条确定。一般为 12mm。

3）拉筋直径：按梁截面宽度设置拉筋直径。当梁宽小于或等于 350mm 时，拉筋直径为 6mm；当梁宽大于 350mm 时，拉筋直径为 8mm。

6.2.3 完成混凝土梁施工图

按国标图集（11G101-1）、国标图集（09G103）的要求，绘图混凝土梁平法配筋图。

1. 标注轴线

在混凝土梁平法配筋图上标注各轴线。从混凝土梁平法配筋图（图 6-3）上侧下拉菜单的【标注轴线】，出现标注轴线的各种标注方式。

1）标注轴线、定位线。

【自动标注】按设置的标注位置，标注轴线和定位线（网格线）以及尺寸。

【交互标注】选择标注部分轴线。

2）标注弧线长度、角度、半径等。

3）标注楼面标高、图名。

4）标注层高表、插入图框等。

2. 标注构件尺寸

在图上标注构件尺寸。从混凝土梁平法配筋图（图 6-3）上侧下拉菜单的【标注构件】，可根据需要选择"手工标注"或"自动标注"标注尺寸。

1）注写梁、柱、墙的平面尺寸，注写板厚。

2）注写混凝土墙上的洞口定位平面尺寸，注写现浇楼板上的洞口定位平面尺寸。

3）标注梁、柱的截面尺寸。

4）标注梁、柱和墙的数字、符号及文字。

3. 结构详图

绘制部分结构详图。从混凝土梁平法配筋图（图 6-3）上侧下拉菜单的【大样图】，绘制大样图。如绘梁截面及配筋图、阳台挑檐配筋图、电梯井基础配筋图等。

【例6-1】 对【例5-1】框架-剪力墙结构，采用 SATWE 程序结构分析的结果，绘制第二层（3.850m）混凝土梁平法施工图。

（1）绘制施工图。

操作：1）按平法绘图方式（平面注写）和结果数据，进入【配筋参数】设置参数和进入【设钢筋层】设置钢筋标准层。

2）选择绘制梁施工图楼层（第二层），进入第二层混凝土梁平法配筋图。对混凝土梁平法配筋图以【挠度图】、【裂缝图】验算梁挠度和裂缝宽度，进行梁钢筋修改。

3）完成施工图。从屏幕上方下拉菜单的【标注构件】、【标注轴线】，进入【标注梁截面】、【楼面标高】、【标注图名】、【插入图框】等及绘制轴线。

（2）施工图编辑。

操作：由 PMCAD 主菜单的【7 图形编辑、打印及转换】或 AutoCAD，进入施工图修改。

6.3 绘制混凝土柱施工图

经过 PKPM 主菜单的结构分析程序（如 TAT、SATWE 等）得到分析结果。通过【墙梁柱施工图】程序，可绘制混凝土柱配筋施工图。绘制混凝土柱施工图所需的墙梁柱几何信息来自 PMCAD 各层的墙梁柱平面布置。

PKPM 的【结构】主菜单中选择【墙梁柱施工图】，出现绘制墙梁柱施工图菜单（图 6-1），执行【3 柱平法施工图】，屏幕弹出未命名的混凝土柱平面图（图 6-5），进入绘制柱施工图菜单。

通过屏幕桌面上侧下拉菜单区右边显示按建模楼层整体组装的各层名、层高、标准层，可选择绘制柱施工图的楼层。选择绘制施工图的楼层，按〈Enter〉后，显示该层的混凝土柱平面图。

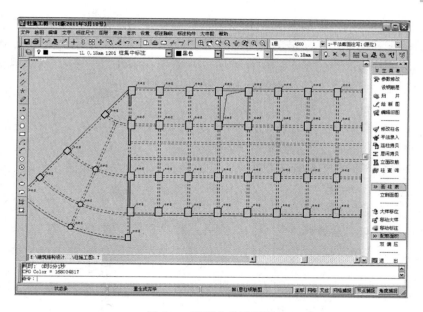

图6-5　混凝土柱平面图

6.3.1　绘制混凝土柱配筋图

1. 柱平法制图设计参数

执行绘制柱施工图菜单的【参数修改】。屏幕显示绘图参数设置框，确定绘制混凝土柱平法施工图的绘图参数。详见6.3.2节——绘图参数设置。

2. 钢筋标准层定义

执行绘制柱施工图菜单的【设钢筋层】。屏幕显示定义钢筋标准层对话框（图6-6），确定绘制混凝土柱施工图的钢筋配置层。

图6-6　定义钢筋标准层对话框

按结构计算的柱钢筋量及归并系数，以及设定的配筋方式，程序对各层柱配筋设置钢筋标准层。在定义钢筋标准层对话框（图6-6），程序给出了各层的钢筋标准层，可人为将多个结构标准层（柱截面布置相同）归为一个钢筋标准层。混凝土柱配筋施工图按钢筋标准层分配表绘制施工图。

【增加】插入新钢筋标准层。

【更名】钢筋标准层名修改。

【清理】删除不使用的钢筋标准层。

【合并】不同的钢筋标准层归并。归并时柱截面布置应相同，不满足程序将提示不能合并。注意："合并"后的钢筋标准层，不能恢复。

3. 混凝土柱配筋图生成

【归并】对"参数修改"中的"归并系数"重新设置，并实施。

【绘新图】进入选择绘制的楼层。屏幕出现需绘图的混凝土柱平法配筋图（图6-7），图中显示按"配筋修改"和"设钢筋层"设置柱的配筋。

提示：编辑存图后，重新以同楼层进入【绘新图】，原编辑的内容全部消失。

【编辑旧图】进入已绘制的图，保留已修改（以下各项）的内容，进一步的编辑。

4. 混凝土柱施工图绘制

经过菜单的【参数修改】及【设钢筋层】的设置，屏幕显示混凝土柱平法配筋图（图6-7）。对混凝土柱的配筋图可进行修改。

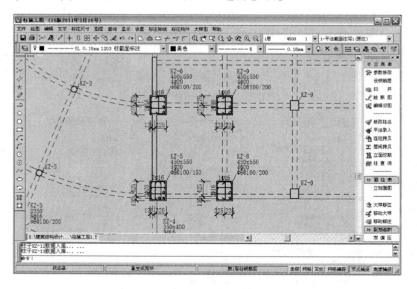

图6-7 混凝土柱平法配筋图

【修改柱名】对图中的柱子改名。

【平法录入】在平法配筋图中修改柱钢筋。进入钢筋修改对话框（图 6-8），可对该层每一编号的柱，修改纵向钢筋、箍筋等。

【层间拷贝】将被复制层的柱配筋（纵筋、箍筋、上端加密长度等）复制至复制目标层。

【立面改筋】在立面图修改柱钢筋。屏幕出现本层柱的纵向钢筋、箍筋、搭接（与下层）等，上下为 x 向钢筋配置，左右侧为 y 向钢筋配置。

【柱查询】每编号的柱在结构中各层的数量。

【画柱表】以平法列表注写绘制柱施工图时，输出柱配筋表。

【立剖面图】绘制某一混凝土柱的立剖面图、截面详图。

【配筋面积】显示各柱的计算面积及实配面积（配筋）。

图 6-8　钢筋修改对话框

【双偏压】验算柱子的双向偏心计算。对单偏压计算的混凝土柱，可根据已配筋柱验算柱子按双向偏心计算。验算若柱不满足要求，提示修改。

6.3.2　绘图参数设置

执行【参数修改】，进入绘图参数设置框（图 6-9），设置绘图参数、归并参数、钢筋参数等。

1. 绘图参数

图纸号：绘图图纸号。

图纸放置方式：设置图纸方向。

图纸加长、图纸加宽（mm）：按需要及制图标准设置。

平面图比例、剖面图比例：设置混凝土柱平法平面图比例、平法表达中（截面注写方式）柱配筋截面的比例。

施工图表示方法：选择混凝土柱施工图的表示方式。"1-平法截面注写 1（原位）"按国标图集（11G101-1）柱平法截面注写方式标注，"2-平法截面注写 2（集中）"按国标图集（11G101-1）柱平法截面注写方式标注的柱截面集中标注，"3-平法列表注写"按国标图集（11G101-1）柱平法列表注写方式标注，

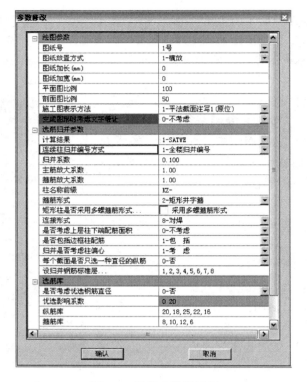

图 6-9　绘图参数设置框

其他还有"4-PKPM 截面注写 1（原位）"、"5-PKPM 截面注写 2（集中）"、"6-PKPM剖面列表法"等。

提示：以上绘图参数改变，应重新执行【绘新图】。屏幕上方菜单可选择施工图表达方式，表达方式改变屏幕即时改变。

生成图形时考虑文字避让：选择"考虑"，混凝土柱平面图中程序设置各种文字标注实体不重叠。

2. 选筋归并参数

计算结果：选择配筋时，结构计算结果采用的程序为 SATWE、TAT、PMSAP。

连续柱归并编号方式：柱编号方式。"1-全楼归并编号"以所用柱编号；"2-按钢筋标准层归并编号"以一楼层柱编号。

归并系数：程序自动配筋选筋时，将按一定系数来确定配筋面积相对差值选取配筋，该系数即为归并系数。在选择钢筋时，归并系数越大则相对柱种类越少。

主筋、箍筋放大系数：柱配纵筋、箍筋时，放大纵向受力钢筋、箍筋面积的系数。

柱名称前缀：框架柱编号前的标记，一般选择"KZ"或"KZ-"。

箍筋形式：选择混凝土柱的箍筋形式（菱形箍、矩形井字箍、矩形箍、拉筋井字箍）。

矩形柱是否采用多螺旋筋形式：一般不选择；只在特殊需要情况下，选择。

连接形式：选择柱纵向钢筋的搭接方式（连通、一次绑扎搭接、二次绑扎搭接、单面焊、双面焊、电渣压焊、对焊等）。

是否考虑上层柱下端配筋面积：一般选择"不考虑"；选择"考虑"时，在本柱上下端及上柱下端的配筋中，选用最大配筋。

是否包括边框柱配筋：当选择"包括"时，则柱配筋图中有边框柱配筋；选择"不包括"，则边框柱在剪力墙图中绘制。边框柱为剪力墙边框柱。

归并是否考虑柱偏心：在柱定位几何条件归并时，选择"不考虑"则将偏心与不偏心归并为同一类；否则，将偏心与不偏心归并为两类。

每个截面是否只选一种直径的纵筋：按柱截面尺寸和配筋量决定。一般选择"否"，但当柱截面较小时，选择"是"。

设归并钢筋标准层：详见 6.3.1 节的钢筋标准层定义。

提示：以上选筋归并参数改变，必须重新执行【归并】。

3. 选筋库

是否考虑优选钢筋直径：选择"是"，设置优选影响系数。

优选影响系数：设置优选影响系数。当超过某值时，配筋按顺序选下一个直径（钢筋）。

纵筋库：设置纵筋配筋库。考虑优选钢筋直径时，按优选顺序配筋。

箍筋库：设置箍筋配筋库。

提示：以上选筋库改变，应重新执行【归并】。

6.3.3　完成混凝土柱施工图

按国标图集（09G103）、国标图集（11G101）的要求，绘制混凝土柱平面配筋图。

1. 标注轴线

在混凝土柱平法配筋图上标注各轴线。单击混凝土柱平法配筋图（图 6-7）上侧下拉菜单的【标注轴线】，出现标注轴线的各种方式。根据绘图要求：标注轴线、定位线、尺寸、楼面标高、图名等。

2. 标注构件尺寸

在楼板平面图上标注构件尺寸。从混凝土柱平法配筋图（图 6-7）上侧下拉菜单的【标注构件】，标注钢筋截面尺寸。

3. 绘图框

在混凝土柱平面配筋图上绘制图框。从混凝土柱平法配筋图（图 6-7）上侧下拉菜单的【标注图名】、【插入图框】、【修改图鉴】，绘制需要的各项。

【例 6-2】 对【例 5-1】框架-剪力墙结构，采用 SATWE 程序结构分析的结果，绘制混凝土柱平法施工图。

（1）绘制施工图。

操作：1）按平法绘图方式（截面注写）和结果数据，进入【参数修改】设置参数和进入【设钢筋层】设置钢筋标准层。

2）选择绘制柱施工图楼层，进入混凝土柱平法配筋图。对混凝土柱的配筋合理，进行柱钢筋修改。

3）完成施工图。从屏幕上方下拉菜单的【标注构件】、【标注轴线】，进入【注柱截面】、【标注图名】、【插入图框】等及绘制轴线。

（2）施工图编辑。

操作：由 PMCAD 主菜单的【7 图形编辑、打印及转换】或 AutoCAD，进入施工图修改。

6.4 绘制剪力墙施工图

经过 PKPM 主菜单的结构分析程序（如 TAT、SATWE 等）得到分析结果。通过【墙梁柱施工图】程序，可绘制混凝土墙配筋施工图。绘制剪力墙施工图所需的剪力墙几何信息来自 PMCAD 各层的剪力墙柱梁平面布置。

在 PKPM 的【结构】主菜单中选择【墙梁柱施工图】，出现绘制墙梁柱施工图菜单，执行【剪力墙施工图】，屏幕弹出剪力墙平面底图（图 6-10），进入剪力墙施工图绘制菜单。

通过屏幕桌面上侧下拉菜单区右边，显示按楼层整体组装的各层名、层高、标准层，可选择绘制剪力墙施工图的楼层；同时显示剪力墙配筋图的选择，"平面图"或"截面注写图"，"平面图"为剪力墙平法施工图列表注写方式配筋图，"截面注写图"为剪力墙平法施工图截面注写方式配筋图。选择绘制施工图的楼层、剪力墙平法施工图表达方式后，按〈Enter〉，显示该层的剪力墙配筋平面图。

6.4.1 绘制剪力墙配筋

1. 剪力墙平法绘图参数

执行绘制剪力墙施工图菜单的【工程设置】。屏幕显示绘图参数设置选择框，确定绘制剪力墙施工图的绘图参数。详见 6.4.2 节——绘图参数设置。

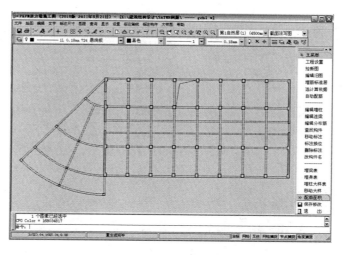

图 6-10　剪力墙平面底图

2. 剪力墙配筋图生成

【绘新图】进入选择绘制的楼层。屏幕首先出现绘新图的方式选择框（图 6-11），确定绘制新图的绘图状态。

（1）保留本层墙配筋结果，重画本层平面　按原剪力墙钢筋标准层，但重新画本层平面配筋图。

（2）为本层墙重新设计配筋　重新设计剪力墙配筋，设置墙筋标准层。

（3）生成仅画构件布置的底图　未进行剪力墙构件配筋设计，只出现构件布置平面图。

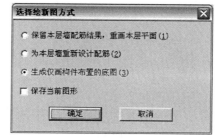

图 6-11　绘新图的方式选择框

（4）保存当前图形　选择，避免当前编辑图被新打开的图覆盖。

提示：编辑存图后，重新以同楼层进入【绘新图】，原编辑的内容全部消失。

选择"生成仅画构件布置的底图"后并单击【确定】，返回原剪力墙平面底图（图 6-10）。

【编辑旧图】进入已绘制的图，保留已修改（菜单以下各项）的内容，进一步编辑。

3. 墙筋标准层定义

执行绘制剪力墙施工图菜单的【墙筋标准层】。屏幕显示定义墙筋标准层对话框（图 6-12），确定绘制剪力墙施工图的钢筋配置层。

按结构计算的柱钢筋量及归并系数，以及设定的配筋方式，程序对各层剪

图 6-12　定义墙筋标准层对话框

力墙配筋设置钢筋标准层。在定义钢筋标准层对话框（图 6-12），程序给出了各层的钢筋标准层，可人为将多个结构标准层归为一个钢筋标准层。剪力墙配筋施工图按钢筋标准层分配表绘制施工图。

【增加】插入新钢筋标准层。

【更名】钢筋标准层名修改。

【清理】删除不使用的钢筋标准层。

【合并】不同的钢筋标准层归并。归并时剪力墙截面布置应相同，不满足程序将提示不能合并。

4. 剪力墙施工图绘制

【选计算依据】选择配筋时结构计算结果采用的程序（SATWE、TAT、PMSAP）。

【自动配筋】图中显示按绘图参数设置和绘图的方式选择后的剪力墙平法配筋图。以"截面注写图"表示剪力墙平法施工图截面注写方式配筋图，图中显示剪力墙的构件的编号及配筋等；以"平面图"表示剪力墙平法施工图列表注写方式配筋图，图中显示剪力墙的构件的编号。

5. 截面注写图的构件编辑

采用"截面注写图"绘制剪力墙平法配筋图，其施工图比例由 6.4.2 节的绘图参数设置中的制图比例确定。对剪力墙的墙柱、连梁、墙体分布筋可进行编辑。

【编辑墙柱】墙柱即边缘构件，包括暗柱、端柱、翼墙柱、转角墙等，程序根据点取剪力墙的位置，出现不同的墙柱编辑对话框。

1）确定墙柱形状：对话框中显示程序设置的墙柱尺寸及墙肢拉结区尺寸，

可修改或与其他墙柱合并等。

2）修改配筋：对话框中显示程序设置的墙配筋及墙肢拉结区配筋等，可修改。

【编辑连梁】连梁由程序默认编号、设置尺寸和配筋，点取连梁后，出现连梁编辑对话框，可修改名称、高度、配筋等。

【编辑分布筋】墙体分段由程序默认编号、设置尺寸和分布筋，点取墙体分段后，出现墙体分段编辑对话框，可修改名称、配分布筋等。

【查找构件】在剪力墙平法配筋图中查找构件。

【改构件名】对图中的构件改名。

【配筋面积】检查配筋结果、调整配筋量。出现下级菜单：

1）【墙柱计算结果】、【墙身计算结果】选择自然层，在平法配筋图上显示墙柱计算结果、墙身计算结果。

2）【墙柱实配结果】、【墙身实配结果】在平法配筋图上显示墙柱实配结果、墙身实配结果。

6.4.2　绘图参数设置

单击【工程设置】，屏幕显示下一级菜单，进入参数修改对话框，可输入或修改参数。

1. 绘图内容参数

选择【显示内容】，屏幕出现绘图内容对话框（图6-13），设置平面布置图、配筋图内容及其他参数。

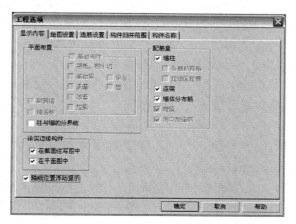

图6-13　绘图内容对话框

（1）平面布置　剪力墙平面图中可选择已显示出的构件。

（2）涂实边缘构件　可选择"在截面注写图中"、"在平面图中"涂实边缘构件。如柱、剪力墙等涂实。

（3）轴线位置浮动提示　选择，在平面图中浮动提示轴线位置。

（4）配筋量　在平面图中显示指定类别的构件名称和尺寸及配筋的详细数据。

2. 绘图设置参数

选择【绘图设置】，屏幕出现绘图设置对话框（图6-14）。

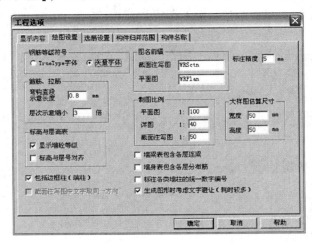

图6-14　绘图设置对话框

（1）图名前缀　设定施工图"截面注写图"、"平面图"的图名前缀。

（2）箍筋、拉筋　设定图中箍筋、拉筋的弯钩直段示意长度（mm），设定箍筋、拉筋图中线条层次示意缩小倍数。一般按默认值。

（3）标高与层高表　层高表中的项目及方式。

1）选择"显示墙砼等级"，层高表中包括墙砼（混凝土）等级项。

2）选择"标高与层号对齐"，层高表中"标高"项的层与自然层"层号"项的层对齐。

（4）包括边框柱（端柱）　选择，剪力墙配筋图中包括边框柱（端柱）。

（5）标注精度　一般设定为5mm。

（6）制图比例　设置制图比例。平面图为剪力墙平法列表注写方式的配筋施工图，一般为1:100，详图一般为1:（20～40）；截面注写图为剪力墙平法截面注写方式的配筋施工图，一般为1:30～1:50。

（7）墙梁表包含各层连梁、墙身表包含各层分布筋　一般不选择。

（8）标注各类墙柱的统一数字编号　一般不选择。

（9）生成图形时考虑文字避让 选择，程序生成的图形中标注实体不重叠。

3. 选筋设置参数

选择【选筋设置】，屏幕显示构件选筋设置对话框（图6-15），设置剪力墙构件的配筋参数、配筋放大系数及其他参数。

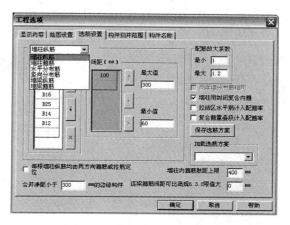

图 6-15 构件选筋设置对话框

（1）剪力墙构件的配筋设置 设置选筋方案。设置选筋方案以多种方案的方式保存，用于不同各层的剪力墙配筋。

1）设置选筋方案：设置墙柱纵筋、墙柱箍筋、水平分布筋、竖向分布筋、墙梁纵筋、墙梁箍筋的纵筋（或箍筋）的规格和间距（最大间距、最小间距）的配筋方案。

2）保存选筋方案：对设置的配筋方案保存，屏幕显示方案编号。

3）加载选筋方案：绘制各层配筋图前，选择方案编号。

（2）配筋放大系数 设置配筋放大系数的最小值、最大值。设定程序配筋时，满足实配面积除以应配面积的比值大于放大系数最小值、小于放大系数最大值。

（3）同厚墙分布筋相同 选择，程序在设计配筋时，在本层的同厚墙中找计算结果最大的一段，据此配置分布筋。

（4）拉结区水平筋计入配箍率 根据水平筋的构造是否满足墙柱箍筋的要求确定。选择，按国标图集（11G101-1）构造做法，部分剪力墙水平筋可计入约束边缘构件体积配箍率。

（5）复合箍重叠段计入配箍率 一般不选择。重叠段按要求一般不重复计入配箍率。

（6）每根墙柱纵筋均由两方向箍筋或拉筋定位 按剪力墙柱抗震等级，设置纵筋定位。

（7）边缘构件合并净距　一般小于300mm。

（8）墙柱内箍筋肢距上限（mm）　根据抗震等级确定。最大值400。

（9）连梁箍筋间距可比高规6.3.2限值大（mm）　一般情况下，输入0。

4. 构件归并参数

选择【构件归并范围】，屏幕出现构件归并对话框（图6-16），设置平面布置图、配筋图内容及其他参数。

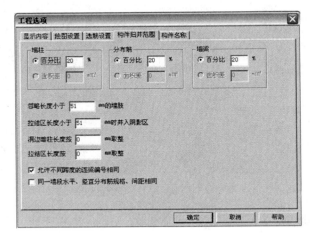

图6-16　构件归并对话框

（1）墙柱、分布筋、墙梁　以百分比归并。一般取20%～30%。

（2）设定剪力墙构件的尺寸取整值　按程序显示默认。

（3）允许不同跨度的连梁编号相同　选择，跨度不同而截面、配筋等相同的连梁编号相同。

（4）同一墙段水平、竖直分布筋规格、间距相同　对水平、竖直分布筋相同的墙段，选择。

5. 构件名称参数

选择【构件名称】，屏幕出现构件名称设定对话框（图6-17），设置平面布置图、配筋图中的与构件名称有关的参数。

（1）表示构件类别的代号　设定在剪力墙平面图、配筋图及其他详图中所采用的构件代号。默认的代号以国标图集（11G101-1）设定。

（2）在名称中加注G或Y以区分构造边缘构件和约束边缘构件　选择，在类别代号前加注G或Y。

（3）构件名模式　设置在构件名中嵌楼层号的方式。如构件名类别"AZ"、编号"10"，可注写为"ZA10"、"ZA-10"、"ZA1-10"、"1－ZA-10"等。

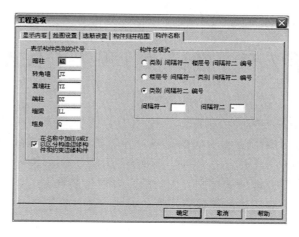

图6-17 构件名称设定对话框

6.4.3 完成混凝土柱施工图

按国标图集（09G103）、（11G101-1）的要求，绘制剪力墙平法配筋施工图。

1. 标注轴线

在剪力墙平面配筋图上标注各轴线。单击剪力墙平面配筋图上侧下拉菜单的【标注轴线】，出现标注轴线的各种方式。根据绘图要求：标注轴线、定位线、尺寸、楼面标高、图名等。

2. 标注构件尺寸

在剪力墙平面图上标注构件尺寸。从剪力墙平面配筋图上侧下拉菜单的【标注构件】，标注剪力墙、墙上的洞口等的尺寸。

3. 绘图框

在混凝土柱平面配筋图上绘制图框。从剪力墙平面配筋图上侧下拉菜单的【标注图名】、【插入图框】、【修改图鉴】，标注需要的项。

第 7 章　楼梯设计程序 LTCAD

LTCAD 是楼梯结构设计程序。它适用于普通板式或梁式楼梯及螺旋楼梯、悬挑楼梯的设计。LTCAD 楼梯间的布置可直接输入各层楼梯间的布置，也可从 PMCAD 或 APM 读取数据，楼梯间包括轴线以及梁、柱、墙等，之后再输入各层楼梯板的布置。普通楼梯通过交互方式输入各层楼梯布置，形成各种楼梯形式，可完成楼梯的内力分析与配筋计算，并绘制楼梯施工图。

7.1　楼梯设计程序

7.1.1　主菜单及操作过程

主菜单名称 LTCAD。主菜单的进入：

1) 单击【PKPM】图标，进入 PKPM 系列程序菜单。

2) 单击【结构】选项，进入结构设计菜单。出现 LTCAD 等结构设计程序菜单。

3) 单击【LTCAD】，进入 LTCAD 楼梯设计主菜单（图 7-1），主菜单内容共 5 项。

图 7-1　LTCAD 楼梯设计主菜单

7.1.2　程序运行说明

　　LTCAD 主菜单的【1 普通楼梯设计】，包括单跑、二跑、三跑等板式或梁式楼梯设计程序。主菜单的【2 螺旋楼梯设计】为独立的楼梯设计程序；主菜单的【3 组合螺旋楼梯设计】为独立的楼梯设计程序；主菜单的【4 悬挑楼梯设计】为独立的楼梯设计程序。

7.2　普通楼梯设计

　　直跑楼梯是常用普通楼梯，楼梯可为一跑、二跑、三跑楼梯等，结构形式分析可为板式和梁式。在直跑楼梯设计中，板式楼梯跨度较小，而梁式楼梯相对跨度大些。

7.2.1　建立楼梯设计文件

　　执行 LTCAD 程序主菜单的【1 普通楼梯设计】，进入普通楼梯设计主菜单（图 7-2），以交互方式输入楼梯数据。

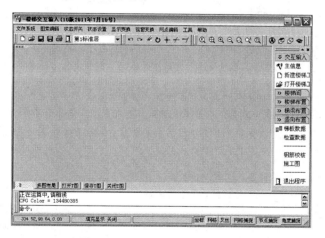

图 7-2　普通楼梯设计主菜单

　　1. 输入楼梯信息

　　【主信息】设置绘图楼梯参数、楼梯荷载及其他几何参数。屏幕显示楼梯主信息选项（图 7-3、图 7-4），设置绘制平面图的参数，包括选择绘图参数、楼梯设计的参数。

　　1）X 向尺寸线标注位置 MXD：楼梯平面图中，x 向各跨轴线与总尺寸线标注位置（1 在下、2 在上）。

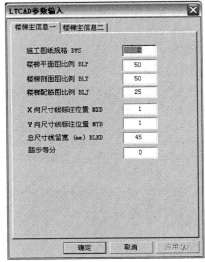

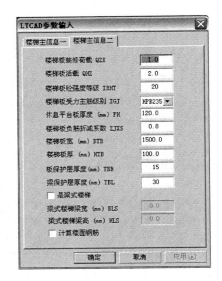

图 7-3　楼梯主信息一对话框　　　　图 7-4　楼梯主信息二对话框

2）Y 向尺寸现标注位置 MYD：楼梯平面图中，y 向各跨轴线与总尺寸线标注位置（1 在左、2 在右）。

3）总尺寸线留宽 BLKD：总尺寸线在建筑平面图上应留的宽度。

4）踏步等分：踏步是否等分信息。$MAVER = 0$ 时，踏步数 × 踏步板高 ≈ 平台相对高度，$MAVER = 1$ 或 -1 时，可对踏步的第一步或最后一步作调整，最终使踏步数 × 踏步板高 + 踏步调整高度 = 平台高度。$MAVER = 1$ 时，对最后一步作调整，$MAVER = -1$ 时，对第一步作调整；如在标准楼梯参数中输入第一步或最后一步高度，则以该数据为准作调整，$MAVER$ 不再对该楼梯板起作用。

5）楼梯板装修荷载 QZX：楼梯板粉刷层及装饰荷载标准值（kN/m^2）。

6）楼梯板活载 QHZ：楼梯活荷载标准值（kN/m^2）。

2. 建立楼梯文件

【新建楼梯工程】建立楼梯文件。屏幕出现楼梯文件名建立菜单（图 7-5）。

手工输入楼梯间：新建一楼梯文件（注意文件名后不应带扩展名），新建文件确定后，进行楼梯平面交互式输入。

从整体模型中获取楼梯间：进入已建立的 PMCAD 第一结构标准层平面图，选择需进行楼梯设计的楼梯间。新建一楼梯文件后，进行楼梯平面交互式输入。选择时可使用"任意编辑选

图 7-5　楼梯文件名建立菜单

择"或"围墙选择"方式选择楼梯间所在网格,"任意编辑选择"时,按
<Tab>可在"光标方式、沿轴线方式、窗口方式、围栏方式"间切换。

选择楼梯间时应注意以下几点:

1)只能对一个房间生成,可把房间中原有的结构梁删除,用楼梯梁替代;
在楼梯布置过程中,不能在已形成的房间中增加布置结构梁或墙。

2)对于单跑、双跑楼梯(包括两边上中间合和中间上两边分的类型),楼
梯间必须有两条平行边。

3)对于三跑楼梯,楼梯间除应有两条平行边外,还必须有另一条边与平行
边垂直;对于四跑楼梯必须为矩形房间;任意形状的楼梯,楼梯间也可为任意
形状。

【打开楼梯工程】打开楼梯文件名。进入目录查找楼梯文件,继续进行交互
式输入或修改。

7.2.2　楼梯间交互式数据输入

楼梯的交互式数据输入分为两部分:一部分是楼梯间数据,包括楼梯间的
轴线尺寸、其周边的墙梁柱及门窗洞口的布置、总层数及层高等;另一部分是
楼梯间内的布置数据,包括楼梯板、楼梯梁和楼梯基础等信息。

当以"手工输入楼梯间"进入普通楼梯设计主菜单时,先要建立楼梯间数
据,而后建立楼梯间内的楼梯数据。而以"从整体模型中获取楼梯间"进入普
通楼梯设计主菜单时,直接建立楼梯间内的楼梯数据。

【楼梯间】建立楼梯间。屏幕显示楼梯间建立菜单(图7-6),进入交互输
入楼梯间数据,包括楼梯间的本层信息、网格(轴线)和轴线命名、其周边的
墙梁柱及门窗洞口的布置等。

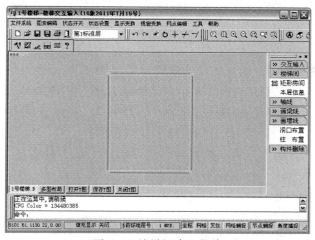

图7-6　楼梯间建立菜单

7.2.3 楼梯布置

【楼梯布置】布置楼梯间内的楼梯段、楼梯梁、平台板等。进入下一级菜单布置楼梯。楼梯布置有两种方式：对话框方式输入和直接布置方式输入。可任选其一。

1. 对话框方式输入

【对话输入】对话框式输入参数布置楼梯，形成楼梯标准层。屏幕显示普通楼梯对话输入对话框（图 7-7），进入楼梯输入。通过参数对话框引导输入，对每层的楼梯进行布置。改变某一参数数据，楼梯布置相应修改。对话输入方式只限于布置比较规则的楼梯形式。

提示：第一次楼梯布置，屏幕弹出楼梯类型选择框。

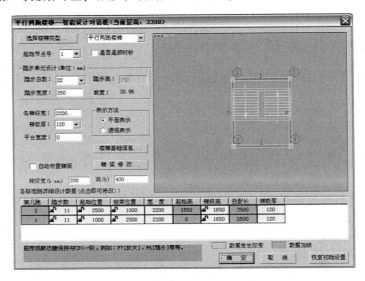

图 7-7 普通楼梯对话输入对话框

1）选择楼梯类型：选择设计的楼梯类型（图 7-8）。程序中有十三种楼梯，包括单跑直楼梯、双跑直楼梯、平行两跑楼梯、平行三跑楼梯、平行四跑楼梯、双跑转角楼梯、双分平行楼梯 1、双分平行楼梯 2、双分转角楼梯 1、双分转角楼梯 2、三跑转角楼梯、四跑转角楼梯、任意楼梯。

选择楼梯或重新选择后，布置楼梯对话输入对话框的右侧显示楼梯布置平面图，图中显示已输入的楼梯间周围的网格线号和节点号。楼梯布置通过"起始节点号"、"是否是顺时针"确定楼梯的方向。

2）踏步单元设计（单位：mm）：按建筑设计的层高、楼梯台阶总数、踏步宽度可得到楼梯坡度，同时显示踏步高度。

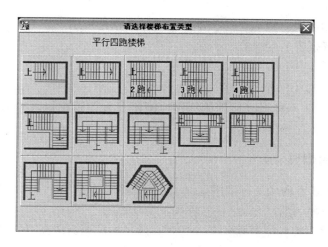

图 7-8　选择楼梯类型框

3）表示方法：右侧显示区楼梯表示方法。

4）【楼梯基础信息】输入楼梯基础。显示普通楼梯基础参数输入对话框，输入基础尺寸等。

5）自动布置梯梁：选择，程序自动将梯梁布置于梯段上下端。不选择，可进入【梯梁修改】，布置梯梁。

6）【梯梁修改】布置或修改梯梁。布置梯段上下梁，还可布置梁式梯梁的结构斜梁。

提示：梯段可直接搁置于房间周边的梁或墙上。

7）各标准跑详细设计数据：用于梯段的布置。起始位置为梯段起始点距起始周边梁的距离，结束位置为梯段结束点距结束周边梁的距离。起始高为梯段的起始点高度。

8）【确定】形成一层楼梯标准层。用于组装楼梯。

2. 直接布置方式

直接布置方式通过定义楼梯基础、楼梯段，在楼梯间布置楼梯段、楼梯基础。

1）【楼梯基础】定义楼梯基础。进入基础梁定义，用于第一标准层的楼梯基础。

2）【单跑布置】定义楼梯段并布置。进入楼梯段定义对话框，可布置于已建立的楼梯间。定义的楼梯段可用于任意标准层。

3）【梯间布置】将定义的楼梯段和楼梯基础布置于楼梯间，形成一层楼梯标准层。布置前，屏幕弹出选择楼梯类型框（图7-8），选择设计的楼梯类型。

4）【本层层高】输入本层层高。

5)【换标准层】进入选择标准层或添加楼梯标准层。

6)【梁式楼梯】定义楼梯斜梁。

7)【楼梯复制】复制已有的楼梯层。

8)【网格线号】显示网格线号开关。

【梯梁布置】布置梁式楼梯的斜梁。将在【楼梯布置】菜单的【梁式楼梯】中定义的斜梁布置于楼梯段。

7.2.4　楼梯组装

经过 7.2.3 节的楼梯标准层定义，组装楼梯。

【竖向布置】楼梯竖向组装。进入下级菜单。

1)【楼层布置】完成楼梯竖向布置。通过标准层、层高组装楼梯。

2)【插标准层】新增标准层插入到所选标准层之前。楼梯结构计算时，要求标准层的顺序与其在楼层布置时出现的顺序相同。

3)【换标准层】在完成一个标准层布置后，新建或显示另一标准层。

与 PMCAD 或 APM 接力使用时，此处会先显示在 PMCAD 或 APM 建模时的已有的各标准层，但在每标准层中只包含选出的楼梯间信息。

4)【全楼组装】用于透视观察整体效果时周边构件的选择，并全楼显示。

7.2.5　楼梯计算设计

1. 数据检查

【检查数据】程序检查楼梯数据。完成楼梯的整体输入后，进行楼梯输入的数据检查。不满足程序要求，不能进行楼梯结构计算。

2. 楼梯配筋修改

【钢筋校核】程序进行结构计算分析。计算结果及选出的钢筋显示在屏幕上，可对钢筋进行修改。

3. 楼梯施工图

楼梯施工图表示方法有两种，一种是以平法表示（按《混凝土结构施工图平面整体表示方法制图规则和构造详图（现浇混凝土板式楼梯）11G101-2》）绘图；另一种是以楼梯平面布置、立面楼梯剖面及楼梯段配筋图表示。

【施工图】绘制楼梯施工图。屏幕显示首层楼梯平面图，进入绘制楼梯施工图菜单（图7-9）。

（1）绘制楼梯平面图　具体如下：

1)【选择标准层】选择楼梯绘制层。

2)【设置】设置绘图楼梯施工图参数。如图纸号、图纸比例等。

3)【标注轴线】标注与建筑施工图相一致的轴线。

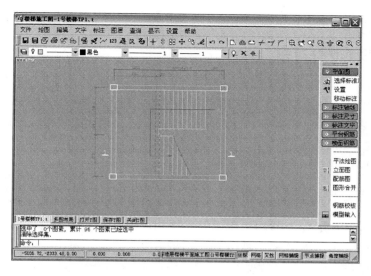

图 7-9 绘制楼梯施工图菜单

4）【标注尺寸】标注柱、梁、墙尺寸，标注标高、楼梯走向表示号等。

5）【标注文字】标注文字。

6）【平台钢筋】显示并可修改钢筋。

7）【楼面钢筋】显示并可修改楼梯段钢筋。

（2）绘制平法楼梯施工图　具体如下：

【平法绘图】绘制以平法表示的楼梯施工图。进入下级菜单，屏幕显示楼梯平面图，在图中按平法标注楼梯类型（AT～HT、ATa、ATb、ATc）、楼梯厚度、踏步段总高度、踏步级数、上部纵筋、下部纵筋、楼板分布筋，还有楼梯的方向、标高、楼梯平台板（PTB）、梯梁（TL）、梯柱（TZ）、轴线等。

（3）绘制楼梯立面施工图　具体如下：

【立面图】绘制楼梯立面施工图。进入下级菜单，屏幕显示楼梯立面图，在图中标注竖向尺寸及标高、楼梯编号、轴线及平面尺寸等。

（4）绘制楼梯配筋图　具体如下：

【配筋图】绘制楼梯配筋图。进入下级菜单，屏幕显示楼梯配筋图，在图中标注楼梯板的钢筋、竖向尺寸及标高、平面尺寸及轴线等。

7.3　螺旋楼梯设计

混凝土螺旋楼梯的结构支承一般为两端固定、两端铰支或下端铰支和上端固结。在楼梯的形式上有上端或下端可有一段直线梯段，或中间对称轴上有一平台段的螺旋楼梯。螺旋楼梯设计程序要求螺旋楼梯中心线的水平投影应为圆弧，总转角不大于 360°，楼梯中间无支承。

7.3.1 程序操作步骤

1）建立楼梯计算新文件夹，通过改变目录进入新文件夹。一个文件夹储存一个螺旋楼梯的计算结果、内力图形和施工图，文件名由程序设定。

2）执行 LTCAD 主菜单的【2 螺旋楼梯设计】，进入螺旋楼梯设计。

3）建立螺旋梯设计数据。

4）计算分析楼梯结构配筋图。

7.3.2 螺旋梯设计数据输入

执行【2 螺旋楼梯设计】，屏幕弹出螺旋梯设计数据输入对话框，可选择输入。数据输入对话框有螺旋梯类别对话框、螺旋梯数据对话框、基础数据对话框和梯梁数据对话框。

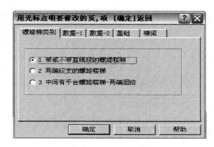

图 7-10 螺旋梯类别对话框

（1）螺旋梯类别对话框（图 7-10）。

1）带或不带直线段的螺旋楼梯：其上端或下端可以有一端带有直线段螺旋楼梯结构，或螺旋楼梯以一端铰支、另一端固结（如一端与地基梁连接、另一端与楼板梁连接）的结构计算，选择。

2）两端铰支的螺旋楼梯：螺旋楼梯结构两端铰支，选择。

3）中间有平台螺旋楼梯-两端固结：当楼中间有休息平台时，或中间无休息平台但在计算中要求按上下两端均固定考虑，选择。

（2）螺旋梯数据-1 对话框（图 7-11）和螺旋梯数据-2 对话框（图 7-12）。

1）螺旋段高度 h（mm）：螺旋楼梯段（两端支承点的高差）楼梯高度。

2）螺旋段中心半径 R（mm）：螺旋楼梯圆心点至楼梯板中心线的距离。

3）楼梯板宽度 b（mm）：螺旋楼梯结构板的宽度（不包括踏步板挑出部分）。

4）楼梯板厚度 d（mm）：螺旋楼梯结构板的厚度。根据挠度的要求，楼梯板厚度宜大于 $S/30$，其中 S 为梯板中线展开长度，当不满足时程序在屏幕上提示。

5）楼梯踏步高度 Hst（mm）：按建筑图设计的楼梯踏步高度。一般取值范围宜在 150~250mm。

6）螺旋段总水平角 Fa（度）：程序要求螺旋楼梯总水平角的范围 10°< Fa ≤360°。

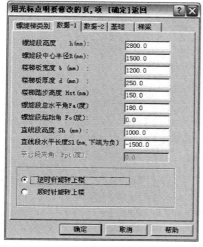

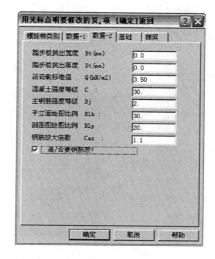

图 7-11　螺旋梯数据-1 对话框　　　　图 7-12　螺旋梯数据-2 对话框

7）螺旋段起始角 Fo（度）：输入螺旋楼梯起始角。指螺旋段踏步起始线与 x 轴的夹角，x 轴为由左向右的水平轴，逆时针为正，范围为 $-180° \leqslant Fo < 180°$。

8）直线段高度 Sh（mm）：螺旋楼梯直线段的高度，直线段高度为 0 或无直线段时输入 0。

9）直线段水平长度 Si（mm）：指直线段的水平投影长度，无直线段时输入 0；当直线段在楼梯的下端时，Si 输入负值。

10）平台段夹角 Fpt（度）：当 "螺旋梯类别" 选择 3，设置平台段夹角。设置平台中心长度大于楼梯宽度。

11）踏步板挑出宽度 Bt（mm）：楼梯板踏步悬挑部分长度（一侧），不挑出时输入 0。

12）踏步板挑出厚度 Dt（mm）：悬挑板部分的厚度（内力和配筋计算时不考虑这一部分受力）。

13）活荷载标准值 Q（kN/m²）：楼梯板面活荷载标准值，根据规范规定取值。

14）平立面绘图比例 Blk：楼梯施工图一般取 20 ~ 50。

15）剖面图绘图比例 Blp：楼梯施工图一般取 10 ~ 30。

（3）基础数据对话框（图7-13）和楼梯梁数据对话框（图7-14）　楼梯基础截面相对较大（刚度也相对较大），对楼梯作固定支座。楼梯梁是楼梯的上端支承点，可视楼梯板结构刚度与楼梯梁的结构刚度，作简支或固定支座。各数据相应输入。

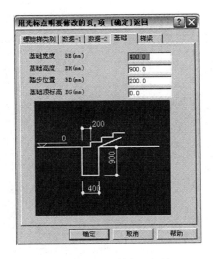

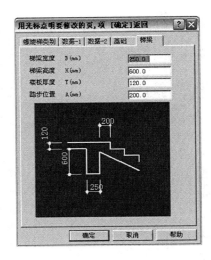

图 7-13　基础数据对话框　　　　　图 7-14　楼梯梁数据对话框

7.3.3　螺旋梯设计数据输出

1）完成螺旋梯输入各数据，单击【确定】按钮。屏幕显示螺旋梯内力图，内力图包括轴向力 N_t、b 轴（厚度方向）剪力 V_b、n 轴（宽度方向）的剪力 V_n、扭矩 M_t、M_b、M_n。图中各个内力符号的意义及方向如图 7-15 所示。

2）计算结果文件 LXT. DAT。文件内容包括原始数据、内力及配筋三部分。通过分析计算结果，判断设计是否合理。

3）单击【继续】按钮，弹出楼梯配筋结果显示修改对话框（图 7-16）。可修改楼梯构件的配筋。

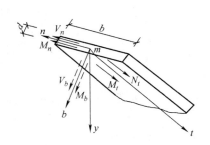

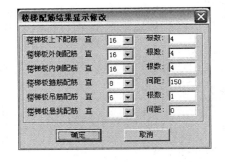

图 7-15　楼梯内力方向　　　　　图 7-16　楼梯配筋结果显示修改对话框

7.3.4　绘制楼梯施工图

完成楼梯配筋修改后，单击【确定】按钮，进入绘图。

1）【调整图面】调整楼梯平面图、立面图、配筋图在图面的位置。

2）【改图纸号】改施工图的图号。

3）【继续】完成或直接进入绘制施工图。屏幕显示螺旋楼梯绘制施工图菜单（图 7-17）。

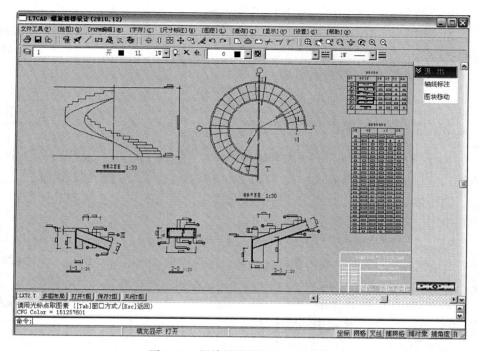

图 7-17　螺旋楼梯绘制施工图菜单

程序自动绘制楼梯配筋图，通过轴线布置等完善楼梯施工图。程序自动命名图名为 LXT2. T。

7.4　组合螺旋楼梯设计

由上下两个螺旋混凝土楼梯段构成组合楼梯，可采用组合螺旋楼梯设计。组合螺旋楼梯设计程序的运用有以下要求：

1）组合楼梯可由上下两个不同的螺旋楼梯段构成。两个螺旋楼梯段的半径、转角、高度及旋转方向可不相同，每梯段的旋转角不大于360°。

2）在每个螺旋段内只设置一个平台，平台的位置可以任意设置。

3）楼梯的上螺旋楼梯段上端、下螺旋楼梯段下端可同时设置一段直线段。

4）在楼梯两个螺旋段的中部或端部可设置一个柱子，程序计算柱子的内力和配筋。楼梯上下两端的支承条件可分别设置为简支、固端或梁支撑，并计算出支撑梁的内力和配筋。

7.4.1　操作步骤

1）建立楼梯计算新文件夹，通过改变目录进入新文件夹。一个文件夹储存一个组合螺旋楼梯的计算内力、内力图形和施工图，文件名为程序设定。

2）执行 LTCAD 主菜单的【3 组合螺旋楼梯设计】，进入组合螺旋楼梯设计。

3）建立组合螺旋梯设计数据。

4）计算分析楼梯结构配筋图。

7.4.2　组合螺旋梯设计数据输入

执行 LTCAD 主菜单的【3 组合螺旋楼梯设计】，屏幕弹出组合螺旋梯设计数据输入对话框，可选择输入。数据输入对话框有组合螺旋总信息对话框，下旋段、直段数据对话框，上旋段、柱数据对话框，基础数据对话框和上梯梁数据对话框。

（1）组合螺旋楼梯总信息对话框（图 7-18）。

1）两个不同半径或转向螺旋段相连：选择该项。在以后分别输入下半段螺旋梯和上半段螺旋梯，下上段螺旋梯连续。各段可分别设置直段和旋转平台。

2）中间有柱支承：选择该项。在各段分别设置一混凝土柱。程序计算内力并配筋。柱可设置于梯段中部或末端。

（2）下旋段、直段数据对话框（图 7-19）　各参数输入参考螺旋梯数据-1的数据。

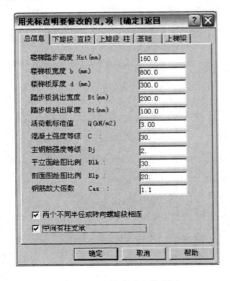

图 7-18　总信息对话框

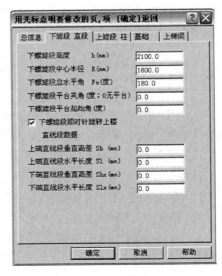

图 7-19　下旋段、直段数据对话框

（3）上旋段、柱数据对话框（图7-20）　各参数输入参考螺旋梯数据-1 的数据。

（4）基础数据对话框　相应输入楼梯基础的各参数。

（5）上梯梁数据对话框　相应输入楼梯上端楼梯梁的各参数。

7.4.3　组合螺旋楼梯设计数据输出及施工图

1）完成组合螺旋楼梯输入各数据，单击【确定】按钮。屏幕显示组合螺旋楼梯内力图，内力图包括轴向力 N_t、b 轴（厚度方向）剪力 V_b、n 轴（宽度方向）的剪力 V_n、扭矩 M_t、M_b、M_n。图中各个内力符号的意义及方向如图 7-15 所示。

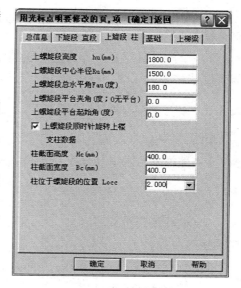

图 7-20　上旋段、柱数据对话框

2）计算结果文件 LXT. DAT 内容包括原始数据、内力及配筋三部分。通过分析计算结果，判断设计是否合理。

3）单击【继续】按钮，弹出楼梯配筋结果显示修改对话框，可修改楼梯构件的配筋。

4）完成楼梯配筋修改后，单击【确定】按钮，进入绘图。程序自动绘制楼梯配筋图，通过轴线布置等完善楼梯施工图。

7.5　悬挑楼梯设计

混凝土板式悬挑楼梯设计程序，适用于楼梯的转角（包括通常 U 形、V 形、L 形等），楼梯上、下梯段的长度和高度可以不同，休息平台可为圆形、矩形及多边形三种，梯板两侧可以挑出薄板。

7.5.1　操作步骤

1）建立楼梯计算新文件夹，通过改变目录进入新文件夹。一个文件夹储存一个悬挑楼梯的计算内力、内力图形和施工图，文件名为程序设定。

2）执行 LTCAD 主菜单的【4 悬挑楼梯设计】，进入悬挑楼梯设计，屏幕弹出悬挑楼梯数据-1 对话框、悬挑楼梯数据-2 对话框、悬挑楼梯数据-3 对话框和基础数据对话框、梯梁数据对话框。输入对话框中各数据，单击【确定】按钮。屏幕显示悬挑楼梯内力图。

3）单击【继续】按钮，弹出楼梯配筋结果显示修改对话框，可修改楼梯构件的配筋。

4）单击【确定】按钮，进入绘图。程序自动绘制楼梯配筋图，通过轴线布置等完成楼梯施工图。程序自动命名图名为 XTLT. T。

7.5.2 对话框中数据的输入

（1）悬挑楼梯数据-1 对话框（图 7-21）。

1）楼梯平台水平转角 F_p（度）：从下梯段中心线到上梯段中心线的转角，一般取 $30° \sim 180°$。

2）楼梯平台水平半径 R（mm）：一般与梯段等宽。

3）楼梯平台根部厚度 D_{pg}（mm）：宜取 $B_t/6 \sim B_t/9$，B_t 为楼梯板宽度，不包括挑出薄板。

4）楼梯平台端部厚度 D_{pd}（mm）：宜取 $70 \sim 100$mm。

5）楼板活荷载标准值 Q（kN/mm^2）：水平投影面上均布活荷载标准值。

（2）悬挑楼梯数据-2 对话框（图 7-22）。

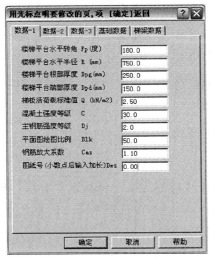

图 7-21 悬挑楼梯数据-1 对话框　　　图 7-22 悬挑楼梯数据-2 对话框

1）悬挑楼梯总高度 H（mm）：起始踏步至楼面的高度。

2）休息平台高度 H_p（mm）：起始踏步至平台顶的高度。

3）下梯段水平长度 S_d（mm）：起始踏步线至平台交线的水平投影距离。

4）上梯段水平长度 S_u（mm）：平台交线至最后一级踏步线的水平距离。

5）楼梯板宽度 B_t（mm）：不包括挑出薄板。

6）楼梯板厚度 D_t（mm）：一般应满足大于 $S_d/20$ 或 $S_u/20$。

7）楼梯踏步高度 H_{st}（mm）：取值范围宜在 $150 \sim 250$mm。

8）踏步板挑出宽度 X_b（mm）：挑出薄板的挑出宽度，无挑出时输入 0。

9）踏步板挑出厚度 X_d（mm）：挑出薄板的厚度。

10）起始段水平角 F_s（度）：下梯段中心线与水平轴线的夹角，逆时针为正，顺时针为负，取值范围 $-180° \sim 180°$，用于确定楼梯的平面位置。

（3）悬挑楼梯数据-3 对话框（图 7-23）　选择楼梯平台类型等。

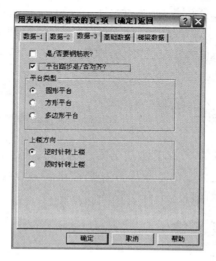

图 7-23　悬挑楼梯数据-3 对话框

1）平台踏步是/否对齐：平台是否与踏步对齐，以确定平台的边缘。

2）平台类型：平台有三种类型，可根据建筑要求选择。

3）上楼方向：确定上楼方向，即确定楼梯的上下梯段。

（4）基础数据对话框及梯梁数据对话框　相应输入各数据。

第 8 章 建筑基础设计程序 JCCAD

JCCAD 是建筑结构基础设计程序。程序包括独立基础和条形基础设计、弹性地基梁和筏板基础设计、桩基和桩筏设计三部分。

建筑结构基础承担上部建筑物上的荷载及地震作用，将其传至地基。基础的设计分为基础结构设计、地基设计及基础沉降。对于柱下独立基础、墙（砌体）下条形基础按刚性基础进行地基设计，并进行基础沉降计算。对墙（混凝土）、柱下条形基础按连续梁或弹性地基梁计算。高层建筑的筏形基础，采用有限元进行基础设计和沉降计算。对深基础按承台桩、非承台桩，摩擦型桩或端承型桩设计和沉降计算。

8.1 基础设计程序

对于基础的设计计算，由于地基土质情况的复杂性和基础模型假定的多种性，引起结果的不确定性。由于程序计算是在很多假设和简化的前提下进行的，因此要了解程序的技术条件，得到合理的计算结果。

8.1.1 JCCAD 程序特性

1. 程序的分析特性

JCCAD 程序对基础地基设计采用多种计算方法。在各种地基条件和各种上部结构下，可选择适合的设计方法。

（1）整体基础分析方法　计算假定有：

1）弹性地基梁模型：文克尔模型、广义文克尔模型。

2）弹性地基梁有限元法。

对筏板沉降计算采用假设附加应力已知方法和刚性底板假定、附加应力为未知的计算方法。

（2）基础上部结构的共同作用　在整体基础结构设计中，上部结构刚度对基础有影响。程序采用以下方法考虑上部结构刚度影响：

1）上部结构刚度与荷载凝聚法。

2）假设上部结构为刚性的倒楼盖法。

3）上部结构等代梁法。

2. JCCAD 程序的应用

JCCAD 程序在基础设计中，将基础分为以下几类：墙（砌体）条形基础、柱下独立基础、弹性基础梁（肋梁、桩格梁）、桩基础（承台桩、非承台桩）、筏板基础（平板、肋板、桩筏板）及各类混合基础与组合基础。

在 JCCAD 程序基础分析中，"基础梁板弹性地基梁法计算"采用梁元法、考虑按 T 形梁（板作为梁的翼缘）分析，用于地基梁、薄筏板分析计算和条基沉降计算。"桩筏、筏板有限元计算"采用板元法、考虑梁与板共同作用，用于平筏板、梁筏板、地基梁、桩承台等的有限元法分析计算。

8.1.2 JCCAD 程序输入

1. 建立模型数据

JCCAD 连接上部结构数据，读取上部结构与基础相连的轴线和底层柱、墙、支撑布置信息等，建立基础分析模型。

2. 地质资料数据

通过交互方式输入地质资料。JCCAD 程序利用勘察地质资料，完成基础设计、基础沉降计算。

3. 上部结构传至基础的荷载

JCCAD 连接 PMCAD 和上部结构分析程序（PK、TAT、SATWE 等），读取上部结构分析程序连接的上部荷载数据，与直接作用于基础的荷载，共同用于基础地基的设计。

8.1.3 JCCAD 程序

1. 程序的前连接

1）JCCAD 程序以 PMCAD 程序的上部轴线、柱墙等信息作为基础布置的网格线及上部构件与基础的连接等。

2）JCCAD 程序读取结构分析程序（PK、TAT、SATWE 等）计算结果作为基础设计的荷载信息；读取上部结构刚度用于考虑上部结构对基础刚度的影响。

3）JCCAD 程序读取上部结构生成的柱插筋信息及结构支座信息，用于基础设计及绘图。

2. JCCAD 程序说明

主菜单名称 JCCAD。主菜单的进入：

1）单击【PKPM】图标，进入 PKPM 系列程序菜单。

2）单击【结构】选项，进入结构设计菜单。出现 JCCAD 等结构设计程序菜单。

3）单击【JCCAD】，进入 JCCAD 程序主菜单（图 8-1），主菜单内容共 9 项。

图 8-1 JCCAD 程序主菜单

3. 程序运行说明

1）JCCAD 程序的运行，需要 PMCAD 的几何数据文件和荷载数据文件，以及建筑结构设计程序（PK、TAT、SATWE 等）分析结果的数据（与基础相连接的荷载）。只有经过 PMCAD 和结构计算（PK、TAT、SATWE 等之一），才能应用 JCCAD 程序。

2）应用 JCCAD 程序的第一步是引入地质勘测文件或输入地质勘测文件（主菜单：1 地质资料输入）。

3）JCCAD 程序地基设计中，有了地质资料文件，才能进行主菜单的【2 基础人机交互输入】及各项计算。所有的基础设计，需执行主菜单的【2 基础人机交互输入】，输入基础布置，砌体墙条形基础和柱下独立基础可直接计算；柱下条形基础、剪力墙下条形基础，需进行主菜单的【3 基础梁板弹性地基梁法计算】；柱、墙下梁板式筏板（梁筏板）和平板式筏板（平筏板），需执行主菜单的【3 基础梁板弹性地基梁法计算】；柱独立基础下有桩基础需执行主菜单的【4 桩基承台及独基沉降计算】；绘制基础施工图，需执行主菜单的【7 基础施工图】。

4）对于桩筏和筏板基础进行进一步的计算或复核，可执行主菜单的【5 桩筏、筏板有限元计算】。对于需进行防水板抗浮力的设计或复核，执行主菜单的【6 防水板抗浮等计算】。

8.2 地质资料建立

地质资料是建筑结构基础设计的基本信息，主要来自地质勘测报告。通过地质资料了解建筑物周围场地地基状况，并提供基础设计的各个勘测的土层物理力学指标及其他的信息。GB 50007—2011《建筑地基基础设计规范》第4.2.1条规定，土的工程特性指标包括强度指标、压缩性指标以及静力触探探头阻力等。对于有桩地质资料需要压缩模量、重度、土层厚度、状态参数、内摩擦角和粘聚力六个参数，无桩地质资料只需压缩模量、重度、土层厚度三个参数。

8.2.1　地质资料信息

在 JCCAD 程序中，地质资料以数据文件的形式运行。一般以交互方式生成地质资料文件。在交互输入时，JCCAD 程序可以将勘测孔的平面位置自动生成平面控制网格，并以形函数插值方法自动求得基础设计所需的任一处的竖向各土层的标高和物理力学指标。在屏幕上可形象地观察平面上任意一点和任意竖向剖面的土层分布和土层的物理力学参数。

地质资料输入建立场地每个勘测点的土层分布、位置坐标及各土层的物理参数。土层分布包括：土层的名称、厚度、土层地面的标高和图幅。土层的物理极限参数有土的重度 G_v（用于沉降计算）、相对压力状态下的压缩模量 E_s（用于沉降计算）、内摩擦角 φ（用于沉降及支护结构计算）、粘聚力 c（用于支护结构计算）和计算桩基承载力的状态参数（对于各种土有不同的含义）。

图 8-2　选择地质资料文件框

执行 JCCAD 主菜单的【1 地质资料输入】，屏幕显示选择地质资料文件框（图 8-2），进入地质资料文件建立。

打开地质资料文件：从选择地质资料文件框（*.dz），打开地质资料。

建立地质资料文件：在选择地质资料文件框中，输入新文件名，建立地质资料文件。

8.2.2　地质资料输入

建立或打开地质资料后，屏幕显示地质资料输入对话框（图 8-3），进入基础设计的地质勘测资料输入或修改。

【土参数】修改地质土层参数，用于地质资料输入土层。屏幕显示程序默认的土层物理力学指标对话框（图 8-4）。对于无桩基础，只需压缩模量。而采用

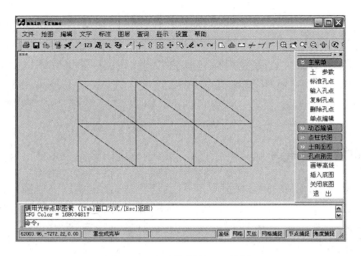

图 8-3　地质资料输入对话框

桩基础，需压缩模量、重度、状态参数、内摩擦角和粘聚力。根据地质资料，修改程序默认的参数。

土名称	压缩模量	重度	摩擦角	粘聚力	状态参数	状态参数含义
(单位)	(MPa)	(KN/M3)	(度)	(KPa)		
1 填土	10.00	20.00	15.00	0.00	1.00	(定性/-IL)
2 淤泥	2.00	16.00	8.00	5.00	1.00	(定性/-IL)
3 淤泥质土	3.00	16.00	5.00	5.00	1.00	(定性/-IL)
4 粘性土	10.00	18.00	5.00	10.00	0.50	(粘性指数)
5 红粘土	10.00	18.00	5.00	0.00	0.20	(含水量)
6 粉土	10.00	20.00	15.00	2.00	0.20	(孔隙比e)
71 粉砂	12.00	20.00	15.00	0.00	25.00	(标贯击数)
72 细砂	31.50	20.00	15.00	0.00	25.00	(标贯击数)
73 中砂	35.00	20.00	15.00	0.00	25.00	(标贯击数)
74 粗砂	39.50	20.00	15.00	0.00	25.00	(标贯击数)
75 砾砂	40.00	20.00	15.00	0.00	25.00	(标贯击数)
76 角砾	45.00	20.00	15.00	0.00	25.00	(标贯击数)
77 圆砾	45.00	20.00	15.00	0.00	25.00	(标贯击数)
78 碎石	50.00	20.00	15.00	0.00	25.00	(标贯击数)

图 8-4　土层物理力学指标对话框

提示：土层的压缩模量不能为零。

【标准孔点】以标准孔的方式形成土层分布，并修改或输入土层的物理力学参数。用于形成各孔点土层的分布和土层的物理力学参数。在"土名称"下拉处选择土名称，输入土层厚度等（图8-5）。通过【添加】、【插入】、【删除】编辑土层参数表。同时输入建筑物 ±0.000 对应的地质资料、标高和孔口标高。

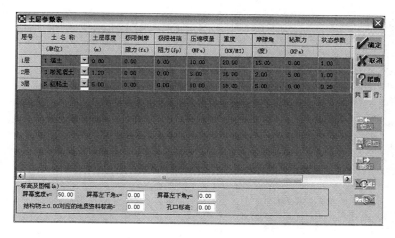

图 8-5 土层参数表输入对话框

【输入孔点】在平面图上输入孔点。以 x、y 直角坐标及标高输入，单位为米（m）。退出后，以输入的孔点组合三角单元控制网格（图 8-3），及每个孔点布置信息、土层的物理力学指标等。也可通过下面的【插入底图】，如柱平面布置图，参考底图输入孔点。

　　提示：输入孔点的方式可参考 PMCAD 中的节点输入。

【复制孔点】复制孔点的土层分布及土层的物理力学参数。先选择被复制孔点，然后选择复制点。

【删除孔点】删除由"输入孔点"生成的孔点。

【单点编辑】对某一孔点的土层分布和土层的物理力学参数进行编辑，输入孔口标高、探孔水头标高。同时确定数据是否用于其他孔点。

【动态编辑】一组孔点（孔点相邻）编辑。包括添加土层、修改土层厚度及其他参数。

1）【剖面类型】一组孔点截面在孔点柱状图和孔点剖面图之间切换。

2）【孔点编辑】对孔点进行编辑。

3）【标高拖动】拖动土层高度。

【点柱状图】对平面图中选择的桩位，按地质信息试算单桩承载力。

1）【桩承载力】根据地质资料及桩类型、桩截面（截面形式、面积、持力层等）初算设定桩长或桩承载力。通过桩信息设置输入的土质性质、桩施工方法及承载力计算方式等，屏幕显示程序以不同桩长计算的桩的竖向力特征值 Q（kN）、水平特征值 H（kN）、抗拔力特征值及桩承载力。初定桩长或承载力，可重新计算承载力或桩长。

2）【参数修改】对有规范要求的建筑物计算承台基础沉降。通过沉降计算参数设置框，输入桩承台参数、桩长、荷载值（上部荷载及承台重引起的压应力），预试算桩沉降。

3）【沉降计算】显示沉降计算书。

【土剖面图】显示地基土剖面。

【孔点剖面】显示孔点间的剖断面。

【画等高线】查看场地土层、地表或水头标高的等高线图，检查地质资料的输入和土层分布。

【插入底图】插入"输入孔点"时的参考点底图。底图一般为底层柱墙布置图。

【关闭底图】隐去底图。

【退出】退出地质资料输入。

地质资料文件（*.dz），在主菜单的【2 基础人机交互输入】执行过程中读取，用于地基基础设计。

8.3 基础数据形成及独条基计算

基础设计的第一步是基础平面布置。JCCAD 主菜单的【2 基础人机交互输入】，输入地基基础设计的基础平面布置，包括基础上部构件、基础（条基、独基、地梁、板带、筏板、桩基）。

运行 JCCAD 主菜单的【2 基础人机交互输入】，必须已完成上部结构的模型数据、荷载数据（PMCAD 建模中输入）；应已运行相应程序的计算部分（PK、TAT、SATWE、PMSAP），可读取上部结构分析传来的荷载。如果要自动生成基础插筋数据还应运行绘制墙柱梁施工图程序。

8.3.1 基础布置输入

执行 JCCAD 主菜单的【2 基础人机交互输入】，屏幕显示上部结构与基础相连的楼层轴线网及与基础相连的柱墙支撑布置，并弹出基础数据文件对话框（图 8-6），选择存在基础模型数据文件。

读取已有的基础布置数据：继续输入或修改，读取上次保存的基础数据和上部结构数据。

重新输入基础数据：放弃原基础数据，重新开始输入。

读取已有基础布置并更新上部结构数据：如上部结构设计改变，保留基础输入，则读取上次保存的基础数据，只更改上部结构数据。

选择保留部分已有的基础：保留部分基础输入继续输入或修改。读取上次保存的部分基础数据（图 8-7），保留上部结构设计数据。

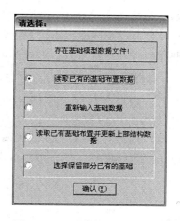

图 8-6 基础数据文件对话框

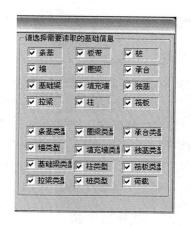

图 8-7 选择部分基础数据对话框

第一次建立基础数据文件时，选择"重新输入基础数据"，单击【确认】后，读取 PMCAD 的轴网和底层的柱、剪力墙和支撑布置。屏幕上显示楼层轴线网、柱墙支撑布置及编号和底层柱下端配筋（若已完成柱施工图），进入基础数据输入主菜单（图 8-8）。

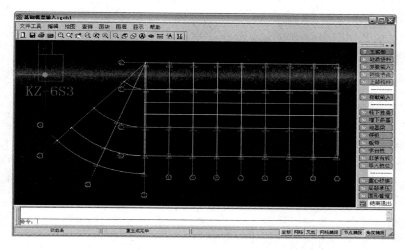

图 8-8 基础数据输入主菜单

【地质资料】输入的勘察孔位置与实际结构平面位置对位。有下级子菜单：

1)【打开资料】打开已存在的地质资料，屏幕平面图上插入地质平面图。

注："地质资料输入"已按实际结构平面输入，插入的地质平面图已对位。

2)【平移对位】、【旋转对位】用光标拖动地质勘探孔轴网格单元图平移和转动到实际位置。

提示：在操作【平移对位】、【旋转对位】时，可采用 <S> 键捕捉或定位。

【参数输入】设置各地基和基础的设计参数。详见 8.3.2 节——地基承载力参数。

【网格节点】补充增加基础布置、桩等时需要的平面节点、网格线。按 3.4.4 节的 PMCAD 建模平面网格输入的线条、节点等操作。

【上部构件】输入基础上的一些附加构件。附加构件是指除受力的柱、墙外的与基础相连接的杆件。详见 8.3.3 节——基础上部构件布置。

【荷载输入】读入或输入地基基础设计的荷载。荷载用于地基设计、基础设计和基础沉降计算，基础荷载包括上部结构传递的荷载和基础直接作用的荷载。详见 8.3.4 节——基础荷载输入。

8.3.2 地基承载力参数

执行【参数输入】，屏幕显示下级菜单共三项，分别输入"基本参数"、"个别参数"及"参数输出"。

1. 基本参数

选择【基本参数】，屏幕显示基本参数对话框（图 8-9、图 8-10、图 8-11），输入计算地基承载力的参数及其他参数。选择进入【地基承载力计算参数】、【基础设计参数】及【其它参数】。

（1）地基承载力计算参数　选择【地基承载力计算参数】，屏幕显示地基承载力计算参数对话框（图 8-9a）。按地质条件和计算方法，选择地基承载力计算方式。根据选择的规范和计算方法，地基承载力计算参数对话框中的内容发生变化。

1）选择"中华人民共和国国家标准 GB50007-201x—综合法"，地基承载力计算参数对话框如图 8-9a 所示。

提示：该方法适合于以载荷试验或其他原位测试、经验值等确定地基承载力标准值。

地基承载力特征值 f_{ak}（kPa）：未修正的天然地基承载力特征值（kN/m^2）。地质资料提供，由地基载荷试验等确定。

地基承载力宽度修正系数 amb、地基承载力深度修正系数 amd：地基承载力修正系数。按《建筑地基基础设计规范》的表 5.2.4 确定。

基底以下土的重度（或浮重度）：输入基底土的重度。由地质资料提供。

基底以上土的加权平均重度：输入基底上各土层加权平均重度。按地质资料土层计算。

承载力修正用基础埋置深度：室外地面或室内地面至基础底的距离（m）。按《建筑地基基础设计规范》第 5.2.4 条确定基础埋置深度。

自动计算覆土重：选择，程序自动按单位面积覆土重度计算覆土重。独基、桩承台基础、墙下条形基础：程序按 $20N/m^2$ 基础和土的平均重度计算覆土重，覆土深度按基础底标高到 ±0.000 的距离计算。不选择，则直接在"单位面积覆土重"输入。

单位面积覆土重：输入基础及其基底上回填土的平均重度。

提示：只有在不选择"自动计算覆土重"项时，才出现"单位面积覆土重"项。

2) 选择"中华人民共和国国家标准 GB 50007-201x—抗剪强度指标法"，地基承载力计算参数对话框如图 8-9b 所示。

提示：当偏心距 e 小于或等于 0.033 倍基础底面宽度时，可用该方法。

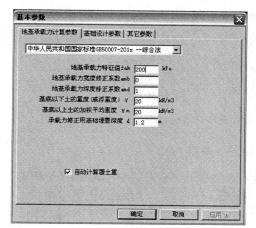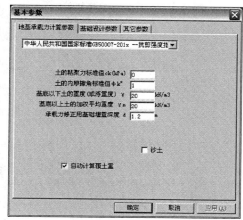

a)　　　　　　　　　　　　　　　b)

图 8-9　地基承载力计算参数对话框

土的粘聚力标准值、土的内摩擦角标准值：输入土层粘聚力标准值和内摩擦角标准值，采用《建筑地基基础设计规范》第 5.2.5 条，计算地基承载力。粘聚力标准值和内摩擦角标准值按该规范附录 E 确定。

砂土：选择，按地基土质为砂土计算地基承载力；不选择，则按地基土质为除砂土的土壤计算地基承载力。

(2) 基础设计参数　选择【基础设计参数】，屏幕显示基础设计参数对话框（图 8-10）。

室外自然地坪标高（m）：输入相对建筑物室内的 ±0.000 的标高。用于计算弹性地基梁覆土重以及筏板基础地基承载力修正。

基础归并系数：独基和条基的宽度相对差异归并系数，即将在归并系数之内的基础按同一种基础设计。

独基、条基、桩承台底板混凝土强度等级 C：浅基础的混凝土强度等级，一般采用 C20 ~ C30。

提示：该值不包括柱、墙、筏板和基础梁混凝土。

拉梁承担弯矩比例：输入拉梁承受独立基础或桩承台沿梁方向上的弯矩比

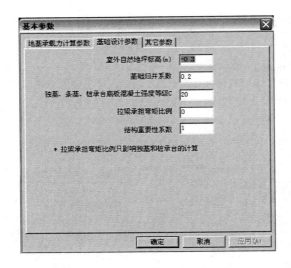

图 8-10　基础设计参数对话框

例。拉梁承担的弯矩可以减小基础底面积，一般可选择为 1/10 左右。

结构重要性系数：基础部位混凝土构件的结构重要性系数，按 GB 50010—2010《混凝土结构设计规范》第 3.3.2 条采用。一般为 1.0。

（3）其它参数　选择【其它参数】，屏幕显示其他参数对话框（图 8-11），输入人防、地下水等参数。

人防等级：输入构筑物的人防等级。按建筑物等级及建筑物使用功能确定人防等级，用于人防地下室设计。

底板等效静荷载：按人防规范

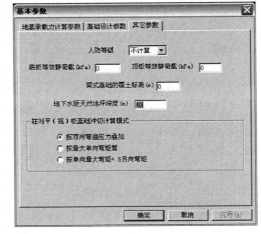

图 8-11　其他参数对话框

的地下室钢筋混凝土底板等效静荷载标准值 q_{e3}（kN/m²）取值。设定人防等级，程序默认无桩、无地下水时的等效静荷载。

顶板等效静荷载：按人防规范的地下室钢筋混凝土顶板等效静荷载标准值 q_{e1}（kN/m²）取值。设定人防等级，程序默认无桩、无地下水时的等效静荷载。

梁式基础的覆土标高：混凝土梁式条形基础上的覆土标高。计算基础梁（及翼缘）上的覆土厚度及覆土重量。

地下水距天然地坪深度：按地质资料输入地下水距天然地坪深度。用于梁
元法计算筏板基础时的水浮力计算。

2. 个别参数

执行【个别参数】，单击特殊
点（如电梯处等），屏幕显示个别
参数对话框（图 8-12），输入单个
个别基础的参数。

自动生成基础时做碰撞检查：
选择，程序检查基础布置时各基础
是否相互重叠或碰撞。

覆土压强（自动计算0）：输入
基础上的覆土压强。

计算所有节点下土的 C_k，R_k
值：程序自动计算所用网格节点的
粘聚力标准值和内摩擦角标准值。

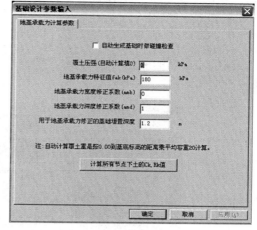

图 8-12　个别参数对话框

3. 参数输出

【参数输出】基础输入的基本参数文本输出。

8.3.3　基础上部构件布置

执行【上部构件】，屏幕显示下级菜单，布置基础上的上部构件。

【框架柱筋】修改屏幕显示的框架
柱插配筋。通过【框筋布置】，显示柱
插筋标准截面，进入柱插筋修改对话框
（图 8-13）。柱插筋修改通过【修改】、
【新建】、【布置】等操作。

【填充墙】布置底层（或地下室）
外墙、分隔墙等，除承载混凝土墙。在
填充墙下可布置条基，并形成填充墙的
荷载。

图 8-13　柱插筋修改对话框

【拉梁】布置混凝土连系梁（拉
梁）。通过【新建】类型，定义梁的截面、配筋。拉梁以白色线条表示，在拉梁
上标有 LL- * 的拉梁类型号。拉梁的作用是：平衡柱下弯矩，调节不均匀沉降
等。一般拉梁高可取 1/10 ~ 1/15 跨距。用于承台基础之间、独立基础之间、独
基与条基之间。

【圈梁】布置圈梁。通过【新建】类型，定义圈梁的截面、配筋及圈梁的标

高。圈梁以紫色线条表示，在圈梁上标有 QL-＊的圈梁类型号。

【柱墩】布置平板基础的板上柱墩。

8.3.4 基础荷载输入

执行【荷载输入】，屏幕显示荷载输入菜单（图 8-14），输入基础上的附加荷载及上部结构荷载的传入。

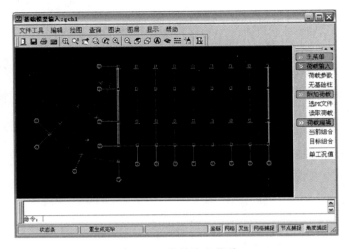

图 8-14　荷载输入菜单

1. 基础荷载参数

【荷载参数】设置基础设计荷载分项系数和组合系数。屏幕显示"请输入荷载组合参数"，进入荷载组合参数输入对话框（图 8-15）。按 GB 50009—2001《建筑结构荷载规范（2006 版）》取值。

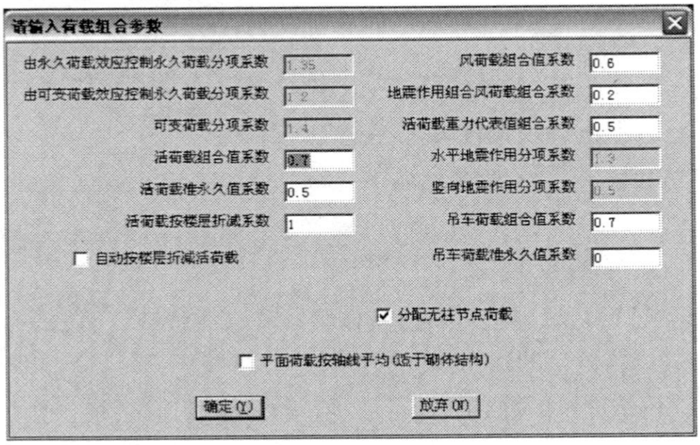

图 8-15　荷载组合参数输入对话框

1）分项系数（永久荷载、可变荷载、地震作用）：荷载分项系数。程序默认规范值，一般不修改，如需修改双击该文本框（数值）后修改。

2）活荷载准永久值系数：程序默认为 0.5。用于正常使用极限状态下荷载效应的准永久组合。

3）活荷载组合值系数、风荷载组合值系数：程序默认规范值。用于正常使用极限状态下荷载效应的标准组合。

4）地震作用组合风荷载组合系数、活荷载重力代表值组合系数：程序默认规范值。用于正常使用极限状态下荷载效应的标准组合。

提示：以上系数取于《建筑结构荷载规范》第 4.1.1 条。

5）《建筑抗震规范》6.2.3 柱底弯矩放大系数：输入放大系数。按GB 50011—2010《建筑抗震设计规范》第 6.2.3 条放大柱底端弯矩。

6）分配无柱节点荷载：选择，程序将墙间无柱节点或无基础柱上的荷载分配至节点周围墙。分配原则为按周围墙的长度加权分配，即长墙分配的荷载多，短墙分配的荷载少。否则，引起荷载丢失。

7）自动按楼层折减活荷载：选择，程序根据与基础相连的柱或墙（承重墙）上部楼层数，按《建筑结构荷载规范》的表 4.1.2 进行活荷载折减。否则，不折减。

2. 构造柱基础

【无基础柱】设置构造柱下的基础。一般情况下不设置独立基础，只在构造柱下有较大荷载时设置。该功能为双向开关"设置"和"删除"。

3. 附加荷载

【附加荷载】输入除上部结构计算外的荷载，如底层的外墙、填充墙等荷载（不包括在上部结构建模时输入的荷载）。附加荷载包括恒载效应标准值和活荷载效应标准值，通过【加点荷载】输入节点荷载的轴力（N 以向下为正）、力矩（M_x、M_y）、剪力（Q_x、Q_y），以【加线荷载】输入线性荷载。

4. 上部结构荷载

【选 PK 文件】选定设计基础荷载文件。用于【读取荷载】时，设定为 PK程序计算的基础设计荷载。

提示：读取"PK 荷载"，必须先运行【选 PK 文件】。

【读取荷载】地基基础荷载选择，屏幕显示地基基础设计荷载选择框（图8-16）。

选择荷载来源：选择地基基础设计的上部结构分析程序。选择"平面荷载"由 PMCAD 程序导荷（按 PMCAD 设置的传递方式计算荷载）的平面荷载，用于墙下条基设计；选择"TAT 荷载"或"SATWE 荷载"，由 TAT 程序或 SATWE程序计算得到的上部结构底层柱、墙底部对基础的荷载，用于分散基础（独基和桩承台)、整体基础(地梁、筏基)的设计;选择"PK 荷载",由 PMCAD 形成的框架结构计算得到上部结构底层柱对基础的荷载。单击【确认】后,屏幕显示基础荷载图(图 8-17)和荷载汇总文本。

提示:运行【读取荷载】前,必须先用相应的程序(TAT、SATWE)进行结构计算。

荷载工况:选择地基基础设计的荷载工况。根据"选择荷载来源","荷载工况"选择框显示各种地基基础的荷载效应标准值。

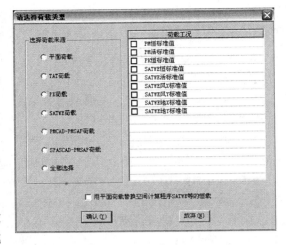

图 8-16 地基基础设计荷载选择框

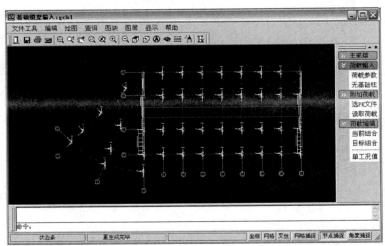

图 8-17 基础荷载图

用平面荷载替换空间计算程序 SATWE 等的恒载:选择,用 PMCAD 平面荷载近似代替空间计算程序 SATWE 等的恒载,可减少基础荷载组合计算。

屏幕显示荷载文本"荷载汇总",内容为附加荷载及上部结构荷载的荷载工况,可检查地基基础设计的荷载情况。按《建筑地基基础设计规范》第 3.0.5 条规定可知,地基基础设计的荷载组合中,承载力极限状态下荷载效应的基本组合,用于确定基础或桩台高度、计算基础结构内力、确定配筋和验算材料强度;正常使用极限状态下荷载效应的标准组合,用于地基承载力确定基础底面积及埋深或按单桩承载力确定桩数；正常使用极限状态下荷载效应的准永久组合，用于计算地基变形。

5. 基础荷载编辑

【荷载编辑】查询或修改上部结构传下的各种工况荷载标准值和附加荷载。可执行下级菜单：

1）【清除荷载】删除节点或网格线上的已作用的荷载。

2）【点荷编辑】修改节点荷载。用光标指定选择节点，显示该节点的现行各工况荷载的轴力、弯矩和剪力对话框，可对各值进行修改。

提示：当柱对节点偏心时，节点荷载与柱底部不同，应平移转换。

3）【点荷复制】把某个节点的某些工况荷载复制到某些节点上（覆盖原荷载）。

4）【线荷编辑】修改网格线荷载。用光标指定选择网格线，显示该线的现行各工况荷载的剪力和弯矩对话框，可对各值进行修改。

5）【线荷复制】把网格线的某些工况荷载复制到某些网格线上。

6. 荷载校核

【当前组合】查询现设计地基基础计算时的荷载组合，屏幕显示该组合荷载图。

【目标组合】对有特殊意义的荷载组合，选择显示组合荷载图。如标准组合下的最大轴力、最大偏心距等。这些组合用于校核是否有最不利的荷载组合。

【单工况值】显示荷载单工况值，可选择各个工况。

提示：如需删除某节点或网格线上的荷载，只要将【点荷编辑】和【线荷编辑】对话框中数据修改为 **0** 即可。

8.3.5　基础布置及扩展基础设计

根据上部建筑物的结构、地质资料及施工技术等因素，选择合理的基础。程序中的基础布置形式（基础构件）有：柱下独基、墙下条基、地基梁、筏板、板带，以及承台桩（柱下深基础）、非承台桩（地梁、筏板等下的深基础），还有导入桩位。建筑结构工程的基础可由以上的形式组合，如剪力墙下地基梁和柱下独基、柱下承台和桩等。构件布置可采用光标点取、沿网格轴线、开窗口、开多边窗口围区方式。

1. 柱下独基设计

当地基条件比较好，且柱下端内力不是很大时，一般采用浅基础。独立基础可设计单柱独基、多柱独基。这种浅基础常用分离式的柱下独基，一般用拉梁连接在一起以增加其整体性。首先布置基础平面上的独立基础，包括双柱和多柱独立基础，程序计算基础，并显示结果。

【柱下独基】承受一根或多根柱传来的上部荷载，计算浅基础，布置独立基础平面图，包括构造柱基础。屏幕显示下级菜单，显示柱下独基布置菜单（图8-18）。独基布置有两种方式：一种是预先设定基础参数，程序自动布置独立基础；另一种是定义独立基础的尺寸，采用光标等（以点和角度）直接在平面图上布置。在使用中可先自动布置，而后采用第二种方式修改基础布置。

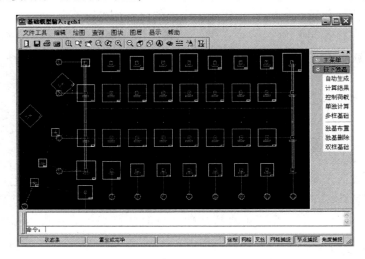

图 8-18　柱下独基布置菜单

（1）【自动生成】　程序自动布置基础。根据基础设计的参数，程序设定基础尺寸及布置。屏幕显示柱下独基布置平面图前，出现地基承载力计算参数输入对话框和柱下独立基础参数输入对话框（图8-19）。地基承载力计算参数输入可参考8.3.2节的个别参数对话框参数输入。

独基形式：根据上部荷载及地质条件，选择独基的形式。独基形式可选锥形现浇、锥形预制、阶形现浇、阶形预制、锥形短柱、锥形高杯、阶形短柱、阶形高杯。

提示：程序没有计算短柱、高杯（口）基础的短柱配筋功能，需另外计算。

独立基础最小高度：按基础设计

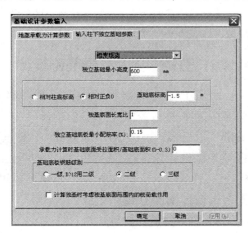

图 8-19　柱下独立基础参数输入对话框

的构造，如柱受力筋的锚固插入，设置基础的最小高度。若冲切验算不能满足要求，程序自动增加基础各阶的高度。

基础标高设置：可根据各种条件情况，选择以下一项，确定基础标高。选择"相对柱底标高"，当柱底标高不同时，程序可自动标注基础底标高的值。选择"相对正负0"，按±0.000标高确定标注基础底标高。选择"基础底标高"，直接标注基础底标高。

独基底面长宽比：根据基础作用荷载 x、y 方向内力比值，确定单柱基础底面长宽比。

独立基础底板最小配筋率（%）：设置控制独立基础底板的最小配筋率。如为0，则程序按《建筑地基基础设计规范》第8.2.1条，钢筋最小直径10mm，间距不大于200mm。根据《混凝土结构设计规范》表8.5.1，受弯、受拉最小配筋率为0.20和 $45f_t/f_y$ 的较大值。

承载力计算时基础底面受拉面积/基础底面积（0~0.3）：程序在计算基础底面积时，允许基础底面局部不受压。填0时全底面受压（相当于规范中偏心距 $e < b/6$）。按 JGJ 3—2010《高层建筑混凝土结构技术规程》第12.1.7条规定，高宽比不大于4的高层建筑，基础底面与地基之间零应力区面积不应超过基础底面面积的15%。

基础底板钢筋级别：选择基础底板配筋的级别。一般用 HPB300、HRB335。

计算独基时考虑独基底面范围内的线荷载作用：选择，则计算独立基础时取节点荷载和独立基础底面范围内的线荷载的矢量和作为计算依据。

单击【确定】后，屏幕显示独基布置图。程序进行基础承载力计算、冲切计算、底板配筋计算。当自动布置的结果不满足要求时，可通过修改基础角度、偏心或基础底面尺寸，重新自动生成基础设计结果。

提示：当选中的"自动生成"的柱上没有荷载作用时，将无法生成柱下独立基础，只能通过交互生成基础。

（2）【计算结果】　打开独立基础计算结果文件 JCO.OUT。通过计算结果文件，可查看已布置计算的基础的各组荷载工况组合、每根柱在各种荷载组合下的计算底面积、冲切计算结果、程序选择的基础底面积、底板配筋计算与实配钢筋。

提示：独基计算结果文件 JCO.OUT 是固定名文件，如需要保存，则须另存。

（3）【控制荷载】　以文件的方式保存输出控制荷载组合。柱下独立基础计算过程中的主要控制荷载组合（承载力计算、冲切计算、x 向底板配筋、y 向底板配筋）的荷载图形输出。

（4）【单独计算】　打开单个独立基础计算结果文件。

（5）【多柱基础】　布置多柱独基。以围栏的方式选择相连多柱，形成多柱独立基础。

（6）【独基布置】　布置独立基础或修改布置。通过【新建】建立基础数据（$b \times h$）或通过【修改】修改基础数据，并经过【布置】布置基础或通过【拾取】进行修改布置。布置时，通过柱基础形心输入移心值（偏轴移心、沿轴移心、相对轴转角）定位基础。

（7）【独基删除】　删除已布置的基础。

（8）【双柱基础】　对两根柱的基础会发生相互碰撞，或两基础距离相近处设置双柱基础。屏幕显示双柱基础的设置参数选择框（图 8-20），确定双柱基础底面形心位置。

1）按两个柱的几何形心：基础底面形心按两个柱的几何形心确定。

2）按标准组合：恒 + 活合力作用点：基础底面形心按恒载和活载组合的合力作用点确定。

图 8-20　双柱基础的设置参数选择框

注意：当双柱基础柱距比较远时，需补充两柱间的暗梁计算或板面筋的计算。

独立基础计算完毕后，可通过 JCCAD 主菜单的【3 基础梁板弹性地基梁法计算】计算基础沉降和通过主菜单的【7 基础施工图】绘制基础施工图。

2. 砌体墙下条基设计

【墙下条基】承受墙或多墙传来的线荷载，设置条形基础并设计。一般适用于砌体结构的基础，也用于框架结构底层非承重墙的基础。墙下条基设计、布置、计算、操作与柱下独基基本相同。

当地基条件比较好，且墙下线荷载不是很大时，一般采用浅基础。基础常用素混凝土基础、钢筋混凝土基础、带卧梁钢筋混凝土基础等。墙下条基设置可采用【自动生成】，打开【计算结果】输出计算结果；可通过【条基删除】和【条基布置】修改墙布置，或布置【多墙基础】。最后通过 JCCAD 主菜单的【3 基础梁板弹性地基梁法计算】计算基础沉降和通过【7 基础施工图】绘制基础施工图。

3. 布置地基梁

【地基梁】设置按弹性梁计算的剪力墙下地基梁、框架柱下整体式基础地基梁，地基梁下可设桩。适用于较差地基。地基梁可增加上下结构整体性，减少地基沉降，并可做深基础。可通过【地梁布置】，进行布置地基梁（或带翼缘）和带桩地梁；通过【翼缘宽度】放大已有地梁的翼缘宽度。当对未设置翼缘时，程序自动按上部荷载大小、分布设置地梁翼缘的宽度并布置。通过【墙下布梁】对已布置筏板的梁板基础或墙下筏板基础自动布置暗梁。地基梁的设计计算，通过 JCCAD 主菜单的【3 基础梁板弹性地基梁法计算】计算配筋和沉降，以及通过主菜单的【7 基础施工图】绘制基础施工图。

> 提示：基础布置采用地基梁时，可在地基梁下布置非承台桩。

4. 布置筏板基础

【筏板】设置筏板基础。筏板主要为高层建筑的基础，包括梁筏板和平筏板，需要时可设桩筏板。

5. 柱下平板基础

【板带】设置柱下板带，用于按弹性地基梁元法计算的方法设计柱下平板基础。板带通过【板带布置】、【板带删除】布置。柱下平板基础的设计，通过 JCCAD 主菜单的【3 基础梁板弹性地基梁法计算】计算配筋和沉降，以及通过主菜单的【7 基础施工图】绘制基础施工图。

6. 承台及桩的布置

当采用深基础（桩基础）时，需在柱下设独立承台，或在板带、筏板、地基梁下才能设置桩。程序将桩按其与上部结构的连接分为承台桩、非承台桩，已布置地梁、筏板、板带下的桩称为非承台桩。

【承台桩】设置承台与上部结构的框架柱相连即承台桩，包括柱下独立桩承台、联合承台、围桩承台等，并进行承台基础设计计算。

【非承台桩】对墙、柱下的条基等，形成单根桩基础、桩梁基础、桩筏基础和桩箱基础，同时可进行沉降试算和显示桩数量图。

进入【承台桩】、【非承台桩】布置基础。详见 8.3.6 节——承台及桩的输入。

7. 基础重心校核

【重心校核】对多柱联合桩或筏板基础，选定某组荷载组合，进行桩承台或筏板基础的荷载重心、基础形心校核以及基底反力、地基承载力校核。

1）【选荷载组】选择一组荷载，用于重心校核。屏幕弹出选择荷载组合类型对话框，显示各种荷载组合，用光标选择计算校核一组荷载。若需用多种荷载组合校核，须反复多次进行。

2）【筏板重心】选定一组荷载组合后，进行筏板重心校核。操作后，屏幕上显示各块筏板分别作用于该板上的总竖向荷载作用点坐标（重心）、板底平均反力、筏板形心坐标、板底最大（最小）反力位置和值，以及偏心距比值。

3）【桩重心】选定一组荷载组合后，对选定的群桩进行桩群重心校核。桩群重心与荷载合力距离近，表示桩布置合理。

4）【清理屏幕】清理屏幕上的内容，可重新校核。

8. 局部承压

【局部承压】当柱对独基、承台、基础梁，或桩对承台的混凝土等级大于局部混凝土等级时，需进行局部承压验算。

1）【局部柱】柱对独基、承台、基础梁的局部承压计算。验算结果后屏幕显示：其值大于 1.0 时为绿色数字，满足局部承压要求；不满足则为红色数字。

2）【局部桩】桩对承台的局部承压计算。验算结果后屏幕显示：其值大于 1.0 时为绿色数字，满足局部承压要求；不满足则为红色数字。

提示：筏板基础和有肋梁板基础，不需进行局部承压验算。

9. 图形管理

【图形管理】控制屏幕显示内容（打印），并对本菜单"基础人机交互输入"执行过程中形成数据文件。

1）【显示内容】选择显示内容。控制输入内容（基础荷载等）显示并可打印。

2）【写图文件】对输入内容形成文件，写文件名。

3）【控制荷载】选择计算设计的控制荷载。

10. 基础输入退出

【结束退出】直接退出，或屏幕显示后续操作退出选择对话框（图 8-21），选择"弹性地基梁板基础退出时是否显示地基承载力验算结果"下面的【显示】项。

图 8-21　退出选择对话框

（1）【显示】　将对基础设计的内容，进行必要的检查，并显示相应的提示信息（图 8-22）。

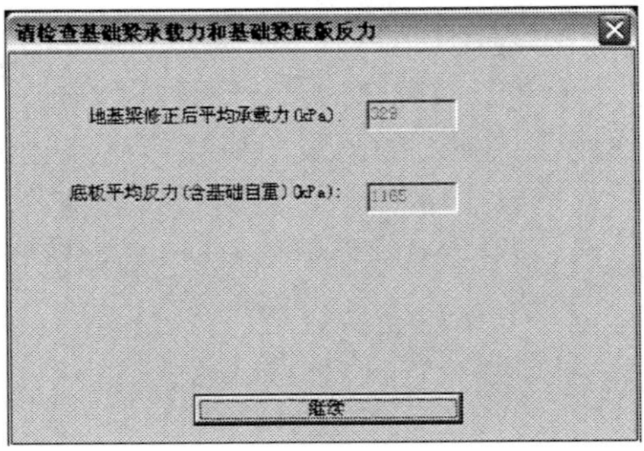

图 8-22　地基梁修正后平均承载力和底板平均反力

1) 显示地基梁修正后平均承载力和底板平均反力值。

2) 各组荷载地基承载力验算图。图中显示总竖向荷载和作用点坐标（紫色），基础形心（青色），基础的平均反力（红色）和最大、最小反力（含基础自重），基础承载力（绿色）。

3) 返回 JCCAD 主菜单。

（2）【直接退出】　将对基础设计的内容，进行必要的检查，并显示相应的提示信息，直接返回 JCCAD 主菜单。

8.3.6　承台及桩的输入

1. 承台桩的输入

单击【承台桩】，屏幕显示承台桩平面布置菜单（图 8-23），进入承台输入。承台布置有两种方式：一种是预先设定承台参数，程序自动布置承台；另一种是定义承台的尺寸，采用光标等直接在平面图上布置。可采用先自动布置，而后采用第二种方式修改承台布置。

提示：单柱或多柱下，才能进行柱下承台布置。

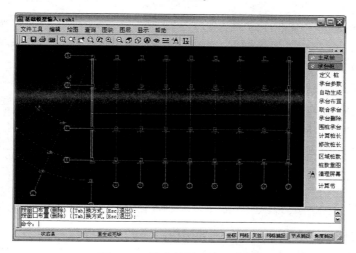

图 8-23　承台桩平面布置菜单

（1）【定义桩】　定义各类桩，内容包括桩的形式、尺寸和单桩承载力特征值。通过【新建】建立各种桩（图 8-24），桩类型有水下冲（钻）孔桩、沉管灌注桩、干作业钻（挖）孔桩、预制混凝土管桩、钢管桩、双圆桩。对于相对应的参数输入（图 8-25），如单桩承载力、桩截面形式、尺寸等，可通过【修改】来完成。

（2）【承台参数】　程序自动生成桩布置时，设置承台中各桩间距离等参数（图 8-26）。

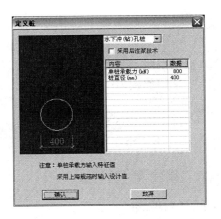

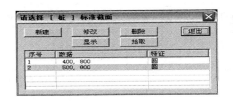

图 8-24　定义桩标准截面　　　　图 8-25　标准桩截面输入

桩间距：承台内桩形心间的最小距离（mm 或倍桩径）。按 JGJ 94—2008《建筑桩基技术规范》表 3.3.3 及第 4.2.1 条取值，由土类、成桩工艺、桩布置及桩径等确定，用于计算承台抗弯的弯矩。

桩边距：承台内桩形心到承台边的最小距离（mm 或倍桩径）。按《建筑桩基技术规范》第 4.2.1 条确定。

承台形状（阶梯形/倒锥形）：选择承台形状。一般承台底面积较大时，采

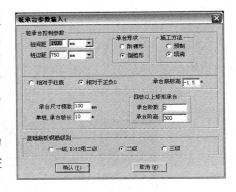

图 8-26　桩承台控制参数

用阶梯形；底尺寸较小时采用倒锥形。当承台为地下室的基础部分，承台顶面为平面。程序设定三桩以下的承台顶面为平面。

施工方法（预制/现浇）：选择承台上柱施工方法。预制：程序将自动生成与柱相连的杯口形承台，用于预制柱结构；现浇：承台上为现浇柱。

承台底标高（相对于柱底/相对于正负 0）：相对确定承台底标高。相对于柱底：输入承台底的相对标高，用于确定承台的底标高。相对于正负 0：是指相对上部 PM 建模楼板整体组装时定义的 ±0 位置。

承台尺寸模数：设置承台底尺寸的模数，用于确定承台尺寸。一般为 100mm。

单桩，承台桩长：输入初始桩长值，用于程序计算设计桩长的"计算桩长"。

四桩以上矩形承台（承台阶数、承台阶高）：设置四桩以上矩形承台的承台

阶数和承台阶高。用于验算承台的冲切计算。

基础底板钢筋级别：选择钢筋等级。常用 HPB300、HRB335。

（3）【自动生成】　根据"承台参数"设定的参数，按上部结构荷载和附加荷载，以及按单桩承载力，程序计算桩数并按设定承台平面尺寸，自选柱下节点自动布置承台。在生成承台时，完成对桩承台的冲切、剪切、配筋等计算。

（4）【承台布置】　定义承台标准截面或修改承台标准截面，并将定义的承台布置到承台平面布置图或修改承台布置。单击【承台布置】，屏幕显示承台标准截面列表（图8-27），表中显示已建立的承台标准截面，通过【修改】可修改承台标准截面数据；通过【新建】建立新的承台标准截面（图8-28），通过【布置】或【拾取】布置于承台平面布置图。在布置前，以输入移心值（偏轴移心、沿轴移心、相对轴转角）设置承台定位。

图 8-27　承台标准截面列表

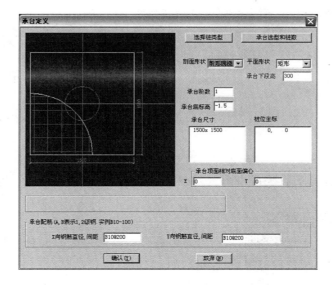

图 8-28　承台标准截面定义对话框

承台标准截面的定义：

1）选择桩类型。在桩标准截面列表中，选择桩类型。如果不满足使用要求，可重新定义所需要的桩。

2）承台选型和桩数。在"选择桩数和承台形式"中，选择承台形式、桩数和桩布置。

3）剖面形状。选择承台形式，可选阶形预制、锥形预制、阶形现浇、锥形现浇。

4）平面形状。选择承台平面形状，可选矩形、正多边形、多边形。选择的形状及边数等，会影响输入数据组的不同。

5）承台下段高、承台上段高。输入第一、二台阶的高度。

6）承台阶数。输入阶形承台阶数。

7）承台尺寸、桩位坐标。输入承台尺寸和桩位坐标。

8）承台顶面相对底面偏心。输入承台中心相对定位节点的偏心。

9）承台配筋。新建的承台标准截面，填入配筋。但程序重新计算，结果由本菜单中的【计算书】输出，并在 JCCAD 主菜单中的【7 基础施工图】绘制施工图中绘出。

结束承台标准截面定义，单击【确认】后进入承台桩补充或修改，返回承台标准截面定义列表。

（5）【联合承台】将相碰或相近的多个承台，设置为联合承台。

（6）【承台删除】不需要的承台删除。

（7）【计算桩长】程序根据单桩承载力及地质资料进行桩长计算。进入桩长计算之前，输入桩长归并长度（m），即将桩长差在"桩长归并长度"参数中设定的数值之内的桩处理为同一长度。

（8）【修改桩长】修改最终桩施工图中的桩长。修改后桩长值用于桩承台沉降计算。

（9）【区域桩数】程序对所围区域的桩计数，并标示恒荷载和活荷载组合合力作用点位置。

（10）【桩数量图】在屏幕平面柱或墙构件节点处标注桩数量。

（11）【计算书】完成桩承台基础的各项计算，包括桩反力，承台受弯、受剪切、受冲切。

2. 非承台桩的输入

墙下或柱下条形承台桩、十字交叉条形承台桩、筏形承台桩和箱形承台桩称为非承台桩。承台桩的承台计算模型视为地基梁和筏板。

在布置桩前，必须先在墙下或柱下条形承台、十字交叉条形承台处布置地基梁（条形承台梁），地基梁布置由地基梁菜单完成；先在筏板承台和箱形承台处布置筏板或地基梁（筏板承台或条形承台梁），其筏板或地基梁的布置由筏板或地基梁菜单完成。

【非承台桩】对墙、柱下的条基等，形成单根桩基础、桩梁基础、桩筏基础和桩箱基础，同时可进行沉降试算和显示桩数量图。

提示：先在墙下或柱下条形承台、十字交叉条形承台处布置地基梁（条形承台梁），地基梁布置由地基梁菜单完成。

【定义桩】定义桩标准截面，屏幕显示定义桩标准截面列表。包括在承台桩中定义的桩。

【布置参数】设置桩布置参数。显示桩布置参数定义对话框。

【单桩布置】用于单独桩布置。布置前先定义所用桩类型信息或采用"承台桩"定义的桩类型信息。布单桩以桩中心定位。

【梁下布桩】地基梁下布置成排的桩。根据地基梁的荷载及地基梁的布置，程序自动选取桩数，并布置于地基梁下。布桩前，需要根据选择的桩标准截面得知单桩承载力。

【围桩承台】把非承台下的群桩或独立桩围栏，生成承台桩。

【计算桩长】根据"地质资料"和每根桩所承担的单桩承载力计算出桩长。

【修改桩长】输入桩长，或修改已有桩长度（人为确定桩长）。修改桩长前，每根桩必须有桩长。

【桩承载率】对刚性筏板，通过计算每根桩承受的单桩反力，得到单桩反力与单桩承载力特征值，屏幕显示每根桩的承载率值，可用于优化调整筏板下的桩布置。

8.4　基础沉降和地基梁计算

墙下、柱下条形和地梁下的地基，由于基础一般不是完全的刚性，所以在一些情况下基础按弹性（柔性）计算，也可以按刚性计算。JCCAD 主菜单的【3 基础梁板弹性地基梁法计算】中，"基础沉降计算"是梁式基础、独立基础、条形基础及按弹性地基梁法输入的基础沉降计算，"弹性地基梁结构计算"是地基梁结构计算；"弹性地基板内力配筋计算"是地基板结构（梁式筏、板式筏）基础计算（图 8-29）。

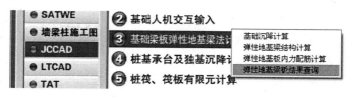

图 8-29　基础梁板弹性地基梁法计算菜单

8.4.1　基础沉降计算

执行 JCCAD 主菜单的【3 基础梁板弹性地基梁法计算】下的【基础沉降计

算】，屏幕显示基础沉降计算菜单（图8-30）。进入计算基础沉降前，需要已经完成基础构件布置。对条形基础、独立基础需已完成基础结构计算。

基础沉降计算中需假定基础为刚性基础或柔性假定，柔性假设时基础底板为完全柔性的，适合于独基、条基、梁式基础、刚度较小或刚度不均匀的筏板；而刚性假设时基础底板为完成刚性的，适用于基础和上部结构刚度均较大的筏板基础。

1. 柔性沉降计算

【柔性沉降】以基础为完全柔性假定，计算基础的沉降。进入基础沉降计算参数前，屏幕显示地质资料平面图，用以确定地质资料的正确性。随后屏幕显示沉降计算参数输入对话框（图8-31），输入基础沉降计算的各项参数。

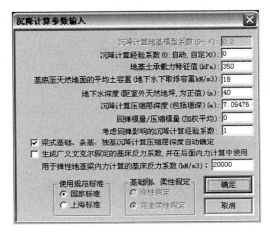

图 8-30 基础沉降计算菜单   图 8-31 沉降计算参数输入对话框

沉降计算地基模型系数：输入地基的模型系数（0~0.4）。刚性地基计算沉降时，考虑地基模型系数体现土质在土应力、应变扩散能力方面的折减。土质较软取小值，土质较硬取大值，当为0时即为文克尔模型。

提示：该项参数只在以【刚性沉降】计算沉降时输入。在以【柔性沉降】计算时，程序设定该项不能输入。

沉降计算经验系数：显示默认值。程序默认值为《建筑地基基础设计规范》表5.3.5取值。

地基土承载力特征值：输入地基承载力特征值。按地质勘探报告取值。

基底至天然地面的平均重度：输入平均重度。有地下水的部分取浮重度。

地下水深度：输入地下水位距室外天然地坪的距离。

沉降计算压缩层深度：对独立基础、条形基础和梁式基础，程序自动计算压缩层深度。

回弹模量/压缩模量（加权平均）：根据相关试验值输入回弹模量/压缩模量

（加权平均）。

梁式基础、条基、独基沉降计算压缩层深度自动确定：选择，程序自动确定沉降计算压缩层深度。对梁式基础、条基、独基，按《建筑地基基础规范》第 5.3.6 条确定。不选择，程序按"沉降计算压缩层深度"输入的压缩层深度计算沉降。

按复合地基进行沉降计算：选择，当建筑物地下室基础埋置较深时，考虑开挖基坑地基土的回弹计算沉降。

生成广义文克尔假定的基床反力系数，并在后面内力计算中使用：采用刚性假定时，选择。

用于弹性地基梁内力计算的基床反力系数（kN/m^3）：输入基床反力系数。系数为 PKPM 程序推荐值，见表 8-1。

表 8-1　基床反力系数 K 值推荐

地基一般特性	土的种类		$K/(kN/m^3)$
松软土	流动砂土、软化湿土、新填土		1000 ~ 5000
	流塑黏性土、淤泥及淤泥质土、有机质土		5000 ~ 10000
中等密实土	黏土及亚黏土	软塑的	10000 ~ 20000
		可塑的	20000 ~ 40000
	轻亚黏土	软塑的	10000 ~ 30000
		可塑的	30000 ~ 50000
	砂土	松散或稍密的	10000 ~ 15000
		中密的	15000 ~ 25000
		密实的	25000 ~ 40000
	碎石土	稍密的	15000 ~ 25000
		中密的	25000 ~ 40000
	黄土及黄土亚黏土		40000 ~ 50000
密实土	硬塑黏土及黏土		40000 ~ 100000
	硬塑轻亚土		50000 ~ 100000
	密实碎石土		50000 ~ 100000
极密实土	人工压实的填亚黏土、硬黏土		100000 ~ 200000
坚硬土	冻土层		200000 ~ 1000000
岩石	软质岩石、中等风化或强风化的硬岩石		200000 ~ 1000000
	微风化的硬岩石		1000000 ~ 15000000
桩基	弱土层内的摩擦桩		10000 ~ 50000
	穿过弱土层达密实砂层或黏土性土层的桩		5000 ~ 150000
	打至岩层的支承桩		8000000

使用规范标准（国家标准/上海标准）：选择沉降计算采用的规范。一般采用国家标准。

基础刚、柔性假定（刚性假定/完全柔性假定）：一般情况下只显示选择方法，不能修改选择。只在当选用的方法不适合，程序判断计算出错时，才可选择。

完成参数输入单击【确定】后，随后屏幕出现输出文件名对话框（图8-32），出现默认文件名为 CJJS. OUT。需保存的结果文件，另输入文件名。

图 8-32 输出文件名对话框

计算完成后，屏幕以图形方式显示底板附加反力图基础各区格（梁）附加压力数据图及沉降计算菜单（图8-33）。

【沉降计算】计算柔性基础沉降，并输出、显示基础沉降数据。下一级子菜单：

1）【沉降数据】以平面图显示各点的沉降量数据。

2）【沉降横剖】、【沉降纵剖】以沉降量为横剖、纵剖显示沉降量。

3）【数据文件】以数据文件输出。

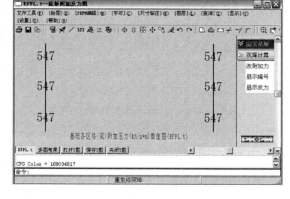

图 8-33 沉降计算菜单

2. 刚度沉降计算

【刚度沉降】以刚性假定计算基础沉降，但计算沉降时的基床反力系数来自柔性沉降计算的地基刚度。用以考虑各种情况下的沉降值变化，如考虑荷载变化、地基刚性变化、基础梁刚度、上部结构刚度影响的沉降计算，分析基础沉降计算的合理性。

提示：按《建筑地基基础设计规范》第 **5.3.12** 条，在同一整体大面积基础上建有多栋高、低层建筑，沉降计算时应考虑上部结构、基础与地基的共同作用。

本方法适用于基础和上部结构刚度较大的筏板基础。

【结果查询】以图形显示沉降计算的全部结果。注意计算后的结果覆盖前一次的结果数据图形。

8.4.2 地基梁的设计

执行 JCCAD 主菜单的【3 基础梁板弹性地基梁法计算】下的【弹性地基梁

结构计算】，屏幕显示弹性地基梁计算主菜单（图 8-34）。进入弹性地基梁计算前，需要已经完成地梁基础构件布置。

1. 计算参数设置

【计算参数】输入弹性地梁计算的参数。屏幕显示计算模式及计算参数修改菜单（图 8-35）。

图 8-34　弹性地基梁
　　　计算主菜单

图 8-35　计算模式及计算参数修改菜单

（1）【弹性地基梁计算参数修改】　设置弹性地基梁计算参数。屏幕出现弹性地基梁计算参数对话框（图 8-36）。

结构重要性系数：输入结构重要性系数。一般不应小于 1.0。

混凝土强度等级：常用基础的混凝土强度等级为 C20～C30，应不小于 C20。

梁纵向钢筋级别：梁纵向钢筋常用 HPB300、HRB335。

梁箍筋钢筋级别、梁翼缘受力筋级别：梁箍筋钢筋、梁翼缘受力筋级别常用 HPB300、HPB235。

梁箍筋间距（mm）：设置梁箍筋间距。满足《混凝土结构设计规范》要求。

梁翼缘与底板最小配筋率按 0.15% 取值：选择，按规范取值。

弹性地基基床反力系数：按地基一般特性及土的种类，确定弹性地基基床反力系数，见表 8-1。

抗弯按双筋计算考虑受压区钢筋百分率：若填不小于 0.15%，将实际不少于 0.15% 的构造钢筋作为受压钢筋计算，减少受拉钢筋。当不考虑受压钢筋，则填 0，按单筋截面计算。

梁计算考虑抗扭刚度：选择，考虑梁的扭转刚度。不选择，梁内力没有扭

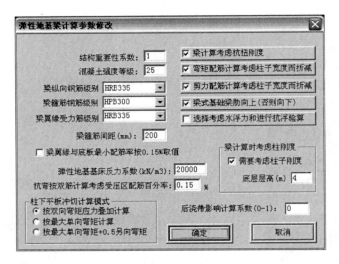

图 8-36　弹性地基梁计算参数对话框

矩，但梁的弯矩会增加。

弯矩配筋、剪力配筋计算考虑柱子宽度而折减：选择，考虑支座（柱）宽度的影响，将计算抗弯、抗剪配筋的内力取为距柱边 $B/3$（B 为柱宽）处，同时计算弯矩值折减不大于 30%。否则，弯矩配筋、剪力配筋计算不考虑柱子宽度的影响。

剪力配筋计算考虑柱子宽度而折减：选择，将计算抗剪配筋的内力取为距柱边 $B/3$ 处，同时计算剪力值折减不大于 30%。

梁式基础梁肋向上（否则向下）：选择，表示梁肋在上部，否则梁肋位于下部。一般情况下，梁肋位于上部，有利于地下室防水处理。

梁计算时考虑柱刚度：选择"需要考虑柱子刚度"，程序在总刚度计算中，将假设柱子反弯点位于 $0.7H$ 处，柱子对地梁约束的力学模型为在 $0.7H$（柱高）处切断，在上端加铰链杆，下端与梁固接。H 为"底层柱高"，按基础底板至上层板面取值。考虑柱刚度将使地梁的节点转角约束能力加强。

后浇带影响计算系数（0～1）：一般不考虑。当基础有后浇带时，考虑计算系数。

（2）请选择是否进行节点下底面积重复利用修正　一般不选择。选择，是对柱下平板基础的修正。程序默认的选择按规范设定，按隐含规定执行。

（3）计算模式选择菜单　选择地基梁分析计算的模式。为了符合实际基础与上部结构的状态，并可减小配筋量和合理的基础沉降，在弹性地基梁分析时考虑上部结构刚度的影响。

1）选择【按普通弹性地基梁计算】模式，不考虑上部结构的刚度。一般采用此模式计算，只有当该方法计算的地梁截面不够且不宜扩大时，再考虑其他计算模式。

2）选择【按考虑等代上部结构刚度影响的弹性地基梁计算】模式，考虑一定等代上部结构刚度的影响，上部结构刚度影响的大小可根据具体情况输入：上部结构层数、上部结构跨数、地基梁与上部结构梁刚度比，得到一个地基梁刚度倍数。

3）选择【按上部结构为刚性的弹性地基梁计算】模式，考虑等代上部结构刚度非常大（如框支剪力墙结构），以至各节点的位移差很小（不考虑整体倾斜的位移差），此时几乎不存在整体弯矩，而只有局部弯矩，类似于倒楼盖模型。如果跨度相差不大，考虑上部结构刚度后，各梁的弯矩相差不太大，配筋更均匀。

4）选择【按 SATWE 或 TAT 的上部刚度进行弹性地基梁计算】模型，在 SATWE 或 TAT 结构分析的基础上，将上部结构刚度用子结构方法凝聚到基础上，形成接近实际情况的刚度。适合于框架结构。在使用时，优先采用 SATWE 刚度。上部刚度凝聚的过程实际上是将上部结构作为整个上下部结构的子结构，对于基础筏板计算是一个准确值。

5）选择【按普通梁单元刚度矩阵的倒楼盖方式计算】模式，分析中采用考虑剪切变形的普通梁单元形成刚度矩阵，假设上部结构为倒楼盖方法计算。该方法适用于上部结构刚度较大，或者地基刚度较大，沉降差较小的基础。

选择完成以上计算参数，返回弹性地基梁计算主菜单。

2. 调整等代刚度

【等代刚度】采用等代上部结构刚度计算模式，即选择计算模式"2 模式"或"3 模式"，调整各等代刚度。

3. 调整基床系数

【基床系数】修改个别地基梁基床系数或独基的基床反力系数。对于地基局部处理或局部地质不同，可通过【改基床值 K】修改个别地基梁的基床系数。对于独立基础和地基梁基础的联合基础，当独立基础与地基梁基础刚接，且地基梁承受一部分反力时，可通过【改独基值 K】调整独基的基床反力系数。

4. 荷载显示

【荷载显示】显示各种组合的荷载图。红色箭头为节点垂直荷载，紫色为节点 x 方向弯矩 M_x，黄色为节点 y 方向弯矩 M_y，绿色为地基梁上的均布荷载。

5. 计算分析

【计算分析】弹性地基梁分析计算。第一次必须进行。经过修改过系数或其他布置等，需重新计算。

6. 结果显示

【结果显示】地基梁计算结果输出。单击后，屏幕弹出计算结果菜单，内容包括：

0）回前菜单。返回弹性地基梁计算主菜单。

1）显示全部结果图形。依次显示以下各项的图形。

2）上部结构等代刚度图。按地基梁计算模式为采用等代上部结构刚度法，显示地基梁的等代刚度图。

3）地梁节点基床系数图。显示输入的地基梁结构分析的节点基床系数。

4）弹性地基梁荷载图。显示地基梁计算分析的各种组合的荷载图。

5）弹性地基梁的内力图（弯矩、剪力）。显示各地基梁的弯矩图、剪力图，在地基梁两端标注弯矩值或剪力值，及地基梁跨中的弯矩值。

6）地基梁竖向位移图。显示地基梁的每根梁的竖向位移，及梁端和跨中的位移值（mm），此值是文克尔假定下的位移，并不是沉降值。

7）弹性地基梁反力图。地基梁反力图显示各梁的文克尔反力分布曲线，不能直接用于地基承载力验算。

8）地梁纵筋翼缘筋图。显示地基梁的上下部纵筋面积、梁翼缘受弯筋面积和抗剪能力是否满足要求。地梁上部钢筋标注于梁跨中上部，下部钢筋标注于梁两端下部，纵筋面积下部的白色数据为纵筋配筋率，翼缘钢筋标注于上部钢筋后的括号内。当钢筋量为红色则纵向钢筋超筋，当图中梁颜色为红色则地基梁的翼缘抗剪不满足规范要求。在图下方注明混凝土等级、钢筋级别等。

9）地基梁箍筋面积图。显示地基梁的箍筋面积量，箍筋面积下部的白色数据为箍筋配箍率。当钢筋量为红色则箍筋超筋。在图下方注明混凝土等级、钢筋级别等。

10）地梁计算结果数据。以文件的方式输出：地基梁总信息、计算参数与各类信息、内力与配筋计算结果的数据文件（隐含名为 JCJS. OUT，或在输出文件名对话框设定文件名）。

7. 归并退出

【归并退出】完成地基梁计算，进行归并，并退出。屏幕显示梁的归并原则和归并系数对话框（图 8-37），输入连续梁的归并系数。程序根据各连续梁的截面、跨度、跨数等几何条件进行几何归并，再根据几何条件相同的梁的配筋量和归并系数进行归并。然后屏幕显示地基连续梁归并平面图，通过单击地基连续梁归并对话框（图 8-38）中的【归并结果】显示可进行【重新归并】、【改梁名称】等编辑图面。最后单击【退出】，返回 JCCAD 主菜单。

8. 4. 3　弹性地基梁板结构查询

程序将所有的结果图形和文件（在程序运行中已显示过）以计算结构查询

图 8-37　归并系数对话框

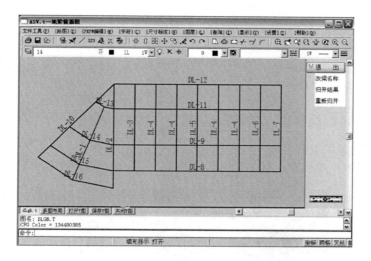

图 8-38　地基连续梁归并对话框

菜单（图 8-39）显示。需要查询的结果可选择相应的菜单查阅。菜单中某项为灰色，表示没有该项的图形或数据文件。

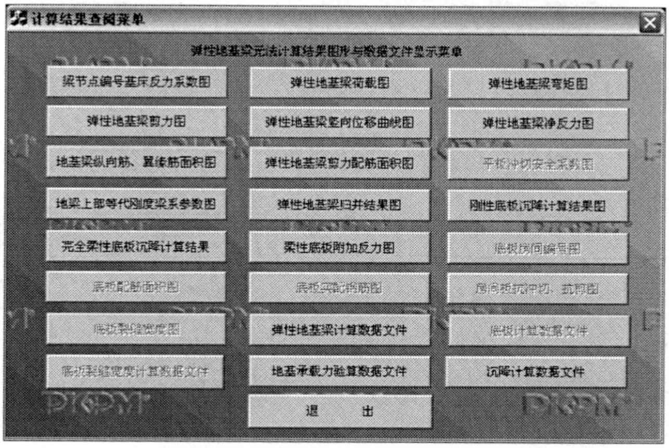

图 8-39　计算结构查询菜单

8.5　桩基承台设计

当建筑物下的地基比较差，或上部建筑物的荷载较大时，桩基是柱、多柱等的常用基础。桩基承台基础设计包括承台设计和基础沉降计算。JCCAD 的桩基承台有标准承台、异形承台、剪力墙下承台等，并且可进行沉降计算及多类型基础沉降相互影响的沉降计算。

桩基承台和基础沉降计算，程序由 JCCAD 主菜单的【2 基础人机交互输入】读取基础布置和选取多种荷载工况，对承台和桩进行受弯、受剪、冲切计算和配筋，给出基础配筋、沉降等计算结果。

8.5.1　桩基承台设计

执行 JCCAD 主菜单的【4 桩基承台及独基沉降计算】，屏幕显示已布置承台和桩的平面图，进入承台计算和基础的沉降计算对话框（图 8-40）。

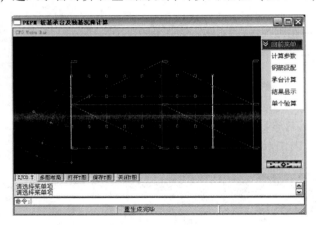

图 8-40　承台计算和基础的沉降计算对话框

【计算参数】输入承台计算和基础的沉降计算参数。详见 8.5.2 节——承台设计的计算参数。

【钢筋级配】对基础受弯钢筋配筋设置钢筋级配。

【承台计算】承台下桩的竖向承载力计算、承台计算和配筋计算。承台计算设计包括抗弯、抗剪、抗冲击计算和局部承压验算，以及桩基的沉降计算。下级菜单选择承台荷载：

1）【直接计算】程序计算承台时，承台上的荷载为在主菜单【2 基础人机交互输入】中输入的"附加荷载"。

2）【SATWE 荷载】程序计算承台时，承台上的荷载不仅有附加荷载，还有

SATWE 荷载。

提示：此处以 **SATWE** 为例，所以出现"**SATWE** 荷载"。若以其他的程序作为上部结构分析程序，则可能出现其他的荷载。程序未校核桩的水平承载力，可通过从荷载组合中选择水平最大值，人工计算复核。

【结果显示】显示承台计算结果。计算结果包括：总信息和各荷载工况下的荷载图、单桩反力及数据文件。详见 8.5.3 节——结果显示。

【单个验算】指定承台及荷载进行计算，并显示计算过程及结果。对单独或部分承台计算分析，用于校核。

8.5.2 承台设计的计算参数

执行【计算参数】，屏幕显示计算参数设置对话框（图 8-41），进入承台设计参数和沉降计算的参数输入。

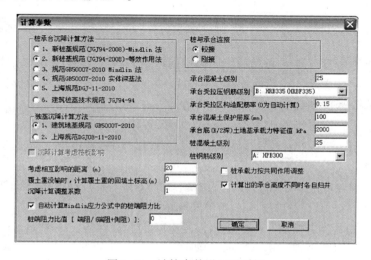

图 8-41 计算参数设置对话框

（1）桩承台沉降计算方法 选择承台沉降计算方法。按《建筑桩基技术规范》规定：对桩中心距不大于 6 倍桩径的桩基，采用等效作用分层总和法；对单桩、单排桩、桩疏基础（桩中心距大于 6 倍桩径的桩基）、承台底地基不分担荷载的桩基，采用明德林（Mindlin）法。或按《建筑地基基础设计规范》附录 R 选择计算方法。

（2）独基沉降计算方法 选择独基沉降计算方法。一般选择"建筑地基规范 GB 50007—2010"。

（3）沉降计算考虑筏板影响 选择，计算桩承台沉降时考虑附近筏板沉降的影响。当承台或独基周围没有筏板时，该项灰色，不能选择。

（4）考虑相互影响的距离　设定考虑承台间沉降之间相互影响的间距。一般沉降影响距离考虑到隔跨即可。设为 0 则不考虑相互影响。

（5）覆土重没输时，计算覆土重的回填土标高（m）　设置回填土标高，用于计算覆土重产生的荷载。

（6）沉降计算调整系数　采用 Mindlin 法计算沉降的沉降调整系数。此值为经验系数，与建筑物所在地质地区有关。按规范：无当地经验时，可取 1.0。

（7）自动计算 Mindlin 应力公式中的桩端阻力比　选择，程序按《建筑桩基技术规范》计算桩端阻力比值。

（8）桩端阻力比值　设置桩端阻力比值。当桩的侧阻力、端阻力分布等因素，干预此值，不选择"自动计算 Mindlin 应力公式中的桩端阻力比"时，才设置该值。

（9）桩与承台连接　选择"铰接"或"刚接"。一般为铰接。

（10）承台混凝土级别　输入承台的混凝土级别。承台混凝土的强度等级一般为 C25～C30。

（11）承台受拉压钢筋级别　选择钢筋级别。一般采用 HPB300、HRB335。

（12）承台受拉区构造配筋率（0 为自动计算）　设置承台受拉区最小配筋率。《建筑桩基技术规范》规定承台构造配筋率为 0.15%。

（13）承台混凝土保护层厚（mm）　设置钢筋的混凝土保护层厚度。当承台有混凝土垫层时，不应小于 50mm；无垫层时不小于 70mm。并不小于桩头嵌入承台内的长度。

（14）承台底（B/2 深）土地基承载力特征值　输入承台底下 B/2 深土地基承载力特征值。用于考虑桩间土与桩共同承担作用。

（15）桩混凝土级别　桩的输入混凝土级别。桩混凝土一般为 C25～C30。

（16）桩钢筋级别　选择钢筋级别。

（17）桩承载力按共同作用调整　选择，考虑桩承载力按共同作用调整。按《建筑桩基技术规范》第 5.2.4 条，对上部结构整体高度好、体型简单的建筑物或其他的摩擦型桩基等，宜考虑桩和土质的共同作用。

（18）计算出的承台高度不同时各自归并　选择，对承台高度的不同进行归并。一般工程承台高度相同，只有当工程建筑结构高度不同或有特殊要求时，才考虑承台高度不同。

8.5.3　结果显示

执行【结果显示】，屏幕显示多页弹出式承台和沉降计算结果输出菜单（图 8-42），以图形和文件显示。以下基础计算结果图形和数据文件例图，上部结构采用 SATWE 计算结果。

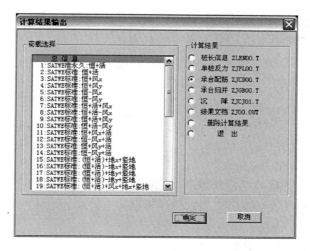

图 8-42 承台和沉降计算结果输出菜单

左侧"荷载选择"是总信息和荷载组合类型选项，根据左侧的所选项目，右侧显示不同内容的计算结果，相应输出图形及数据文件。

1. 总信息

选择"总信息"，右侧计算结果为最后计算的结果，包括：

1）桩长信息 ZLEN00. T。屏幕显示桩基承载力及反力图。黄色数据为输入的单桩承载力特征值（kN），白色数据依次为单桩承载力特征值计算值（kN）、桩长度（m）、桩直径（m）。

2）单桩反力 ZJFL00. T。屏幕显示桩基长度及承载力平面图。黄色数据为输入的单桩承载力，白色数据依次为单桩最大反力值（kN）、最小反力值（kN）、平均反力值（kN）。如有红色数据，则表示程序已校核该桩反力，不满足要求。

3）承台配筋 ZJCD00. T。屏幕显示桩基承台尺寸及承台底部配筋面积图。黄色数据为 x 向及 y 向最终配筋面积值，该数值前括号内为计算配筋控制组合号；白色数据分别为承台的阶高及括号内的组合号。如有红色数据，则表示程序已校核该桩反力，不满足要求。

4）承台归并 ZJGB00. T。屏幕显示桩基承台尺寸及承台底部配筋面积图。左侧依次标注承台顶标高、承台每阶阶高以及承台底标高；右侧为 x 向及 y 向最终配筋。程序生成的承台高度满足抗冲要求。

5）沉降 ZJCJ1. T。屏幕显示承台沉降等高线图。在每个承台上用数字标出该承台的沉降值。如果考虑承台间相互影响，则在该沉降值上部用括号标注考虑相互影响后的沉降值。若沉降计算考虑筏板影响，则需先计算筏板基础的沉降，然后计算承台沉降。同样括号标注为考虑筏板影响后的沉降值。

6）结果文档 ZJ00. OUT。输出桩基础设计时所用到的 SATWE 荷载组合的所有组合。输出桩反力计算结果及承台受冲切、受弯结果。

2. 荷载效应的准永久组合作用下的结果

选择"SATWE 准永久：恒 + 活"，右侧计算结果有：

1）荷载图（ZJHZ01. T）。屏幕显示 SATWE 准永久组合荷载图。承台边数据依次为垂直荷载（kN）、x 方向弯矩（kN·m）、y 方向弯矩（kN·m）、x 方向剪力（kN）、y 方向剪力（kN）。

2）承台沉降图（ZJCJ01. T）。

3）承台沉降计算结果文件（ZJ01. OUT）。

3. 荷载效应的标准组合作用下的结果

选择"SATWE 标准组合"，右侧计算结果有：

1）荷载图（ZJHZ∗. T）。

2）单桩反力图（ZJCJ∗. T）。

3）承台计算文件（ZJ∗. OUT）。

4. 荷载效应的基本组合作用下的结果

选择"SATWE 基本组合"，右侧计算结果有：

1）荷载图（ZJHZ∗. T）。

2）单桩反力图（ZJCJ∗. T）。

3）承台配筋图（ZJCD∗. T）。

4）承台计算文件（ZJ∗. OUT）。

8.6 基础施工图绘制

建筑基础结构施工图是建筑结构施工图中的重要部分。建筑基础结构施工图一般有：基础平面布置图、基础详图。当有桩基时，还有桩平面布置图、承台及拉梁平面布置图、桩详图、承台详图。

建筑结构施工图按国标图集 11G101-3《混凝土结构施工图平面整体表示方法制图规则和构造详图（独立基础、条形基础、筏形基础及桩基承台）》（以下简称：国标图集（11G101-3））、国标图集（09G103）绘图。

根据建筑基础种类的不同，建筑基础施工图绘图规则也不同。以基础平法施工图表示为例，对独立基础、条形基础、桩基承台用不同平法施工图表示。

8.6.1 独立基础施工图

独立基础施工图有两种注写方式，一种是平面注写，另一种是截面注写。以下是平面注写。

1. 独立基础平法施工图

独立基础平法施工图以基础平面图表示独立基础详细尺寸和配筋，现浇混凝土基础采用国标图集（11G101-3）的方法绘制平面整体，表示基础的详图及配筋（一般比例为 1:100）。图中：

1）标注轴线。图中的轴线用以定位，建筑基础的轴线与建筑图中的轴线一致，轴线编号相同。

2）标注基础定位。图中以细线表示混凝土基础，以柱的边线来定位基础，标注柱边线与轴线（或其他基础）的关系。

3）标注现浇混凝土独立基础。对独立基础按几何尺寸（基底尺寸、竖向尺寸、构造等）、配筋等编号。相同编号的独立基础标注其中一基础尺寸、独立基础配筋、标高差等。

4）注明 ±0.000 的绝对标高及基础地面基准标高。

5）图名为"独立柱基础平法施工图"。

2. 独立基础集中标注的内容

混凝土独立基础标注可从任意基础引出，内容包括：

1）独立基础编号。以 $DJ_J×\times$（阶形普通独立基础）、$DJ_P×\times$（坡形普通独立基础）表示。

2）注写独立基础截面竖向尺寸。以 $h_1/h_2/$（坡形截面）、$h_1/h_2/\cdots\cdots$（阶形）表示。

3）注写独立基础配筋。以 B（底部钢筋）、X（x 向配筋）、Y（y 向配筋）表示钢筋部位和钢筋的布置，以及配筋（钢筋等级、钢筋直径和间距）。

4）注写基础底面标高。当独立基础的底面与基础底部基准标高不同时，将独立基础的底面标高直接注写在括号内。

5）必要的文字注解。

3. 独立基础原位标注内容

对相同编号的基础，独立基础的平面定位尺寸不同时，可采用原位标注。对独立基础原位标注，标注普通独立基础两向边长（x、y），柱截面尺寸（x_c、y_c），阶宽或坡形平面尺寸（x_i、y_i）。

4. 绘制独立基础施工图

执行 JCCAD 主菜单的【7 基础施工图】，屏幕显示绘制基础图主菜单（图 8-43），绘制独立基础施工图。在进入绘制基础图主菜单前，屏幕出现选择"绘新图/续画旧图"选择框，选择"新绘图"或"续画旧图"，而后屏幕显示基础平面图。

（1）绘制独立基础平面图

【参数设置】设置基础平面图中的线条及选择图中绘图的基础构件等。屏幕

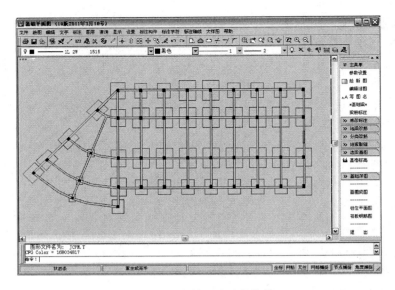

图 8-43　绘制基础图主菜单

弹出绘图参数对话框。

【绘新图】进入基础平面图。屏幕出现需绘图的基础平面图（图 8-43），图中显示按"参数设置"的构件绘图。

【编辑旧图】进入已绘制的图，保留已修改（以下各项）的内容，进一步编辑。

【写图名】根据施工图的内容，写或修改图名。如：独立基础平法施工图。

由屏幕上方下拉的【标注轴线】、【标注构件】、【标注字符】等编辑图面，形成独立基础平法施工图。

（2）绘制基础详图

【基础详图】绘制独立基础详图。

8.6.2　条形基础（地梁）平法施工图

条形基础平法施工图中的条形基础，由基础梁和条形基础底板表示。图中表示方式一种是平面注写，另一种是截面注写。以下介绍平面注写。

1. 条形基础平法施工图

条形基础平法施工图以基础平面图表示基础梁和条形基础底板的详细尺寸和配筋，条形基础采用国标图集（11G101-3）的方法绘制平面整体，表示基础的详图及配筋（一般比例为 1：100）。图中：

1）标注轴线。图中的轴线用以定位，建筑基础的轴线与建筑图中的轴线一致，轴线编号相同。

2）标注基础梁和条形基础底板定位线。图中基础梁以细线表示，条形基础混凝土底板以中线表示，基础梁以中心线来定位，条形基础以基础边与轴线（或其他基础）的关系确定。

3）标注基础梁和条形基础底板。对基础梁和条形基础底板分别按几何尺寸（基底尺寸、竖向尺寸、构造等）、配筋等编号。相同编号的基础梁、条形基础底板标注其中之一的尺寸、配筋、标高差等。

4）注明 ±0.000 的绝对标高及基础地面基准标高。

5）图名为"条形基础平法施工图"。

2. 基础梁、条形基础底板集中标注的内容

标注可从任意基础梁、条形基础底板引出，内容包括：

1）编号。基础梁以 JL×× 表示。条形基础底板以 TJB_J ××（阶形）、TJB_P ××（坡形）表示。

2）注写尺寸。基础梁注写截面尺寸（截面宽度与高度 $b \times h$）。条形基础底板注写截面竖向尺寸，以 $h_1/h_2/$（坡形截面）、h_1（阶形）表示。

3）注写基础配筋。基础梁注写箍筋的钢筋级别、直径、间距与肢数。条形基础底板注写以"B"、"T"表示顶部、底部的横向钢筋，"/"后为构造钢筋。

4）注写基础底面标高。当基础梁的底面、条形基础底板与基础底部基准标高不同时，将基础的底面标高直接注写在括号内。

5）必要的文字注解。

3. 基础梁、条形基础底板原位标注内容

对相同编号的基础梁，原位标注相似于上部结构混凝土梁的原位标注内容和方式。注意非底部贯通纵筋原位标注和地梁的底部贯通纵筋配置。

对相同编号的条形基础底板的平面定位尺寸有不同时，可采用原位标注。

4. 绘制条形基础施工图

执行 JCCAD 主菜单的【7 基础施工图】，屏幕显示绘制基础图主菜单（图8-43），绘制条形（地梁）基础施工图。在进入绘制基础图主菜单前，屏幕出现选择"绘新图/续画旧图"选择框，选择"新绘图"或"续画旧图"，而后屏幕显示基础平面图。

绘制地梁基础施工图前，需由【3 基础梁板弹性地基梁法计算】，进入【弹性地基梁结构计算】形成地梁配筋图。屏幕显示地梁配筋图，以梁平法表示。

（1）绘制条形（地梁）基础平面图。

【参数设置】设置地基梁平法施工图参数。屏幕弹出钢筋标注对话框（图8-44）及绘图参数对话框。绘图参数对话框设置基础平法图中的线条及选择图中的基础构件。

地基梁名称：输入地梁名"JL"。

地基梁箍筋间距：按混凝土梁的构造要求填写。

梁翼缘纵向分布筋直径、梁翼缘纵向分布筋间距：梁翼缘纵向分布筋直径不小于 8mm，间距小于 300mm。

腰筋拉结筋直径：按混凝土梁的构造要求。

梁筋跨间归并系数：设置归并系数。一般取 0.25 ~ 0.3。

梁跨中筋放大系数：一般取 1.05 ~ 1.1。

梁支座筋放大系数：一般不放大。

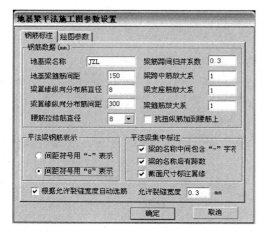

图 8-44 钢筋标注对话框

梁箍筋放大系数：一般不放大。

抗扭纵筋加到腰筋上：一般选择。

平法梁钢筋表示：一般选用"@"表示符合间距。

平法梁集中标注：按国标图集（11G101-3）标注。

根据允许裂缝宽度自动选筋：选择"是"，则程序设置对不满足裂缝宽度（下一项"允许裂缝宽度"设定）要求的地基梁截面进行配筋调整。否则，在检查梁裂缝宽度时，对不满足裂缝要求的截面，需人为进行配筋调整。

允许裂缝宽度：设置上一项"自动选筋梁"的裂缝宽度限制要求。按《建筑地基基础设计规范》表 3.3.4 要求设置。一般为 0.25 ~ 0.3mm。

【绘新图】进入基础平面图。屏幕出现需绘制的基础平面图，图中显示按"参数设置"的构件绘图。

【编辑旧图】进入已绘制的图，保留已修改（以下各项）的内容，进一步编辑。

【写图名】根据施工图的内容，写或修改图名。如：基础梁平法配筋图。

由屏幕上方下拉的【标注轴线】、【标注构件】等编辑图面，形成独立基础平法施工图。

（2）地梁钢筋标注

【修改标注】通过"水平开关"、"垂直开关"改变标注。可使纵横地梁上的标注分别出图。

【地梁改筋】通过"连梁改筋"、"单梁改筋"、"原位该筋"、"附加箍筋"等修改配筋。

【分类改筋】通过"梁上部筋"、"左支座筋"、"底跨中筋"、"右支座筋"、"箍筋"、"腰筋"分类选择，修改地梁中的钢筋。

【地梁裂缝】显示地基（混凝土）梁的裂缝。修改地梁的纵向钢筋，可重新验算裂缝。

（3）绘制地梁详图

【选梁画图】选择某地梁绘制其纵剖面图及横剖面。

8.6.3　桩基承台基础平法施工图

桩基承台基础有桩和承台，以及基础连系梁（拉梁）。桩基承台平法施工图表达有两种方式，一种是平面注写，另一种是截面注写。以下是以平面注写。

桩基承台平法施工图中有桩基和承台，在各桩基承台之间往往用基础连系梁（拉梁）连接，该基础连系梁可单独绘制。

1. 桩基承台基础平法施工图

桩基承台基础平法施工图以基础平面图表示桩和承台基础及基础连系梁（拉梁）的详细尺寸和配筋，桩基承台基础采用国标图集（11G101-3）的方法绘制平面整体，表示基础的详图及配筋（一般比例为 1:100）。图中：

1）标注轴线。图中的轴线用以定位，建筑基础的轴线与建筑图中的轴线一致，轴线编号相同。

2）标注桩位、承台及基础连系梁（拉梁）定位。图中桩（虚线）以桩中心定位，承台、基础连系梁以中心线定位。桩、承台以柱边定位。

3）标注桩、承台、基础连系梁（拉梁）。桩以虚线标示，承台、基础连系梁以实线（中线）标示。对承台、基础连系梁分别按几何尺寸（基底尺寸、竖向尺寸、构造等）、配筋等编号。相同编号的桩、承台及基础连系梁标注其中之一的尺寸、配筋、标高差等。

4）注明 ±0.000 的绝对标高及基础底面基准标高。

5）图名为"桩基承台基础平法施工图"。

2. 桩承台、承台梁（基础连系梁）**集中标注的内容**

桩承台、基础梁标注可从任一桩承台、基础梁引出，内容包括：

1）编号。承台梁（基础连系梁）以 CTL×× （序号）表示，序号（××）后有"A"表示一端有外伸，序号（××）后有"B"表示两端有外伸。独立承台以 $CT_J××$ （阶形）、$CJ_P××$ （坡形）表示。

2）注写尺寸。承台梁注写截面尺寸（截面宽度与高度 $b×h$）。条形基础底板注写截面竖向尺寸，以 h_1/h_2 （坡形截面）、h_1 （阶形）表示。

3）注写基础配筋。承台梁注写箍筋的钢筋级别、直径、间距与肢数，独立承台注写底部与顶部双向配筋。以"B"、"T"表示顶部、底部的横向钢筋，以"X"、"Y"表示独立承台 x、y 向配筋，以"G"表示承台梁侧面纵向构造钢筋。

4）注写基础底面标高。当承台梁的底面、独立承台基准标高不同时，将基础的底面标高直接注写在括号内。

5）必要的文字注解。

3. 承台梁、独立承台原位标注内容

对相同编号的桩承台、承台梁平面定位尺寸有不同及配筋等不同时，可采用原位标注。

1）对相同编号的承台梁，原位标注承台梁的附加箍筋或（反扣）吊筋，直接在平面图上画出并引注总配筋值。也可统一注明。

2）原位注写桩承台、承台梁的平面尺寸。包括独立基础桩承台的柱尺寸、桩距等平面尺寸，承台梁的外伸部位的变截面尺寸。

3）原位注写承台梁修改内容。当在承台梁集中标注的项目不适合某跨或某外伸部位时，将其修改内容（截面尺寸、箍筋、底部与顶部贯通纵筋或架立筋、梁侧面纵向构造钢筋、梁底面标高等）标注于该跨或该外伸部位。

4. 绘制条形桩基础施工图

执行 JCCAD 主菜单的【7 基础施工图】，屏幕显示绘制基础图主菜单（图 8-43），绘制桩基承台基础施工图。

提示：绘制桩承台基础施工图前，需由 JCCAD 主菜单的【4 桩基承台及独基沉降计算】形成桩承台、承台梁配筋图。屏幕显示承台梁配筋图，桩承台、承台梁以平法表示。

（1）绘制桩承台基础平法施工图。

【参数设置】设置桩承台基础平面图中的绘制及线条。

【绘新图】进入基础平面图。

【编辑旧图】进入已绘制的图，保留已修改（以下各项）的内容，进一步编辑。

【写图名】根据施工图的内容，写或修改图名。如：桩基承台平法施工图。

由屏幕上方下拉的【标注轴线】、【标注构件】等编辑图面，形成桩基承台平法施工图（图 8-45）。

（2）绘制桩位平面图　对于桩布置复杂的基础，可单独绘制桩布置平面图。

【桩位平面图】绘制桩布置平面图。

由屏幕上方下拉的【标注轴线】、【标注构件】等编辑图面，形成桩位平面图。

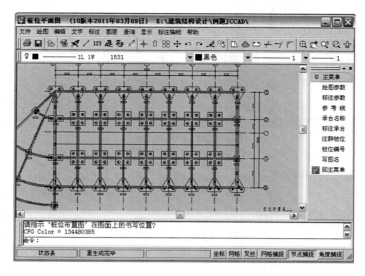

图 8-45　桩基承台平法施工图

参 考 文 献

［1］杨星. PKPM 结构软件工程应用及实例剖析［M］. 北京：中国建筑工业出版社，2010.

［2］林同炎，S-D 斯多台斯伯利. 结构概念和体系［M］.2 版. 北京：中国建筑工业出版社，1999.

［3］包世华. 新编高层建筑结构［M］.2 版. 北京：中国水利水电出版社，2011.

［4］中国建筑科学研究院建筑工程软件研究所. PKPM 多高层结构计算软件应用指南［M］. 北京：中国建筑工业出版社，2010.

［5］罗福午，张慧英，杨军. 建筑结构概念设计及案例［M］. 北京：清华大学出版社，2003.

［6］中国建筑科学研究院 PKPM CAD 工程部. 钢筋混凝土框、排架及连续梁结构计算与施工图绘制软件 PK［CP］. 北京：中国建筑科学研究院，2011.

［7］中国建筑科学研究院 PKPM CAD 工程部. 结构平面 CAD 软件 PMCAD［CP］. 北京：中国建筑科学研究院，2011.

［8］中国建筑科学研究院 PKPM CAD 工程部. 多层及高层建筑结构三维分析与设计软件 TAT［CP］. 北京：中国建筑科学研究院，2011.

［9］中国建筑科学研究院 PKPM CAD 工程部. 高层建筑结构空间有限元分析与设计软件 SAT-WE［CP］. 北京：中国建筑科学研究院，2011.

［10］中国建筑科学研究院 PKPM CAD 工程部. 结构施工图设计（梁、板、柱及墙）［CP］. 北京：中国建筑科学研究院，2011.

［11］中国建筑科学研究院 PKPM CAD 工程部. 普通楼梯及异形楼梯 CAD 软件［CP］. 北京：中国建筑科学研究院，2011.